Mercedes-Benz

280 S
280 SE
350 SE
450 SE
450 SEL

Einleitung

Die in dieser Reparaturanleitung behandelten Mercedes-Benz-Modelle Typ 280 S, 280 SE, 350SE und 450 SE sind auch unter der Bezeichnung «S»-Klasse bekannt. Diese Typen dieser Baureihe lösten die Typen der Baureihen 108 und 109 ab. Der Aufbau und die Vorderachse sind neu konstruiert, wogegen die anderen Aggregate der bereits vorhandenen Bauelemente in etwas abgeänderter Form verwendet wurden.
Die «S»-Klasse oder dieser Fahrzeugtyp 116 ist wahlweise mit dem 6-Zylinder-Reihenmotor M 110.983 in der Einspritzausführung oder M 110.922 in der Vergaserausführung, oder mit dem 8-Zylinder-V-Einspritzmotor M 116.983 und M 117.983 erhältlich. Der Motor M 117.983 ist eine Weiterentwicklung des Motors 116.983.
Die Fahrzeuge der Typen 280S/SE und 350SE sind wahlweise mit einem Viergang-Wechselgetriebe oder mit einem automatischen Getriebe versehen. Typ 450 SE ist nur mit automatischem Getriebe erhältlich. Die Vorderachse wird durch eine Einzelradabfederung, Doppel-Querlenker-Achse mit wartungsfreien Gummilagern und Kugelgelenken, Schraubenfeder und doppelt wirkende Gasdruck-Stoßdämpfern abgefedert. Die Hinterachse ist eine MB-Diagonal-Pendelachse, welches den Fahrzeugen dieser Baureihe eine sichere Straßenlage und gute Fahreigenschaft verleiht. Die mit weit außen angebrachten Schraubenfedern und doppelt wirkenden Gasdruckstoßdämpfer mit Schräglenker ausgerüsteten Hinterrad-Einzelaufhängung bietet gute Fahrsicherheit. Der Motor ist bei allen Typen vorne angebracht und treibt die Hinterachse (Räder). Wie schon erwähnt, ist dieser in den verschiedenen Ausführungen erhältlich, wassergekühlt und mit oben liegenden Nockenwellen.
Das Bremssystem ist auch bei allen Fahrzeugen gleich, vorne und hinten Scheibenbremsen, hydraulische Zweikreis-Bremsanlage, Tandem-Hauptbremszylinder und Bremskraftverstärker.

Fahrzeugerkennung

Das Typenschild ist auf der linken Seite oben auf dem Kühlerrahmen angebracht, und enthält den Fahrzeugtyp, Fahrgestellnummer, zulässiges Gesamtgewicht, zulässige Achslast vorne und hinten sowie die Lackierungsnummer. Die Fahrgestellnummer ist noch im Vorbau an der Spritzwand oben eingeschlagen. Über die ersten 6 Stellen hinaus gibt die Typenbezeichnung an 7. Stelle über die Lenkung und an 8. Stelle über die in das Fahrzeug eingebaute Getriebeart aufschluß. Die nachfolgenden 6 Stellen lassen die eigentliche Fertigungszahl erkennen. Die Kennzahl an 7. Stelle bedeutet:

1 = Linkslenkung
2 = Rechslenkung

Die Kennzahl an 8. Stelle bedeutet:

0 = Mechanische Schaltgetriebe
2 = Automatisches Getriebe

Die Motornummer ist bei den 6-Zylinder-Motoren vorne links und bei den 8-Zylinder-Motoren hinten links eingeschlagen, unterhalb der Trennfläche Kurbelgehäuse-Zylinderkopf.
Bei Bestellung von Ersatzteilen ist es äußerst wichtig, die vollständigen Fahrgestell- und Motornummern anzugeben. Getriebe, Hinterachse und Lenkung haben auch eine Seriennummer in das Gehäuse eingeschlagen.

Allgemeine Anweisungen bei Reparaturen

Die Anweisungen in dieser Reparaturanleitung sind in der einfachsten Weise beschrieben. Es sollten keine Schwierigkeiten auftreten, wenn dem Text und Abbildungen Schritt für Schritt gefolgt wird. Die Maß- und Einstelltabelle am Ende des Buches bildet einen wichtigen Teil und ist bei Reparaturarbeiten am Fahrzeug jederzeit hinzuzuziehen. Einfache Handgriffe wie z. B. Motorhaube öffnen, Radmuttern lösen, werden nicht jedesmal erwähnt, da wir annehmen, daß diese Arbeiten eine Selbstverständlichkeit sind. Der Text befaßt sich dagegen ausführlich mit schweren Arbeiten, die wir versuchen, in allen Einzelheiten zu beschreiben. In den folgenden Zeilen finden sich eine Reihe wichtiger Punkte, die Sie sich vor Beginn irgendwelcher Reparaturarbeiten einprägen sollten:

- Immer die in der Anzugsdrehmomenttabelle (Seite 143) angeführten Anzugswerte beachten. Diese Werte sind in Gruppen unter der betreffenden Überschrift zusammengefaßt, z. B. Motor, Getriebe, Vorderradaufhängung usw., und lassen sich deshalb leicht finden.
- Schrauben und Muttern sind immer in sauberem Zustand und leicht geölt zu verwenden. Mutternflächen und Gewindegänge sind immer auf Beschädigungen oder überdrehte Gewinde zu kontrollieren und vorhandene Grate zu entfernen. Auf keinen Fall dürfen Muttern und Schrauben entfettet werden.
- Alle Dichtscheiben und Dichtungen, Sicherungsscheiben und «O»-Dichtringe sind beim Zusammenbau eines Teiles zu erneuern. Öldichtringe (Simmerringe, Radialdichtringe) sollten ebenfalls erneuert werden, falls die Welle aus einem Dichtring entfernt wurde. Die Lippe eines Dichtringes vor dem Zusammenbau immer mit etwas Fett einschmieren und darauf achten, daß sie in die richtige Richtung weist, d. h. in die Richtung, aus welcher das Öl oder Fett herauskommen kann.
- Wenn wir auf die linke oder rechte Seite des Fahrzeuges verweisen, so wird angenommen, daß man sich hinter dem Fahrzeug befindet und in Fahrtrichtung sieht.
- Immer darauf achten, daß das Fahrzeug sicher aufgebockt ist und auf festem Boden steht, ehe irgendwelche Arbeiten unter dem Fahrzeug durchgeführt werden. Ein kleiner Wagenheber oder der Bordwagenheber kann sehr gefährlich sein (er eignet sich natürlich zum Wechseln eines Rades). Zu Ihrer eigenen Sicherheit sollten Sie sich kräftige Unterstellböcke beschaffen, die an sicheren Stellen unterzusetzen sind.
- Schmutz und Fett sowie Mineralöl zersetzen die Dichtmanschetten der hydraulischen Anlage und auch die kleinste Menge kann bei Berührung mit Teilen der hydraulischen Anlagen zu Schäden führen. Zum Reinigen dieser Anlagen dürfen nur Bremsflüssigkeit, Spiritus oder dafür bestimmte Reinigungsmittel verwendet werden. Falls Spiritus verwendet wird, sind dessen Reste sofort nach der Reinigung mit einem flusenfreien Lappen abzureiben.
- Vor dem Zusammenbau einer hydraulischen Anlage sollten die Reste der ursprünglichen eingefüllten Flüssigkeit (besonders nach einer Überholung der Bremsanlage) vollkommen entfernt werden.
- Um die besten Reparaturergebnisse zu erhalten, ist die Verwendung von Original-Ersatzteilen eine Voraussetzung. Lassen Sie sich nicht verleiten, irgendwelche Fremdprodukte zu verwenden, es sei denn, daß diese vom Hersteller zugelassen sind.
- Unter den Überschriften «Aus- und Einbau» sind alle Arbeiten beschrieben, die zum Ausbau und zum Einbau eines bestimmten Teils erforderlich sind, ohne daß daran irgendwelche Reparaturarbeiten durchgeführt werden, wie dies z. B. bei einer Auswechslung der Fall ist. Unter der Überschrift «Reparatur und Überholung» finden Sie meistens die Zerlegung eines bestimmten Teiles und dessen Reparatur und Überholung. Wir weisen dar-

auf hin, daß in diesem Falle eine vollkommene Überholung beschrieben wird, die jedoch nicht immer erforderlich zu sein braucht, so daß nur die für das betreffende Teil notwendigen Arbeiten durchzuführen sind.

- Als letztes soll noch einmal darauf hingewiesen werden, daß bei allen Bestellungen von Ersatz- oder Austauschteilen das genaue Modell und die diesbezüglichen Fahrgestell- und Motornummern angegeben werden muß. Dies erspart Ihnen das Beziehen von falschen Teilen und beschleunigt die Bearbeitung Ihrer Bestellung. Ihr Ersatzteillieferant wird Ihnen dafür dankbar sein.

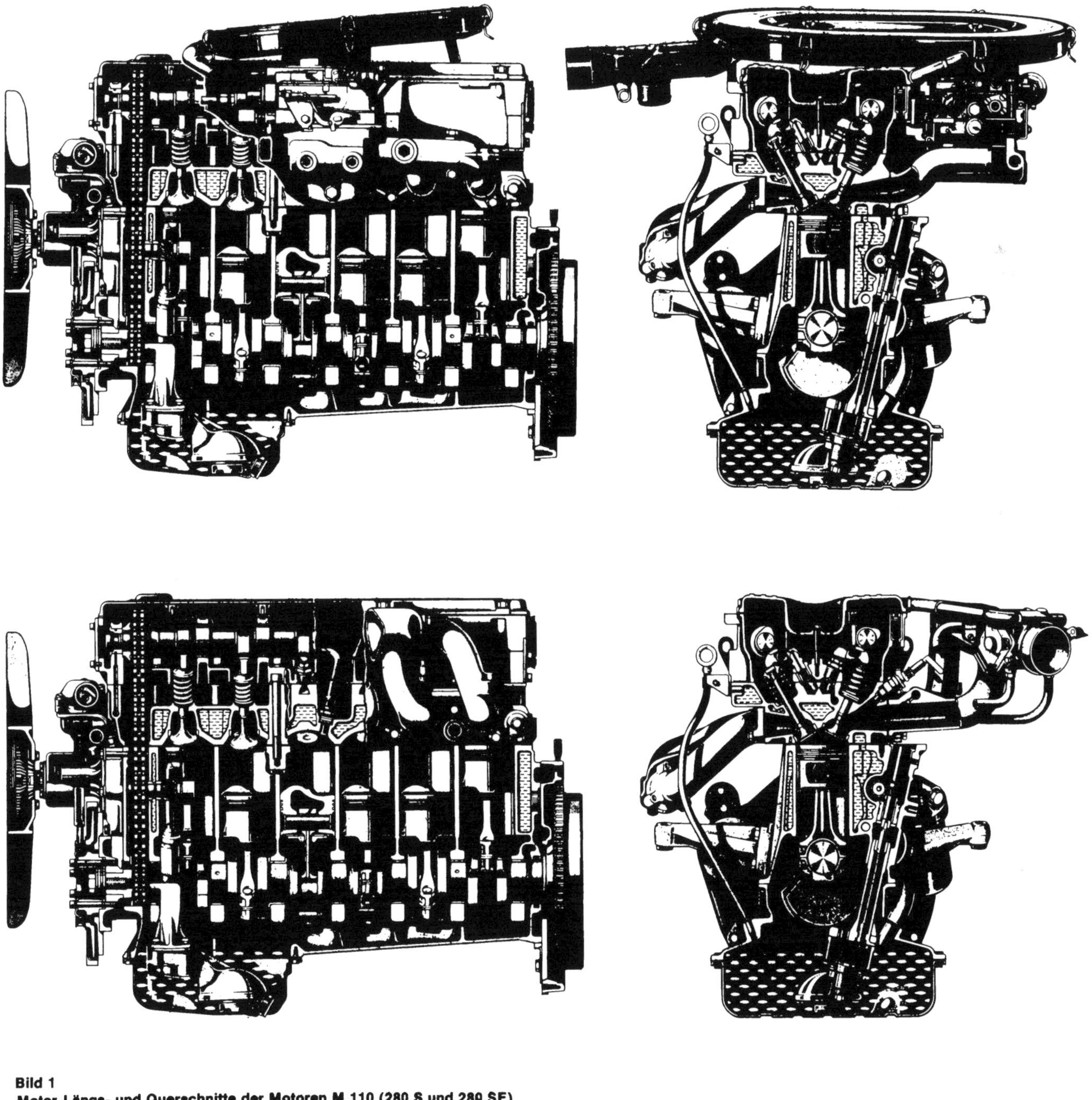

Bild 1
Motor-Längs- und Querschnitte der Motoren M 110 (280 S und 280 SE)
Oben Vergasermotor, unten Einspritzmotor

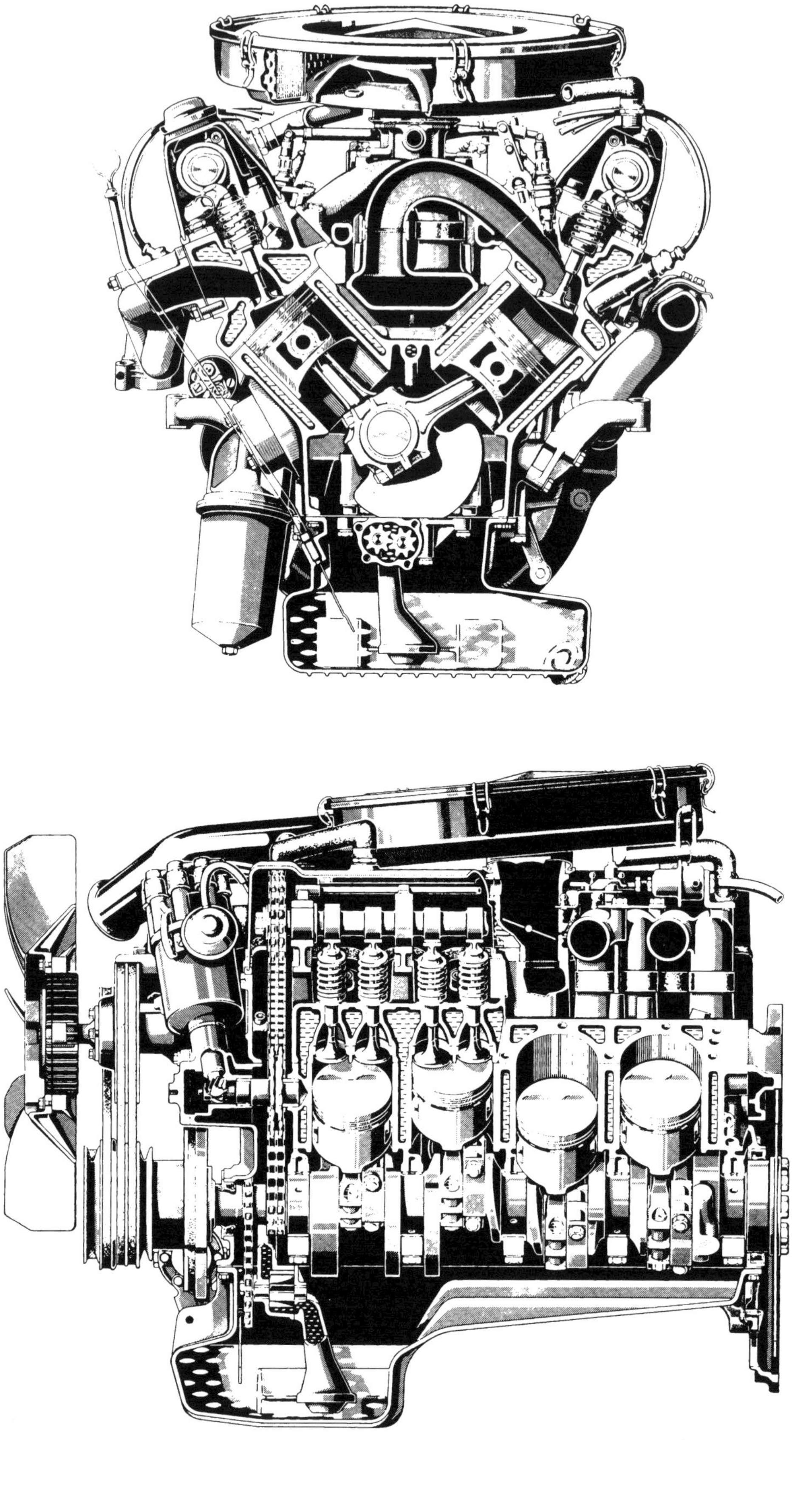

Bild 2
Motor-Längs- und Querschnitte der Motoren M116 (350 SE) und 117 (450 SE).

Der Motor

Ausbau des Motors

Es ist zu empfehlen, den Motor und das Getriebe als ein Aggregat auszubauen und den Motor nach dem Ausbau vom Getriebe abzuflanschen. Die nachstehend angeführten Anweisungen gelten im allgemeinen für alle Motoren, jedoch sind die besonderen Hinweise für Fahrzeuge mit automatischem Getriebe zu beachten.

- Schutzdecken über die Kotflügel legen, um eine Beschädigung des Lacks zu vermeiden.
- Motorhaubenscharniere zum Motorhaubenblech markieren und die Haube von den Scharnieren lösen.
- Massekabel der Batterie abklemmen. Batterie ausbauen, ebenso den Batterierahmen beim 350/450SE, um eventuell auftretende Schäden zu vermeiden.
- Kühlanlage am Kühler und Zylinderkurbelgehäuse ablassen und oberen und unteren Kühlerschlauch abschließen.
- Motoröl ablassen.
- Luftfilter abnehmen.
- Verbindungsstutzen zwischen Saugrohr und Luftfilter am 280SE-Motor abschließen.
- Die Befestigungsgummi bzw. Klammern des Kühlers entfernen und den Kühler mit Zarge aus dem Fahrzeug heben, nachdem der Luftölkühler abgeschlossen wurde. Bei Fahrzeugen mit automatischem Getriebe müssen zusätzlich noch vor dem Ausbau des Kühlers die Schläuche des Ölkühlers abgeschlossen werden.
- Kühlerausgleichsbehälter abdrücken.
- Bei Fahrzeugen mit Klimaanlage den Kältekompressor mit Träger abschrauben und zur Seite legen. Die Kältemittelleitungen nicht abschließen. Bei den 8-Zylinder-Motoren System entleeren und Leitungen abschließen.
- Bei Fahrzeugen mit Niveau-Regulierung Druckölpumpe abschrauben und zur Seite legen. Dazu nur die im Bild 3 mit Pfeil bezeichneten Schrauben herausschrauben. Die Schläuche nicht abschließen.

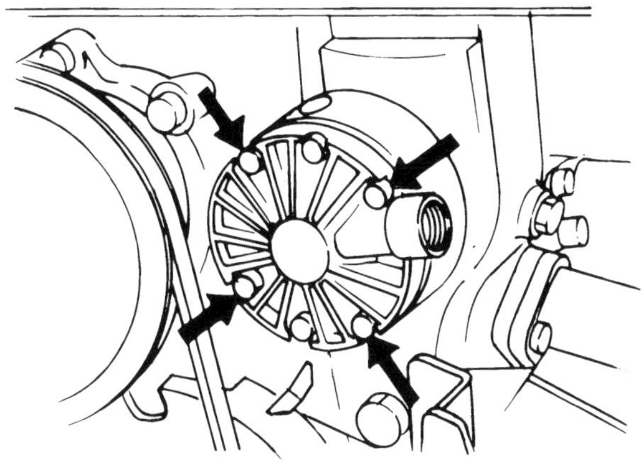

Bild 3
Niveau-Regulierung- und Druckölpumpe abschliessen.

- Öl im Vorratsbehälter der Servolenkung absaugen und Druckschläuche an der Lenkhelfpumpe abschließen.
- Massekabel vom Motor zur Karosserie abschließen.
- Sämtliche elektrischen sowie Kühlwasser- und Unterdruck-Leitungen, die zum Motor führen, lösen.
- Gestänge für Gasbetätigung abschließen.
- Heizungsschläuche und Kraftstoffleitungen abschließen.
- Getriebe abklemmen: Leitung des Rückfahrscheinwerfers am Getriebe abklemmen. Bei Fahrzeugen mit automatischem Getriebe die Leitung vom Kickdown abschließen und Lenkungsstoßdämpfer an einer Seite abschrauben und zur Seite drehen.
- Auspuff am Auspuffkrümmer und Getriebe lösen.
- Motorstoßdämpfer lösen.
- Eine geeignete Seilschlinge um den Motor legen und diese an einen Kran oder sonstiges Hebezeug hängen. Seil leicht spannen.
- Stellung des hinteren Motorträgers zum Rahmenboden zeichnen.
- Die zwei Bolzen links und rechts des Trägers sowie die Mutter vom Gummilager abschrauben und den Träger mit Gummilager entfernen.
- Bei den 8-Zylinder-Motoren das Tunnelschließblech abschrauben.
- Tachometerspirale am Getriebe abklemmen.
- Schaltgestänge aushängen.
- Schlauch für hydraulische Kupplungsbetätigung am Kupplungsgehäuse abschrauben.

- Gelenkwelle mit Gelenkscheibe am Getriebe abflanschen und nach hinten schieben, vorher die Klemm-Mutter an der Klemm-Verbindung lösen.
- Vordere Motorlagerschrauben von unten herausschrauben.
- Motor jetzt vorsichtig anheben, wobei eine Schräglage von ungefähr 45° anzustreben ist und dann aus dem Motorraum herausheben. Diese Arbeit sehr langsam durchführen und ständig kontrollieren, daß der Motor nicht an den Kabeln usw. hängen bleibt. Darauf achten, daß die Seilschlinge nicht abrutscht.

Einbau des Motors

Der Einbau geschieht in umgekehrter Reihenfolge wie der Ausbau, unter Beachtung der folgenden Punkte:

- Keine der Motorenteile anschließen, ehe die Motoraufhängungslager und Lagerträger eingebaut sind und das Gewicht des Motors frei von der verwendeten Seilschlinge ist.
- Wagen ausrollen und Klemm-Mutter an der Klemmverbindung der Gelenkverbindung der Gelenkwelle festziehen.
- Kühlerzarge einstellen.
- Zündzeitpunkt prüfen.
- Leerlauf einstellen.
- Motor auf Dichtheit prüfen.
- Die Motor-Gummilager sollten erneuert werden, falls sie eingerissen, abgenützt oder verformt sind.
- Öl und Fett von den Gummiteilen fern halten.
- Alle Schrauben und Muttern mit den bestimmten Anzugsdrehmoment anziehen.

> HINWEIS: Der Ausbau des Motors und Getriebes ist nicht notwendig, wenn nur die Aufhängungsgummilager erneuert werden müssen.

Zerlegung der Motoren

Das Zerlegen des Motors ist leichter, wenn man einen Montagestand benützt. Ehe irgendwelche Zerlegungsarbeiten am Motor angefangen werden, ist die Außenseite des Motors gründlich zu reinigen. Dabei ist besonders auf alle Dichtflächen zu achten, um zu vermeiden, daß Fremdkörper in die Innenseite des Motors gelangen. Nachdem der Motor vom Getriebe abgeflanscht wurde, sollte er, falls möglich, in einen Montagestand eingespannt werden. Falls kein Montagestand zur Verfügung steht, ist der Motor in geeigneter Weise auf einer Werkbank abzusetzen und gegen Umfallen zu sichern.

- Kupplung durch gleichmäßiges Lockern der Kupplungsschrauben entfernen.
- Drehstromlichtmaschine, Zündverteiler und Anlasser ausbauen.
- Thermostatgehäuse ausbauen und mit Lüfter und Wasserpumpe abmontieren.
- Linken und rechten Motorträger abmontieren.
- Ölfilter und Leitungen sowie Kraftstoffpumpe ausbauen.
- Ölmeßstab und -Rohr herausziehen.
- Zündkerzen herausschrauben.
- Vergaser, Ansaug- und Auspuffkrümmer abschrauben.

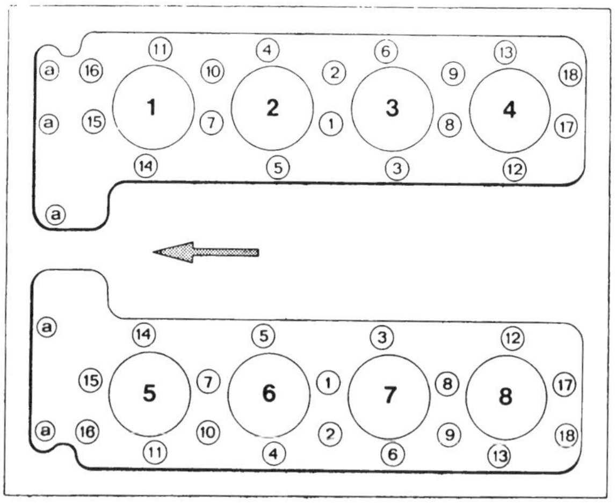

Bild 4
Zylinderkopfschrauben in Reihenfolge des Anziehschemas der Motoren M116 und M117.

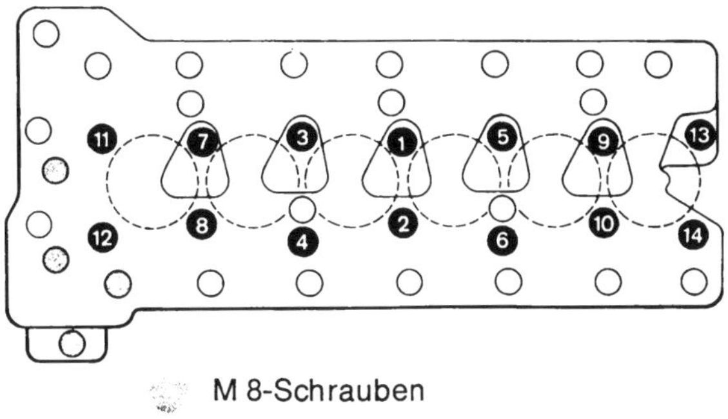

Bild 5
Zylinderkopfschrauben in Reihenfolge des Anziehschemas der Motoren M110

- Folgende Teile in der angegebenen Reihenfolge abschrauben:
  — Zylinderkopfhaube bzw. -hauben
  — Spannfedern der Schwinghebel und Schwinghebel
  — Befestigungsschrauben der Nockenwellen
  — Nockenwellenräder
  — obere Gleitschienen
  — Kettenspanner
- Zylinderkopfschrauben in der in Bild 4 und 5 gezeigten Reihenfolge lösen.
- Zylinderkopf herunternehmen. Zylinderkopfdichtung abnehmen.
- Bei den Motoren 280S und 280SE sind nach dem Ausbau des Kettenspanners beide Nockenwellen mit dem Aus- und Einziehwerkzeug Teil-Nr. 110 589 03 33 00, nach Ausbau des hinteren rechten Deckel, am Nockenwellengehäuse nach hinten zu drücken, um die Nockenwellenräder herauszunehmen. An der Einlaßnockenwelle Abstandring (5) herausnehmen (siehe Bild 6).
  An beiden Nockenwellen die in den vorderen Nockenwellenlagern angebrachten Abstandshülsen (3) herausnehmen (siehe Bilder 6 und 7). Umlenkrad ausbauen. Dazu die Verschlußschraube herausschrauben und Lagerbolzen mit dem Auszieher Teil-Nr. 115 589 19 33 00 herausschlagen.

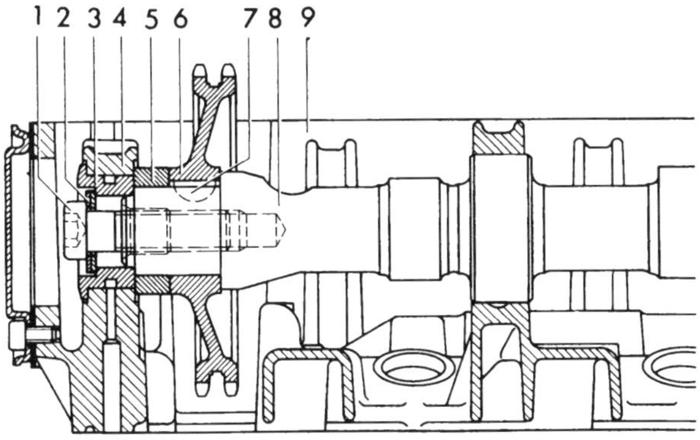

Bild 6
Schnittansicht der Einlassnockenwelle (M110)

1 Befestigungsschraube
2 Tellerfedern
3 Abstandshülse
4 Lagerstelle
5 Abstandsring
6 Nockenwellenrad
7 Scheibenfeder
8 Nockenwelle
9 Nockenwellen-Gehäuse

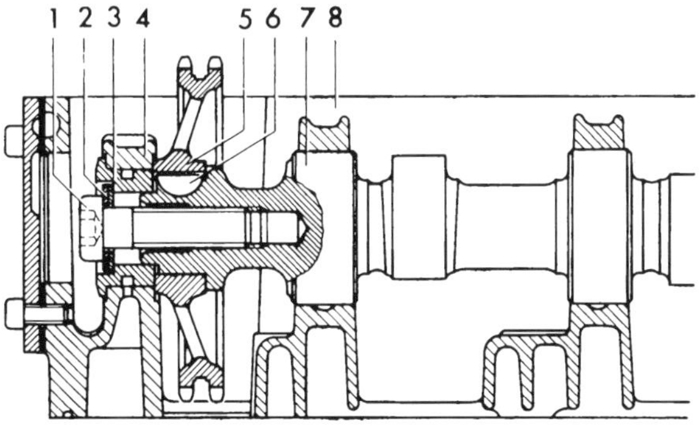

Bild 7
Schnittansicht der Auslassnockenwelle (M110)

1 Befestigungsschraube
2 Tellerfeder
3 Abstandshülse
4 Lagerstelle
5 Nockenwellenrad
6 Scheibenfeder
7 Nockenwelle
8 Nockenwellengehäuse

- Steuerkette hochziehen und Umlenkrad von Hand bzw. mit einem Haken herausziehen.
- Gleitschiene im Zylinderkopf ausbauen, dazu mit dem Auszieher Lagerbolzen herausschlagen.
- Den Steuergehäusedeckel der Motoren M116 (350SE) und M117 (450SE) ausbauen, indem man die Riemenscheibe zusammen mit Schwingungsdämpfer und Nabe abbaut. Dazu Schraube an der Kurbelwelle lösen, Nabe und Kurbelwelle zueinander mit Farbe zeichnen, dann von Hand abziehen.
  — Motor im Montagestand umkehren, oder, falls dieser nicht vorhanden ist, Motor auf die Zylinderkopfflächen aufstellen. Darauf achten, daß die Flächen dabei nicht beschädigt werden.
  — Ölwanne ausbauen.
  — Radialdichtring für Kurbelwelle herausdrücken.
  — Steuergehäusedeckel abschrauben und abnehmen Zur gleichen Zeit Ölpumpenkette aus dem Kurbelwellenzahnrad aushängen.

- Bei den andere Motortypen Ölwanne ausbauen.
- Befestigungsschrauben der Ölpumpe ausschrauben (alle Typen) und Ölpumpe herausnehmen.
- Zwischenrad und Umlenkrad der Motoren 350SE / 450SE abnehmen.
- Zum Ausbau der Zwischenradwelle der M110-Motoren (280S/280SE) das Zündverteilergehäuse mit Antriebsrad für Zündverteilerantrieb ausbauen, dann Schraube mit Ölrohr, Sprengring und Scheibe entfernen, Kettensicherungsschraube entfernen. Zwischenradwelle dann so drehen, daß die Scheibenfeder oben liegt. Zwischenradwelle so weit zurückdrücken, bis das Zwischenrad nach oben herausgenommen werden kann. Lagerbüchsen-Sicherungsschraube lösen und Zwischenradwelle mit Lagerbüchse mit dem Schlagauszieher Teil-Nr. 115 589 19 33 00 und passendem Gewindebolzen herausziehen.
- Ölpumpenantrieb bei den Motoren M110 so ausbauen, indem man den Verschlußstopfen mit dem Schlagauszieher herausschlägt und das Schraubenrad für den Ölpumpenantrieb mit einer M6-Schraube nach oben herauszieht.
- Muttern der Pleuellagerbolzen entfernen.
- Lagerdeckel zeichnen und zusammen mit den unteren Lagerschalen abnehmen.
- Motor so hinlegen, daß die Kolben zusammen mit den Pleuelstangen mit einem Hammerstiel aus den Zylinderbohrungen geschoben werden können. Alle zusammengehörigen Teile sind entsprechend zu kennzeichnen, um sie wieder in ihrer ursprünglichen Weise einbauen zu können.
- Ein Stück Hartholz zwischen eine der Kurbelwangen und das Kurbelgehäuse einsetzen, um die Kurbelwelle gegenzuhalten und das Schwungrad vom Flansch der Kurbelwelle abschrauben.
- Bei den 8-Zylinder-Motoren den hinteren Deckel der Kurbelwellenabdichtung abschrauben.
- Bei den 6-Zylinder-Motoren Riemenscheibe und Schwingungsdämpfer ausbauen.
- Schraube an der Kurbelwelle lösen und Auswuchtscheibe mit Abzieher 116 589 10 33 00 abziehen.
- Alle Hauptlagerdeckel kennzeichnen und vom Kurbelgehäuse abschrauben.
- Kurbelwelle vorsichtig aus den oberen Lagerschalen heben.
- Die unteren Lagerschalen dann der Reihe nach herausnehmen.
- Kolbenringe mit einer Kolbenringzange vorsichtig abnehmen.
- Kolbenbolzen mit Ausziehvorrichtung oder mit Daumen ausdrücken.
- Alle Teile in geordneter Folge aufbewahren.
- Steuerkette entfernen.
- Verschlußschrauben aus den Enden der Ölkanäle herausschrauben.

Zerlegung des Zylinderkopfes

- Nockenwelle nach hinten herausziehen oder zusammen mit den Lagerböcken, nach Lösen der Befestigungsmuttern, abheben. Beim Motortyp M110 (280 S und 280 SE) die Nokkenwellen auch nach hinten herausziehen und dann Nockenwellengehäuse abschrauben.
- Zum Ausbau der Ventile ist ein Ventilheber erforderlich.
- Falls kein Ventilheber zur Verfügung steht, den Kopf mit der Dichtfläche so auf eine Werkbank legen, daß das jeweilige Ventil gut von unten mit einer Unterlage abgestützt wird. Jetzt ein Stück Rohr, etwas kleiner als der Ventilfederdeckel, auf die Oberseite des Ventildeckels aufsetzen und mit einem Hammerschlag den Deckel nach unten schlagen. Die Kegelhälften springen dabei aus der Nut des Ventilschaftes und werden in der Innenseite des Rohrstückes aufgefangen. Der Hammer ist in Verbindung mit dem Rohr zu halten, damit die Kegelhälften nicht davonfliegen.
- Der Reihe nach alle Teile vom Ventilschaft herunterziehen, aber darauf achten, daß keine Teile verloren gehen.

Zusammenbau des Motors

In der folgenden Beschreibung finden Sie die Schritt-für-Schritt-Anweisungen zum Zusammenbau des Motors. Dieser Abschnitt wird danach von einzelnen Beschreibungen des Überholens und Zusammenbaus der einzelnen Baugruppen des Motors gefolgt, so daß alle Beschreibungen in diesem Zusammenhang zu lesen sind. Während aller Zusammenbauarbeiten darauf achten, daß Werkzeuge, Werkbänke und einzubauende Teile frei von Schmutz und Fremdkörper sind. Beim Einbau von gleitenden oder sich drehenden Teilen ist das Schmieröl vor dem Zusammenbau der Teile aufzutragen. Es sind immer neue Dichtungen und Öldichtringe zu verwenden. Den Anzugsdrehmomenten für die einzelnen Teile ist unbedingt zu folgen (siehe S. 143).

- Motor so im Montagestand drehen oder auf die Werkbank aufsetzen, daß sich die Ölwannenseite an der Oberseite befindet.
- Nachdem alle Ölkanäle gesäubert sind, die Verschlußschrauben mit Dichtungsmasse einschrauben.
- Hauptlagerschalen der Reihe nach in die Bohrungen des Kurbelgehäuses einlegen. Die oberen Lagerschalen, ausgenommen der Motortypen M110 (280 S und 280 SE) sind mit einer Schmiernut und Ölloch versehen. Die obere Lagerschale des 4. Lagers der Motoren M110 hat an ihren Enden zwei Ölbohrungen und zwei Öltaschen. Die Lagerschalen werden für jede Reparaturstufe fertig zum Einbau geliefert und dürfen nur als kompletter Satz ausgewechselt werden. Das Paßlager wird im Reparaturfall in der Breite in Übergröße geliefert und ist, um die Laufschicht auf der Schwungradseite zu erhalten, nur auf der nicht belasteten Seite winkelrecht zur Lagerbohrung nachzuarbeiten. Die Lagerschalen können, soweit es neue Schalen sind, untereinander ausgetauscht werden. Dasselbe gilt für die unteren Lagerschalen.
- Der Reihe nach die Hauptlagerdeckel aufsetzen und mit dem vorgeschriebenen Drehmoment festziehen.

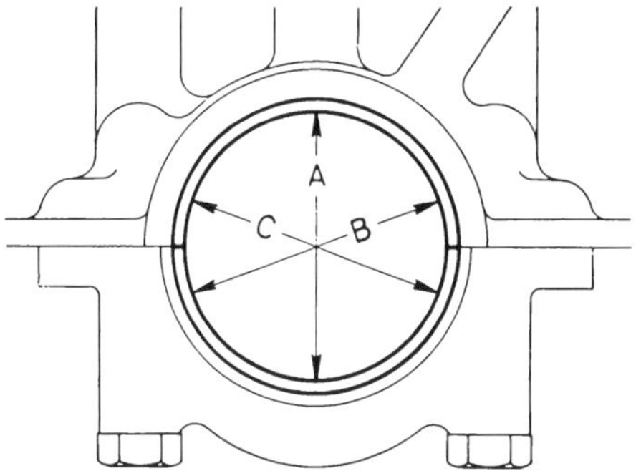

Bild 8
Ausmessen der Kurbelwellenlager-Grundbohrung

- Grundbohrung in Richtung A, B und C in zwei Ebenen (Konizität) messen (siehe Bild 8). Bei einer Grundbohrung, die den vorgeschriebenen Wert überschreitet oder konisch ist, Lagerdeckel an seiner Auflagefläche auf einer Tuschierplatte bis zu max. 0,02 mm abziehen. Kurbelwellenlagerschalen einlegen und Lagerdeckel nochmals mit vorgeschriebenem Drehmoment festziehen.
- Lagerdurchmesser messen und Radialspiel ermitteln.
- Das Lagerspiel kann durch Austausch der Lagerschalen korrigiert werden, dabei ist der Mittelwert des angegebenen Lagerspiels anzustreben.

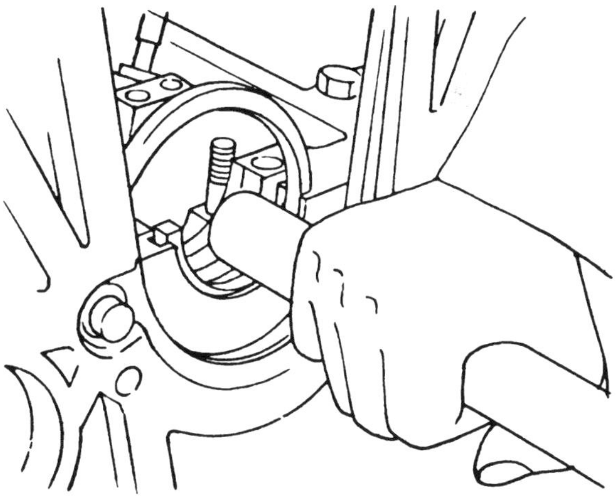

Bild 9
Einwalken des Radialdichtringes mit einem Hammerstiel (Motor M110)

- Neuen Radialdichtring in Kurbelgehäuse einsetzen. Radialdichtring mit einem Hammerstiel fest einwalken (siehe Bild 9). Um die erforderliche Überdeckung zu erreichen, Radialdichtring im Kurbelgehäuse ca. 0,6 mm oberhalb der Trennfläche abschneiden (siehe Bild 10).

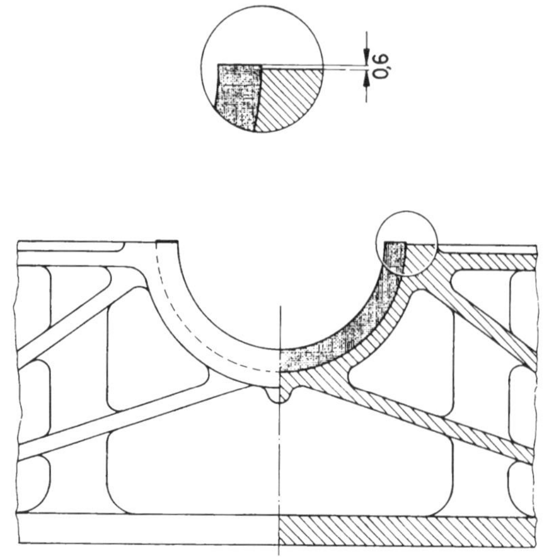

Bild 10
Überdeckung nach Abschneiden des Radialdichtrings

- Zwischenradwelle und Umlenkrad mit Lagerbüchse, Ölnut nach unten, einsetzen und Umlenkrad, Zwischenrad sowie Gleitschienen einbauen.
- Ist das Kurbelwellenrad oder Zwischenrad mit Büchse erneuert, sollte die Fluchtabweichung ermittelt werden. Dazu Abstand von der Stirnseite des Zylinderkurbelgehäuses bis zum Zwischenrad und dann bis zum Kurbelwellenrad messen. Die Differenz dieser beiden Werte sollte nicht mehr als 0,1 mm betragen. Bei größeren Abweichungen ist der Ausgleichsring hinter dem Kurbelwellenrad auszutauschen.
- Schwungrad am Flansch der Kurbelwelle anbringen. Das Schwungrad ist mit der Kurbelwelle durch eine Markierung zusammengezeichnet (siehe Bild 12).

- Radialdichtring, Lagerschalen und Kurbelwelle mit Motoröl SAE 30 versehen und Kurbelwelle mit Steuerkette einlegen.
- Kurbelwellenlagerdeckel mit dem vorgeschriebenen Drehmoment anziehen.
- Axialspiel der Kurbelwelle messen.
- Kurbelwelle von Hand drehen und prüfen, ob sie frei läuft. Läuft die Kurbelwelle schwer, so ist eine eventuelle Versetzung der Lagerschalen durch leichte Hammerschläge mit einem Kunststoffhammer zu korrigieren.
- Bei den 8-Zylinder-Motoren den hinteren Radialdichtring mit einem geeigneten Werkzeug in den Deckel einpressen (Bild 11) und den Zwischenflansch montieren.

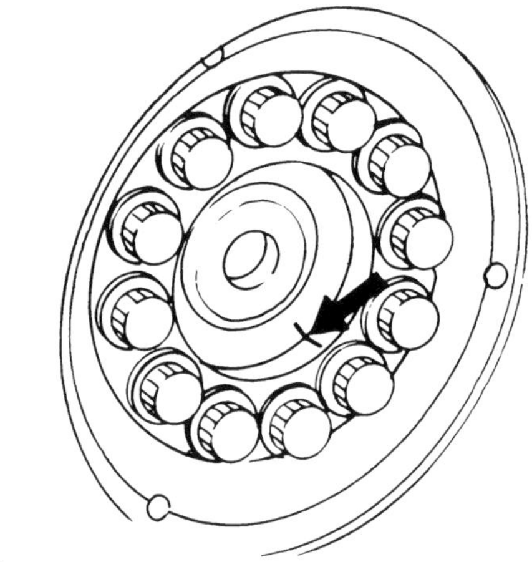

Bild 12
Kennzeichnung Schwungrad zur Kurbelwelle

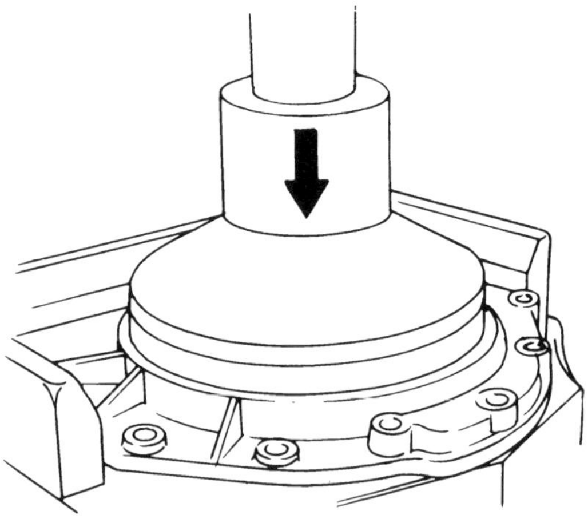

Bild 11
Eindrücken des Radialdichtrings, hinten, Motortyp 116/117.

Wird ein neues Schwungrad eingebaut, so muß dieses auf den gleichen Wuchtzustand wie das alte gebracht werden.

- Dehnschaftdurchmesser der Schrauben messen. Ist der Mindestdurchmesser erreicht, so müssen die Schrauben durch neue ersetzt werden.
- Dehnscheiben einschrauben und mit Drehmoment-Voranzug und Drehwinkel anziehen, wobei die Schrauben 90° + 10° weiter gedreht werden.
- Pleuelschrauben und Pleuelbüchsen prüfen und Pleuel auswinkeln.
- Pleuellagerdeckel montieren und Pleuelschrauben anziehen.

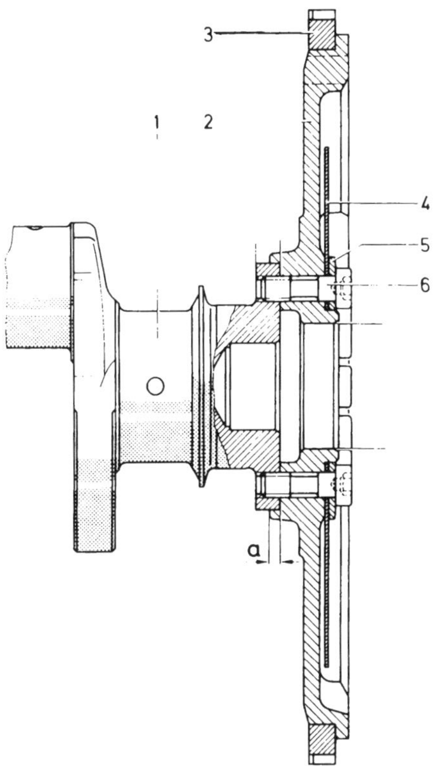

Bild 13
Anordnung Schwungrad und Mitnehmerscheibe für automatisches Getriebe.
1. Kurbelwelle
2. Schwungrad
3. Anlagefläche
4. Mitnehmerscheibe
5. Scheibe
6. Schraube

- Grundbohrung messen (siehe Bild 8).
- Pleuellagerdeckel mit Lagerschalen montieren und Pleuelschrauben anziehen.
- Lagerdurchmesser messen und Radialspiel ermitteln.
- Das Lagerspiel kann durch Austausch der Lagerschalen korrigiert werden, dabei ist der Mittelwert des angegebenen Lagerspiels anzustreben.
- Pleuelbüchse und Kolbenbolzen einölen und Kolbenbolzen von Hand eindrücken.
- Kolbenbolzensicherung in die Nute einlegen.
- Die Kolben so auf die Pleuelstange montieren, daß der Pfeil in Fahrtrichtung zeigt und die Aussparung für die Haltenase der Lagerschale auf der linken Seite, in Fahrtrichtung gesehen, liegt. Bei den 8-Zylinder-Motoren so montieren, daß der Pfeil auf dem Kolben entgegen der Aussparung im Pleuel gerichtet ist.
- Beim Einbau gelaufener Kolben, Kolbenringe auf Stoß- und Axialspiel prüfen.
- Kolbenringe in Kolbenringnute einsetzen und auf Leichtgängigkeit prüfen.
- Stoßenden der Kolbenringe gleichmäßig am Kolbenumfang verteilen.
- Pleuellagerschalen und Kolben mit Motoröl SAE 30 versehen.
- Kolbenringspannzange 000 589 20 61 00 auflegen und Kolben ohne Gewaltanwendung einführen.
- Pleuellagerdeckel mit den Kennzahlen zueinander auf das Pleuel aufsetzen und Pleuellagerschrauben anziehen.
- Kurbelwelle drehen und Freigang zwischen Kolbenbolzenauge und Pleuel kontrollieren.
- In OT-Stellung des Kolbens den Abstand zwischen Kolbenboden und Zylinderkurbelgehäuse-Trennfläche messen. Die Kolbenbolzen der einzelnen Kolben nicht verwechseln.

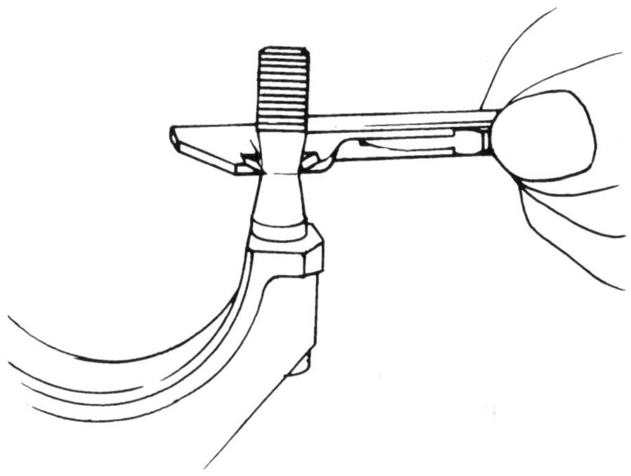

Bild 14
Dehnschaft der Pleuelschraube messen

- Ölpumpe einbauen.
- Kettenrad bei den 8-Zylinder-Motoren auflegen.
- Neuen Abstandring auf den Kurbelwellenzapfen schlagen.
- Neuen Radialdichtring an der Dichtlippe mit Öl bestreichen und in die Aufnahmebohrung im Kurbelgehäuse einlegen.
- Neuen Radialdichtring in Ölwanne hinten einsetzen, wie in Bild 9 und 10 gezeigt.
- Kurbelgehäuse-Trennfläche leicht mit Dichtungsmasse (Haylomar) einschmieren.
- Ölwanne aufsetzen und Schrauben auf richtiges Drehmoment anziehen.

- Bei den 8-Zylinder-Motoren O-Ringe zum Abdichten der Wasserkanäle erneuern und Steuergehäusedeckel mit Dichtmittel aufsetzen. Sind die Gleitschienen im Kurbelgehäuse ausgebaut worden, müssen diese noch vorher eingebaut werden.
- Den Lagerbolzen am Rand mit Dichtungsmasse bestreichen und Lagerbolzen einschlagen.
- Auswuchtscheibe und Riemenscheibe einbauen.
- Motor umdrehen und den zusammengebauten Zylinderkopf aufsetzen. Vorher jedoch kontrollieren, daß beide Flächen, d. h. des Zylinderkopfes und des Zylinderblocks, sauber und frei von Fremdkörpern sind. Außerdem sind die folgenden Punkte zu beachten:
  — Keine Dichtungsmasse an der Zylinderkopfdichtung oder den Dichtflächen verwenden.
  — Kurbelwelle durchdrehen, bis Kolben Nr. 1 auf dem oberen Totpunkt im Verdichtungshub steht und Nockenwelle auf Markierung steht. Siehe Bilder 15 und 16.
  — Zylinderkopfschrauben auf das vorgeschriebene Drehmoment anziehen. Reihenfolge siehe Bilder 4 und 5.

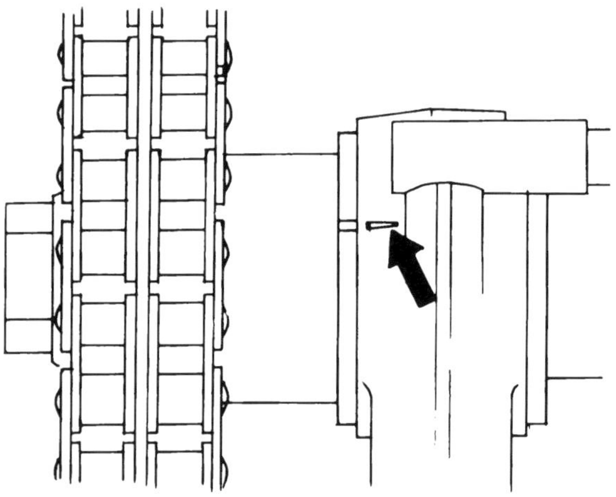

Bild 15
Markierung der Nockenwellen der Motoren M116/117

- Steuerkette aus dem Radkasten anheben und auf das Nockenwellenrad auflegen.
- Scheibenkeil in die Nockenwelle einsetzen und die Ausgleichsscheibe auflegen, dann das Nockenwellenrad mit aufgelegter Kette auf die Nockenwelle aufbringen.

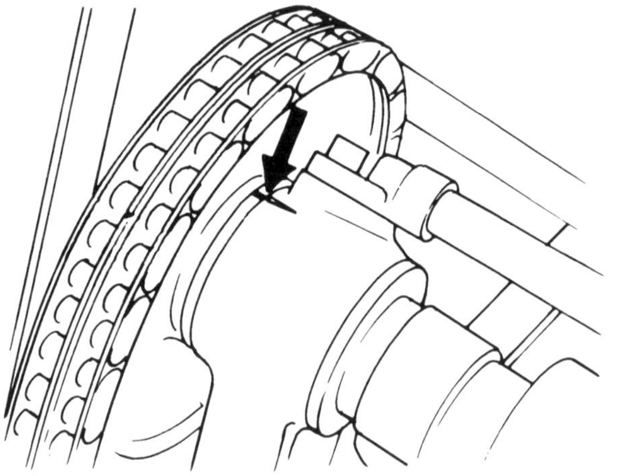

Bild 16
Markierung der Nockenwellen der Motoren M110

- Befestigungsschraube mit Scheibe und Federscheibe versehen und anziehen.
- Motor durchdrehen und Einstellmarkierungen kontrollieren.
- Wenn erforderlich, Steuerzeiten prüfen.
- Kettenspanner füllen, wobei man den Kettenspanner mit dem Druckbolzen nach unten bis über den Flansch in Motorenöl SAE 10 stellt, Druckbolzen mit Hilfe einer Presse oder Standbohrmaschine 7- bis 10mal langsam bis zum Anschlag durchdrücken.
- Nach dem Befüllen darf sich der Kettenspanner nur ganz langsam, gleichmäßig und unter großer Kraftaufwendung zusammendrükken lassen.
- Kettenspanner ansetzen und Befestigungsmuttern gleichmäßig anziehen.
- Obere Gleitschienen einbauen.
- Beim Motortyp M110 (280 S / 280 SE) die Steuerkette hochziehen, Umlenkrad mit der linken Hand ansetzen und Lagerbolzen mit dem Schlagauszieher einschlagen.
- Nockenwellenräder mit dem Abstandring und den Abstandhülsen bzw. Mitnehmer montieren.
- Obere Gleitschiene einbauen.
- Starren Kettenspanner einbauen und von Hand spannen.
- Motor durchdrehen und die beiden Einstellmarkierungen der Nockenwellen kontrollieren.
- Steuerzeiten prüfen.
- Kettenspanner einbauen. Der Kettenspanner wird über den Motorölkreislauf mit Öl versorgt. Der erforderliche Druck im Ketten-

spanner zum Spannen der Steuerkette setzt sich aus der Druckfeder und dem sich aufbauenden Öldruck zusammen. Durch das Druckbegrenzungs- und Rückschlagventil wird, unabhängig vom Motoröldruck, der Öldruck im Kettenspanner bei allen Betriebsbedingungen annähernd konstant gehalten.

HINWEIS: Da der Druckbolzen beim Motortyp M110 nicht zurückgedrückt werden kann, muß der Kettenspanner nach jedem Ausbau zerlegt und der Druckbolzen in Montagestellung «A» gebracht werden (siehe Bilder 17 und 18). Wird bei eingebautem Kettenspanner die Kette entspannt, z. B. durch Abnehmen eines Nockenwellenrades, muß folglich der Kettenspanner ausgebaut und in Montagestellung gebracht werden, da der Druckbolzen bis zum Anschlag nach vorne springt.

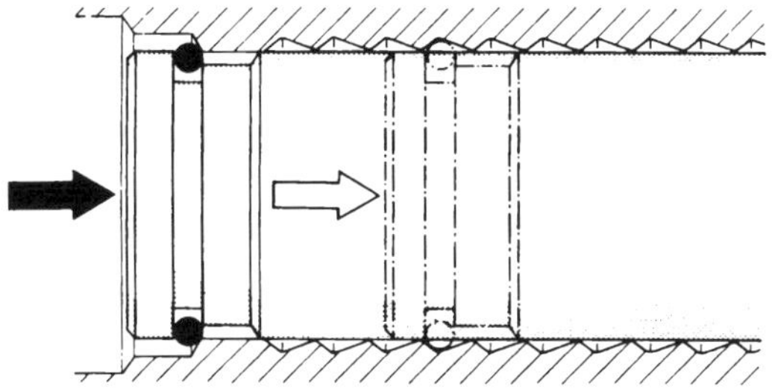

Bild 17
A : Kettenspanner in Montagestellung
B : Kettenspanner in Betriebsstellung

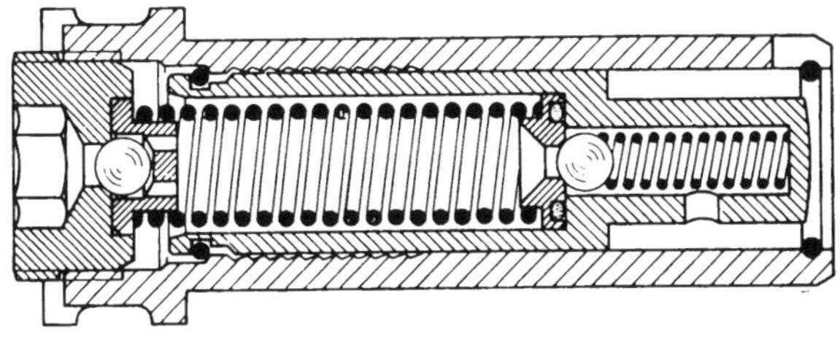

Bild 18
Kettenspanner in Montagestellung

- Schwinghebel einbauen.
- Zündverteilerantriebswelle einsetzen.
- Zündverteiler einbauen.
- Motor nochmals durchdrehen, bis auf Zünd-OT des 1. Zylinders und Einstellmarkierungen an Auswuchtscheibe, Nockenwellen und Zündverteiler überprüfen.
- Ventilspiel einstellen. Das Spiel wird mittels einer Fühlerlehre zwischen den Gleitflächen und dem Nockengrundkreis der Nockenwelle gemessen. Beim Motortyp M110 (280 S / 280 SE) müssen vorher die Spannfedern abgenommen werden sowie die Gummidichtungen der Zündkerzenöffnungen. Die Fühlerlehre muß sich bei richtiger Einstellung stramm hindurch ziehen lassen. Zum Einstellen des Ventilspiels ist der jeweilige Nocken der Nockenwelle so zu stellen, daß sich die Spitze des Nockens nicht auf den Schwinghebel drückt, sondern entgegengesetzt und senkrecht zur Gleitfläche steht (siehe Bilder 19 und 20). Das Ventilspiel kann bei kaltem oder warmem Motor geprüft oder eingestellt werden.

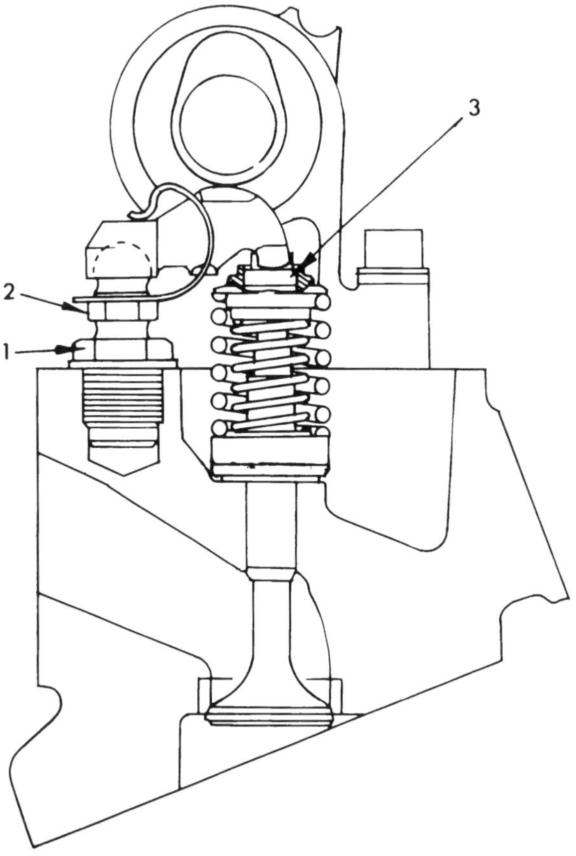

Bild 19
Ventilspiel zwischen der Gleitfläche des Schwinghebels und dem Nockengrundkreis der Nockenwelle messen, Motor M116/117
1. Gewindebüchse
2. Ventileinstellschraube
3. Druckstück

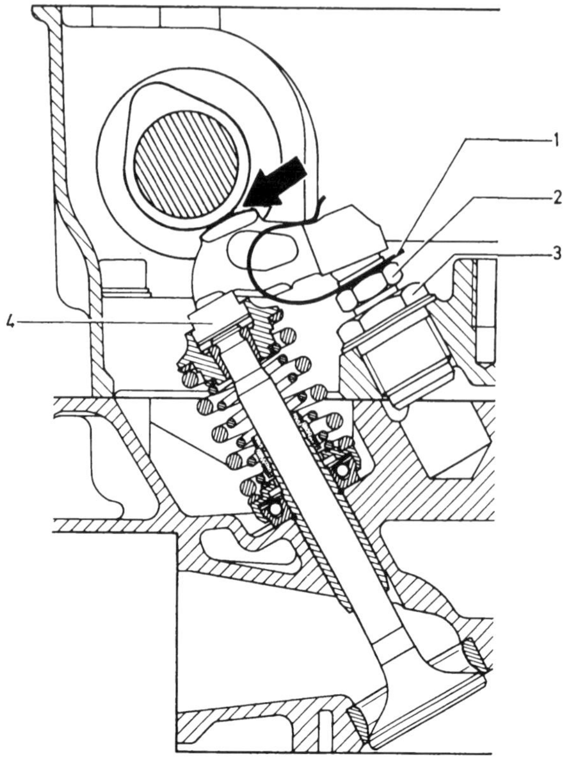

Bild 20
Ventilsteuerung der Motoren M110.
1. Spannfeder
2. Ventileinstellschraube
3. Gewindebüchse
4. Druckstück

- Bei nicht ausreichender Einstellmöglichkeit Druckstück (3) bzw. (4) erneuern. Sie stehen in verschiedenen Stärken zur Verfügung.
- Liegt das Drebmoment der Ventileinstellschraube unter 20 Nm (2 kpm), Ventileinstellschraube (2) oder Ventileinstellschraube mit Gewindebüchse erneuern.
- Ventilhaubendeckel aufsetzen und festschrauben.
- Ansaug- und Auspuffkrümmer, Vergaser, Kraftstoffpumpe, Thermostatgehäuse, Wasserpumpe und Lüfter anbringen.
- Ölfilter und Ölmeßstab mit Rohr anbauen.
- Drehstromlichtmaschine und Keilriemen anbringen.
- Zündkerzen einschrauben.
- Motorträger anschrauben.
- Mitnehmerscheibe mit einem passenden Zentrierdorn in der Innenseite des Schwungrades montieren.
- Kupplung anbringen und gleichmäßig übers Kreuz auf vorgeschriebenes Drehmoment anziehen.
- Alle verbleibenden Motorteile wieder montieren.
- Getriebe am Motor anflanschen. Der Motor ist jetzt wieder einbaufertig.
- Abschließend den Motor mit dem vorgeschriebenen Öl füllen.

Motor — Überholung und Zusammenbau der einzelnen Baugruppen

Zylinderkopf

Dichtfläche des Zylinderkopfes einwandfrei reinigen und auf Risse und Verschleiß prüfen. Überprüfen, ob die Wasserverteilungsrohre im Zylinderkopf festsitzen, gegebenenfalls verstemmen oder ersetzen. Wasserkanäle und Durchgänge von Kesselstein und anderen Verunreinigungen säubern. Zylinderkopffläche auf Verzug kontrollieren. Dazu ein Stahllineal auf die Zylinderkopffläche auflegen und mit einer Fühlerlehre den Lichtspalt zwischen Lineal und Zylinderkopffläche ausmessen. Alle Ventile und Ventilsitze sind auf Verschleiß oder Beschädigung zu kontrollieren und wie erforderlich zu reparieren oder erneuern. Ventilfedern auf ihre ungespannte Länge und Belastung hin kontrollieren und alle Federn erneuern, die nicht den in der Maß- und Einstelltabelle (Seite 115) angeführten Werten entsprechen. Zur einwandfreien Kontrolle der Ventilfedern sollte ein vorschriftsmäßiges Federprüfgerät verwendet werden. Die Ventilführungen mit einem Kontrolldorn auf Verschleiß überprüfen (Bild 21).

Läßt sich die Ausschußseite in die Bohrung einschieben, muß die Ventilführung erneuert werden. Die Ventilführung wird mit dem Ausschlagdorn herausgeschlagen. Können noch Ventilführungen mit Normalmaß 1 eingebaut werden, Ventilführung mit Hilfe des Einschlagdornes einschlagen, bis der Sprengring am Zylinderkopf anliegt. Müssen Ventilführungen der Reparaturstufen eingebaut werden, die Grundbohrung mit der entsprechenden Hand-Raumnadel bearbeiten. Ventilführung so auswählen, daß die vorgeschriebene Überdeckung eingehalten wird.

Bild 21
Innendurchmesser der Ventilführung mit dem Kontrolldorn prüfen.

Grundbohrung reinigen. Zylinderkopf im Wasserbad auf ca. 80 bis 90° erhitzen und, wenn möglich, Ventilführung mit Trockeneis unterkühlen. Ventilführung mit etwas Talg bestreichen und mit Hilfe des Eindrückdorns einschlagen, bis der Sprengring auf dem Zylinderkopf aufsitzt. Innendurchmesser der Führung mit dem Kontrolldorn prüfen (siehe Bild 21). Die Gutseite des Kontrolldorns soll gerade noch fallen, dagegen auf der Ausschußseite nur anschnabeln. Wenn erforderlich, Innendurchmesser mit der Reibahle aufreiben.

Die Ventilsitzringe sind in den Zylinderkopf eingepreßt und der alte Ring läßt sich am besten entfernen, indem man ihn aufbohrt oder mit einem Ventilsitzdrehwerkzeug herausdreht, bis er getrennt werden kann. Dabei ist natürlich zu beachten, daß der Zylinderkopf nicht beschädigt wird. Grundbohrung D1 (siehe Bilder 22 und 23) messen, wenn erforderlich, auf die nächste Reparaturstufe aufdrehen. Reparaturstufen-Ventilsitzringe so weit überdrehen, bis die angegebene Überdeckung erreicht ist. Zylinderkopf im Wasserbad auf ca. 90° C erwärmen und Ventilsitzring mit flüssiger Luft oder Trockeneis unterkühlen. Ventilsitzring mit einem geeigneten Dorn einschlagen.

Bild 22
Masse der Grundbohrung des Ein- und Auslass-Ventilsitzringsim Zylinderkopf, Motor M116/117.

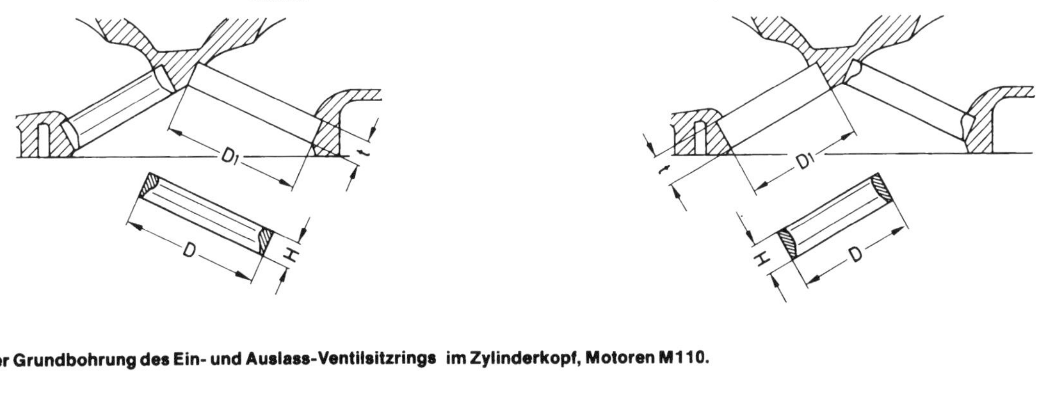

Bild 23
Masse der Grundbohrung des Ein- und Auslass-Ventilsitzrings im Zylinderkopf, Motoren M110.

Einlaß	D 1	D	t	H
Normalmaß	46,00 / 46,01	46,10 / 46,09	10,30 / 10,80	10,50 / 10,40
Reparatur-Stufen	max. bis 47,00	47,30 [1])	10,30 / 10,80	10,50 / 10,40
Auslaß	D 1	D	t	H
Normalmaß	40,00 / 40,01	40,10 / 40,09	10,30 / 10,80	10,50 / 10,40
Reparatur-Stufen	max. bis 41,00	41,30 [1])	10,30 / 10,80	10,50 / 10,40

Die Bearbeitung des Ventilsitzringes mit einem Ventilsitzdrehwerkzeug oder mit einer Ventilsitzschleifmaschine vornehmen. Mit einem Ventil den Größt-Abstand «A» (Bilder 24 und 25) messen, eventuell Ventilsitzringe erneuern (siehe letzter Abschnitt). Ventilsitze nach den gegebenen Maßen bearbeiten. Dann den Schlag des Ventilsitzes messen. Ventilsitzbreite messen, wenn erforderlich, oben und unten mit 70° korrigieren, 15° oben und 60° unten.

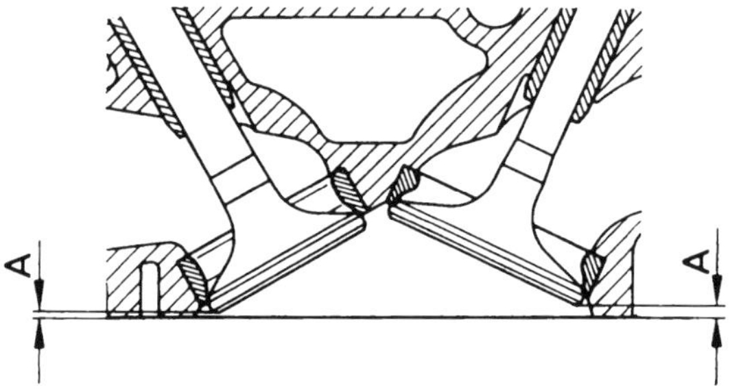

Bild 25
Mindestabstand «A» der Ventile - Motoren M110.

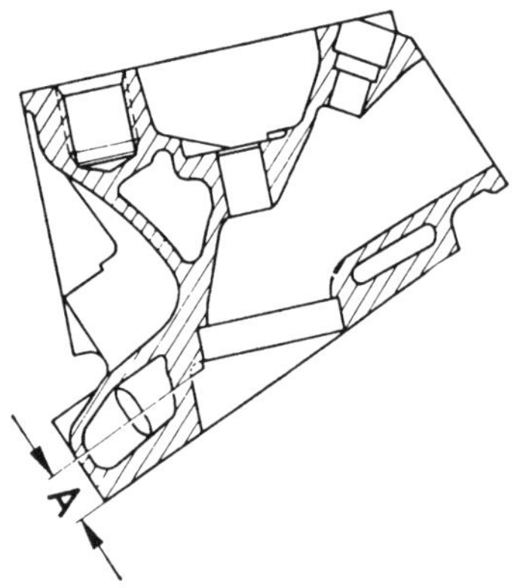

Bild 24
Mindesttiefe «A» des Kompressionsraumes der Motoren M116/17.

HINWEIS: Vor dem Bearbeiten Ventile reinigen. Höhe des Ventiltellers messen und den Ventilschlag prüfen. Bei erreichen der Grenzwerte Ventile erneuern.

ACHTUNG: Die Auslaßventile sind natriumgefüllt. Beim Verschrotten Sicherheitsmaßnahme beachten. Natriumgefüllte Ventile dürfen wegen Explosionsgefahr nicht eingeschmolzen oder zu Werkzeugen (Durchschlag usw.) verarbeitet werden, ohne daß vorher die Natriumfüllung entfernt wird. Vorsicht beim Entfernen des Natriums aus den Ventilen, da Natrium mit Wasser und wässerigen Lösungen außerordentlich heftig und explosionsartig reagiert und durch das entstehende Wasserstoffgas Brände entstehen können. Natrium aus angesägten und aufgebrochenen Ventilen kann in einer Mischung von 2 Liter Spiritus und 1 Liter Wasser in einem Gefäß im Freien neutralisiert werden.

Ventilschaft-Abdichtung erneuern. Ventilschaft an der Nut entgraten und Ventilschaft und Ventilführung reinigen. Eingeschlagene Ventilkegelhälften und Ventilfederteller erneuern. Montagehülse, die den neuen Ventilschaft-Abdichtungen beigelegt ist, über den Ventilschaft schieben. Nur beim Einlaßventil erforderlich. Neue Ventilschaft-Abdichtung leicht einölen und von Hand aufschieben. Montagehülse abnehmen, Montagedorn ansetzen und Ventilschaft-Abdichtung auf die Ventilführung drücken. Ventilfeder einbauen. Das Prüfen und Einstellen des Ventilspiels wurde schon auf Seite 13 beschrieben.

Beim Zusammenbau der Kolben und Pleuelbüchsen sind folgende Punkte zu beachten:

— Pleuelstange und Pleuelstangendeckel sind zusammen gezeichnet.
— Der Pleuelstangenschaft darf keine Querriefen und Kerben aufweisen.
— Kolbenbolzen und Kolbenbolzenauge einölen, ehe der Kolbenbolzen eingepreßt wird.
— Stoßenden der Kolbenringe gleichmäßig am Kolbenumfang verteilen.
— Die Kolben so auf die Pleuelstange montieren, daß der Pfeil in Fahrtrichtung bei den 8-Zylinder-Motoren zur Motormitte zeigt.

Kolben und Pleuelstangen

Alle Teile gründlich reinigen und kontrollieren. Falls Teile Anzeichen von Fressern, Kratzern oder Verschleiß aufweisen, müssen sie erneuert werden. Der Sitz des Kolbenbolzens muß so geschaffen sein, daß sich der Bolzen bei Zimmertemperatur leicht ins Pleuel schieben läßt. Die Kolbenbolzen der einzelnen Kolben dürfen nicht verwechselt werden. Das Höhenspiel der Kolbenringe in den Nuten des Kolbens ausmessen, indem man die Kolbenringe der Reihe nach in die jeweilige Nute einsetzt. Als nächstes der Reihe nach alle Kolbenringe in die Zylinderbohrungen einsetzen. Mit einem umgekehrten Kolben die Ringe ca. 20 mm nach unten drücken. Dadurch sitzen sie gerade in den Bohrungen. Eine Fühlerlehre in den Spalt zwischen den beiden Ringenden einschieben, um das Kolbenringstoßspiel auszumessen. Wenn nur die Kolbenringe erneuert werden, sollte dieses Spiel am unteren Ende der Bohrung gemessen werden, da an dieser Stelle das kleinste Laufspiel ist. Wiederverwendbare Pleuelstangen auf Verbiegung und Verdrehung kontrollieren. Pleuel, die infolge eines Lagerschadens überhitzt wurden (Blauverfärbung), dürfen nicht wieder verwendet werden. Als Ersatzteil werden Pleuel mit bearbeiteter Pleuelbüchse ausgeliefert. Bohrung für Pleuelschraube prüfen, dazu Pleuelstangendeckel auf eine Pleuelschraube aufstecken. Bewegt sich der Pleuelstangendeckel durch sein Eigengewicht nach unten, muß das Pleuel erneuert werden.

Kurbelgehäuse

Bei jeder größeren Überholung alle Hohlräume und Kanäle einwandfrei reinigen und alle Reste alter Dichtungen oder Dichtungsmasse entfernen. Dies gilt besonders für die Ölkanäle. Den Zylinderblock genau kontrollieren, ob sich Risse oder Sprünge gebildet haben und die Zylinderblockfläche auf Unebenheiten überprüfen.
Außer der Sichtkontrolle ist besonders bei einer Beanstandung «Hoher Ölverbrauch» eine Vermessung der Zylinderbohrungen unumgänglich. Dazu die gereinigten Zylinderbohrungen mit einem Innenmeßgerät an drei Meßstellen (Bild 26) und zwar einmal in Richtung der Kolbenbolzenachse (Längsrichtung A) und dann senkrecht dazu (Querrichtung B) messen. Bei nicht ausge-

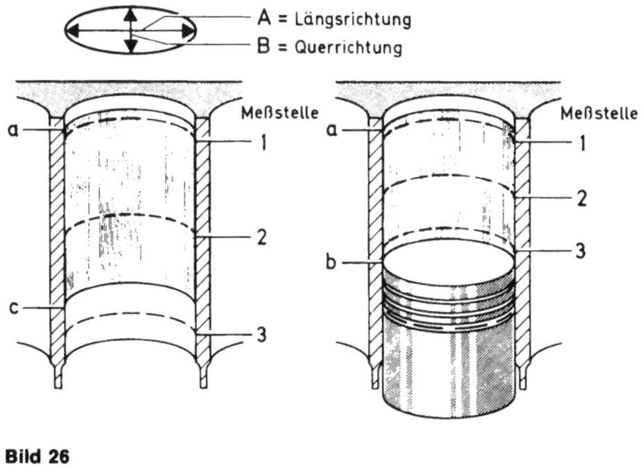

Bild 26
Zylinderbohrungen messen.

bauten Kolben liegt die Meßstelle 3 knapp über dem auf dem unteren Totpunkt stehenden Kolben. Maßangaben und Toleranzen sind im Abschnitt Maß- und Einstelltabelle (Seite 111) enthalten. Werden die Zylinderbohrungen gebohrt, soll die Materialzugabe zum Honen nicht mehr als 0,05 mm betragen

Kurbelwelle und Schwungrad

Kurbelwelle gründlich in Waschbenzin reinigen und kontrollieren, daß die Ölbohrungen sauber und frei sind. Lagerzapfen auf Unrundheit und Verjüngung überprüfen. Kurbelwelle zwischen zwei Spitzen einer Drehbank einspannen oder in zwei Prismen einlegen und mit Hilfe einer Meßuhr den Schlag der Kurbelwelle ausmessen. Das Ausmessen der Haupt- und Pleuellager wurde auf Seiten 9—11) beschrieben. Die Haupt- und Pleuellagerspiele können auch unter Verwendung von Plastigage-Kunststoffdraht (Bezugsadresse: K. H. Ern, Schinkelstr. 46—48, D-4 Düsseldorf) ausgemessen werden. Ein Stück Plastigage-Draht über die gesamte Länge des Lagerzapfens auflegen und die Lagerschale mit dem Lagerdeckel anbringen. Die Lagerdeckel auf das betreffende Anzugsdrehmoment anziehen. Lagerschale mit Lagerdeckel wieder abnehmen und die Breite des jetzt flachgedrückten Drahtes mit der im Plastigage-Satz mitgelieferten Lehre ausmessen. Ehe neue Lagerschalen für die Haupt- und Pleuellager der entsprechenden Größe bezogen werden können, muß festgestellt werden, auf welche Größe die Hauptlager- und Kurbelzapfen nachzuschleifen sind. Das Axialspiel der Kurbelwelle ausmessen, indem man mit einem Holzkeil von beiden Seiten jeweils zur gegenüberliegenden Seite drückt. Das gemessene Spiel muß innerhalb der gegebenen Maßangaben liegen. Das Rillenkugellager für den Zapfen der Getriebeantriebswelle ist bei einer Motorüberholung grundsätzlich zu ersetzen. Kugellager und Verschlußring zusammen mit dem Abzieher 136 589 07 33 00 abziehen. Das neue Kugellager mit Wälzlagerfett versehen und mit einem geeigneten Dorn in die Kurbelwelle einschlagen. Verschlußring einschlagen.

Schwungrad

Der Einbau des Schwungrads wurde auf Seiten 10 geschildert. Bei Wiederverwendung des alten Schwungrades, die Fläche auf Risse und Verschleiß überprüfen.

Zwischenflansch

Wird ein Zwischenflansch eingebaut, so muß er zentriert werden. Zwischenflansch in die Paßstifte am Kurbelgehäuse einsetzen und die Befestigungsschrauben leicht anziehen. Eine Meßuhr an der Kurbelwelle befestigen und den Taststift am Außendurchmesser der Rundzentrierung des Zwischenflansches ansetzen. Kurbelwelle drehen und Höhenschlag messen. Beim Drehen der Kurbelwelle darauf achten, daß der Taststift der Meßuhr nicht in der Aussparung am Zwischenflansch hängen bleibt. Durch leichte Schläge auf den Zwischenflansch den Höhenschlag berichtigen. Ist der Höhenschlag zu groß, Zwischenflansch abbauen, beide Paßstiftbohrungen auf 12,1 bis 12,2 mm aufbohren, stärkere Paßstifte einsetzen und den Meßvorgang wiederholen.

Nockenwelle und Steuerantrieb

— *M110-Motoren (280 S / 280 SE)*
  Die Nockenwellen sind in einem Nockenwellengehäuse gelagert. Die linke Nockenwelle ist in 7 und die rechte in 8 Lagern gelagert. Das Nockenwellengehäuse ist als Normal, 1. und 2. Reparaturausführung erhältlich, so daß die Lagerstellen zweimal nachgeschliffen werden können. Das Nockenwellengehäuse darf nur planbearbeitet werden, wenn an den Trennflächen mechanische Beschädigungen sichtbar sind. Ein verzogenes Nockenwellengehäuse paßt sich wieder beim Festziehen an den Zylinderkopf an.

— *M116/117-Motoren (350 SE / 450 SE)*
  Beide Nockenwellen sind in fünf Lagerbök-

ken gelagert. Die Nockenwellenlagerzapfen können nachgeschliffen werden, wofür zwei Nockenwellenlager mit Reparaturstufen zur Verfügung stehen. Es ist zu beachten, daß das Ölrohr für die Außenschmierung der Schwinghebel immer mit neuen Plastik-Anschlußstücken zu versehen ist, sollten diese entfernt worden sein.

Überprüfung der Nockenwellen

Nockenwellenlager und Lagerzapfen kontrollieren, ob die Maße innerhalb der angegebenen Werte liegen (siehe Seite 119). Unter Verwendung von Prismen und einer Meßuhr kontrollieren, ob der Schlag der Nockenwellen nicht mehr als den angegebenen Wert hat. Verschleiß oder Beschädigungen an den Nocken können Störungen in der Ventilsteuerung hervorrufen. Die Steuerzeiten der Nockenwellen sollten dann überprüft werden. Im Normalfall und bei Montagearbeiten genügt es, die Markierungen (siehe Bilder 15 und 16) in OT-Stellung des Motors zu überprüfen. In besonderen Fällen, z. B. Leistungsbeanstandungen, ist nachstehende Prüfung und Einstellung des Öffnungsbeginns am Einlaßventil des 1. und bei den 8-Zylinder-Motoren auch des 6. Zylinders durchzuführen. Die Steuerzeiten werden bei 2 mm Ventilhub gemessen. Dazu muß das Ventilspiel aufgehoben werden.

Prüfen der Steuerzeiten bei M116/117-Motoren (350 SE / 450 SE)

- Zündkerzen herausschrauben.
- Kennzahl der Nockenwelle feststellen. Die Kennzahl ist auf dem hinteren Ende der Nokkenwelle eingeschlagen.
- Motor an der Kurbelwelle durchdrehen, bis die Spitze des Einlaßnockens des zu messenden Zylinders senkrecht nach oben steht. Der Motor darf nicht an der Schraube des Nockenwellenrades durchgedreht werden und während der Messung auf keinen Fall rückwärts drehen, da sich sonst erhebliche Meßfehler ergeben.
- Spannfeder von der Einstellschraube herausdrücken.
- Schwinghebel nach unten drücken und Ventillehre so einführen, daß das Ventilspiel vollständig aufgehoben ist.
- Meßuhr so befestigen, daß der Taststift unter einer Vorspannung von mindestens 2 mm auf dem Ventilteller aufsitzt.
- Skala drehen, bis der große Zeiger auf Null steht. Der Taststift der Meßuhr muß genau auf dem Ventilfederteller aufsitzen.
- Motor in Drehrichtung weiter drehen, bis der Zeiger der Meßuhr 0,40 mm weniger, also die Zahl 60, anzeigt.
- Dann die Vorspannung der Meßuhr auf der Millimeter-Skala (kleiner Zeiger) ablesen.
- In dieser Stellung den Wert an der Auswuchtscheibe ablesen. Er muß mit dem Wert «Einlaß öffnet» in der Maß- und Einstelltabelle (Seite 119) übereinstimmen.
- Motor weiter drehen, bis das Ventil beim Schließen noch 0,40 mm aufgehoben ist. Die Vorspannung muß gleich sein wie beim Öffnungsbeginn. Das Schließende am Schwingungsdämpfer ablesen.

Prüfen der Steuerzeiten bei M110-Motoren (280 S / 280 SE)

- Beide Schwinghebel am 1. Zylinder mit dem Ein- und Ausbauwerkzeug 110 589 04 61 00 ausbauen. Dazu an der Kurbelwelle drehen, bis die Nockenspitze nach oben steht.

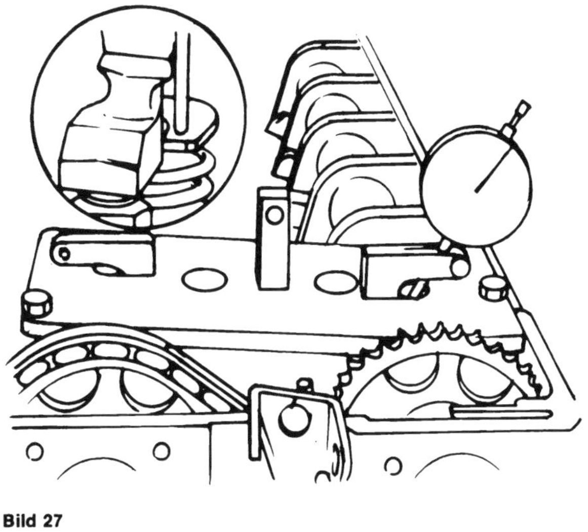

Bild 27
Prüfwerkzeug für Steuerzeiten der Motoren M110

- Beide Druckstücke durch Meßdruckstücke ersetzen und Schwinghebel ohne Spannfeder einbauen.
- Noch vorhandenes Ventilspiel durch Drehen der Ventileinstellschraube aufheben.
- Die Meßdruckstücke dürfen kein Spiel aufweisen.
- Prüfwerkzeug 110 589 10 21 00 aufsetzen und anschrauben (siehe Bild 27).
- *Einlaßventil:* Bei geschlossenem Einlaßventil, d. h. der Nocken muß nach oben zeigen, die Meßuhr mit Verlängerungsstift in das Prüfwerkzeug am Einlaßventil einsetzen. Dann 3 mm Vorspannung einstellen und Meßuhr festklemmen. Drehbares Zifferblatt so drehen, bis der große Zeiger auf «0» steht. Kurbelwelle in Drehrichtung des Motors langsam weiterdrehen, bis die Meßuhr um 2 mm auf 1 mm Vorspannung zurückgeht. In dieser Motorstellung den Wert am Schwingungsdämpfer ablesen. Er muß mit dem angegebenen Wert «Einlaßventil öffnet nach OT» übereinstimmen.
- *Auslaßventil:* Denselben Meßvorgang an der Auslaßnockenwelle vornehmen. Nach Einstellung der Vorspannung Kurbelwelle in Drehrichtung des Motors weiter drehen. Das Auslaßventil wird ganz geöffnet und die Meßuhr läuft dabei auf «0». Beim folgenden Schließen des Auslaßventils kommt der Meßuhrstift wieder zur Anlage und die Zeiger beginnen sich zu drehen. Der kleine Zeiger muß auf «1» und der große Zeiger auf «0» stehenbleiben. Dies entspricht 2 mm Ventilhub beim Schließen des Auslaßventils.

Einstellen der Steuerzeiten

Ist eine Berichtigung der Steuerzeiten notwendig, muß eine versetzte Scheibenfeder oder eine neue Steuerkette eingebaut werden. Scheibenfedern stehen in folgenden Abstufungen zur Verfügung (alle Motortypen):

Versetzung	Teil-Nummer	für eine Berichtigung von ca.
0,7 mm	621 991 04 67	4° KW
0,9 mm	621 991 02 67	6,5° KW
1,1 mm	621 991 01 67	8° KW
1,3 mm	621 991 00 67	10° KW

Ein Versatz um einen Zahn am Nockenwellenrad ergibt etwa 18° an der Kurbelwelle. Ein Versatz der Scheibenfeder nach rechts (in Fahrtrichtung) ergibt früheren und ein Versatz nach links späteren Einlaßbeginn.

- Schraube zur Befestigung des Nockenwellenrades lösen. Dazu die Nockenwellenräder herunternehmen.
- Erforderliche Scheibenfeder einsetzen.
- Nockenwellenräder montieren.
- Überprüfung der Steuerzeiten nochmal wiederholen.
- Nach Einbau einer versetzten Scheibenfeder oder einer neuen Steuerkette Zündzeitpunkt kontrollieren.

> ANMERKUNG: Da die beiden Nockenwellen der M110-Motoren (280 S und 280 SE) sich gegeneinander drehen, muß beim Einbau einer versetzten Scheibenfeder auf die Einbaulage geachtet werden (siehe Bild 28).

Steuerkette

Steuerkette auf Beschädigung, Verschleiß oder übermäßige Ausdehnung kontrollieren. Für den Reparaturfall gibt es die geteilte Steuerkette mit Steckglied. Bei einer Motorüberholung ist grundsätzlich eine endlose Kette einzubauen.

Ausbau

- Zündkerzen herausschrauben.
- Zylinderkopfhaube abnehmen.
- Schwinghebel der rechten Nockenwelle ausbauen.
- Beim Motor M110 (280 S / 280 SE) nach Ausbau des Kettenspanners starren Kettenspanner einsetzen und spannen.
- Kettenkasten mit Putzlappen abdecken und Steuerkette mit einer Kettentrennvorrichtung sprengen.

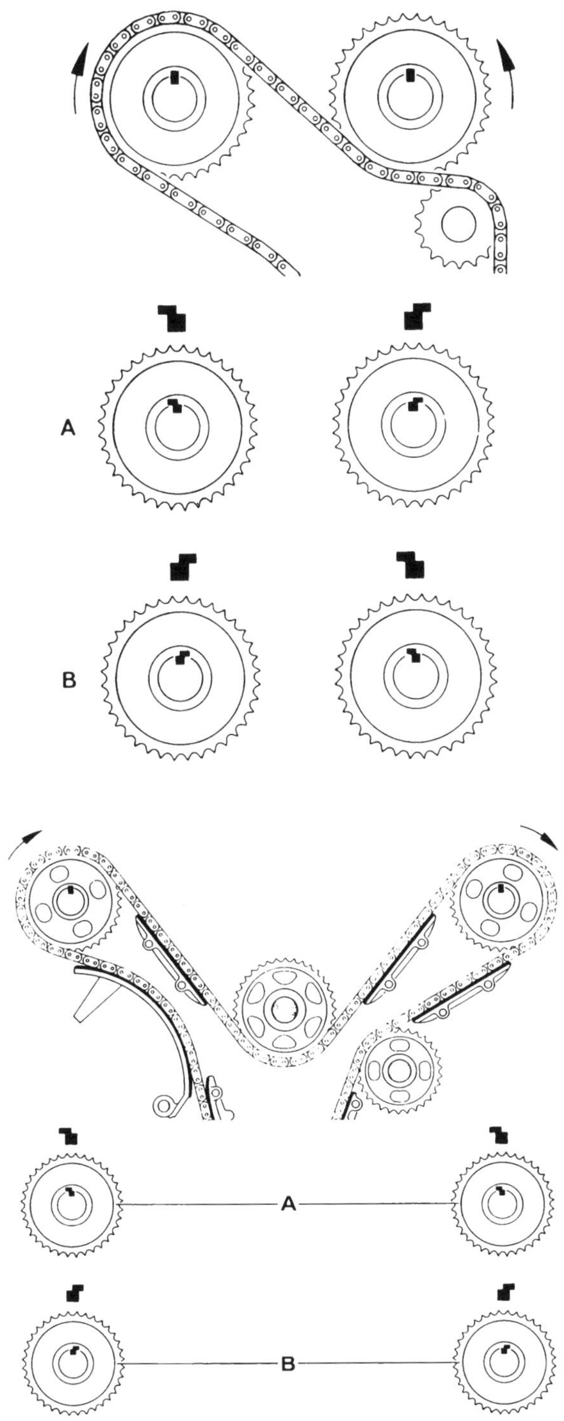

Bild 28
Zur Einstellung der Steuerzeiten. Im oberen Bild ist der 6-Zylinder und im unteren Bild der 8-Zylindermotor gezeigt
Einbaulage «A» ergibt früheren Öffnungsbeginn
Einbaulage «B» ergibt späteren Öffnungsbeginn

Einbau

- Neue Steuerkette mit dem geöffneten Glied an die alte Steuerkette einhängen.
- Motor an der Kurbelwelle langsam in Drehrichtung durchdrehen. Dabei gleichzeitig die alte Steuerkette hochziehen, bis das geöffnete Glied an der obersten Stelle des Nockenwellenrades zu liegen kommt. Die Steuerkette muß während des Durchdrehens am Nockenwellenrad im Eingriff bleiben.
- Alte Steuerkette abhängen und die Enden der neuen Steuerkette mit dem Steckglied verbinden.
- Beide Sicherungsscheiben montieren.
- Motor durchdrehen und Einstellmarkierungen kontrollieren, falls erforderlich, Steuerzeiten prüfen.
- Beim Motortyp M110 (280 S / 280 SE) Kettenspanner zerlegen, in Montagestellung bringen und einbauen.
- Schwinghebel einbauen.
- Ventilspiel an der Auslaßnockenwelle einstellen.
- Zylinderkopfhaube montieren und Zündkerzen einschrauben.

Schwinghebel aus- und einbauen

Schwinghebel immer an der Stelle wieder einbauen, an der sie ausgebaut wurden. Werden die Schwinghebel erneuert, muß die Nockenwelle überprüft oder gegebenenfalls erneuert werden.

- Spannfeder der Schwinghebel mit einem Schraubenzieher abdrücken. Dazu Nockenwelle so stellen, daß der Schwinghebel unbelastet ist. Der Motor darf nicht am Nockenwellenrad durchgedreht werden.

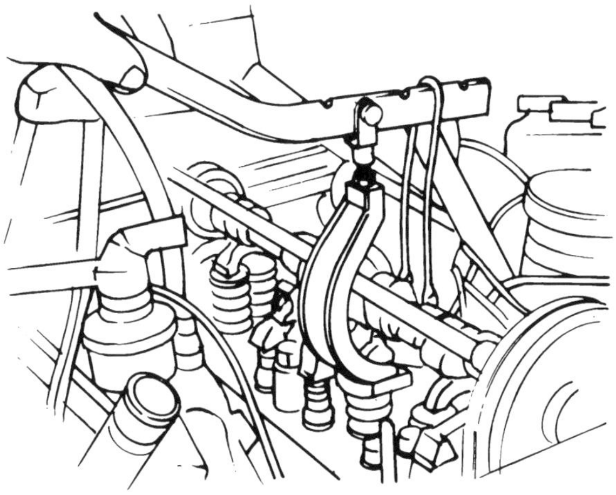

Bild 29
Aus- und Einbau der Schwinghebel

- Ventilfederteller mit dem Ein- und Ausbauwerkzeug 116 589 00 61 00 oder 110 589 04-61 00 für Motor M110, nach unten drücken und Schwinghebel herausnehmen.
- Der Einbau erfolgt in umgekehrter Reihenfolge des Ausbaues. Vor dem Einbau die Auflageflächen des Schwinghebels mit Öl versehen.
- Ventilspiel prüfen, wie auf Seite 13 beschrieben.

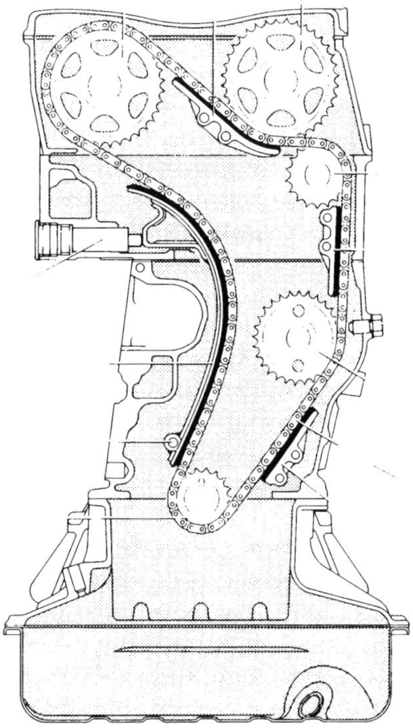

Bild 30
Kettentrieb M110 (280 SE)
1 Nockenwellenrad Auslass
2 Gleitschiene
3 Nockenwellenrad Einlass
4 Umlenkrad
5 Sicherungsschraube
6 Zwischenrad
7 Zweifach-Rollenkette
8 Kurbelwellenrad
9 Lagerbolzen Spannschiene
10 Spannschiene
11 Hydraulischer Kettenspanner

Die Zündanlage

Der Zündverteiler

Der Zündverteiler ist bei allen Fahrzeugen im Prinzip gleich. Er hat eine Fliehkraft- und Unterdruckverstellung und ist mit einer Unterdruck-Doppeldose für Früh- und Spätverstellung ausgerüstet. Zur Verbesserung der Abgaswerte im Leerlauf und im Schiebebetrieb wird der Zündzeitpunkt in Richtung «spät» verstellt. Der Zündanlage ist ein Vorwiderstand zwischen der Zündspule und Batterie eingesetzt. Dieser Widerstand verbessert die Lebensdauer der einzelnen Teile der Zündanlage. Um jedoch die volle Stromstärke beim Anlassen des Motors zur Verfügung zu haben, wird der Widerstand ausgeschaltet, wenn der Zündschlüssel in die Startstellung gedreht wird. Nach der Anlaßbetätigung wird der Widerstand wieder zugeschaltet.
Es ist daran zu denken, daß der Zündverteiler ein wichtiger Teil des Motors ist und daß der Unterbrecherkontaktabstand den Zündzeitpunkt direkt beeinflußt und aus diesem Grund immer auf dem vorgeschriebenen Wert zu halten ist. Für die optimale Einstellung wird empfohlen, daß sie sich an eine Werkstatt wenden, um den Schließ-

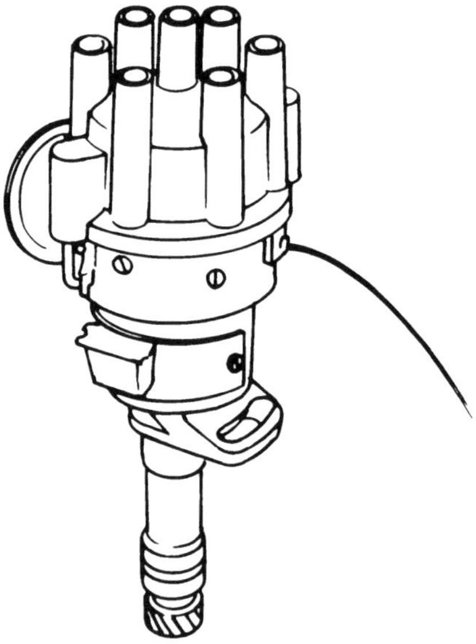

Bild 31
Zündverteiler des 280 SE - Motor M110

winkel sowie die Fliehkraft- und Unterdruckverstellung überprüfen zu lassen. Da diese Arbeiten ohne Spezial-Geräte nicht ausgeführt werden können, raten wir davon ab, eine solche Einstellung selbst vorzunehmen. Wenn der Verdacht besteht, daß der Verteiler abgenützt ist oder die Einstellung nicht stimmt, lohnt sich eine Überprüfung, da sie zu einer Verbesserung der Leistung und des Benzinverbrauchs führen könnte.

Die Einspritzmotoren sind mit einer Transistorzündung ausgestattet. An Stelle des Unterbrecherkontaktes schaltet eine Transistorschaltung den Zündspulenstrom. Der Unterbrecherkontakt steuert diese Transistorschaltung. Bei geschlossenem Unterbrecherkontakt ist der Schalttransistor leitend. Öffnet der Unterbrecherkontakt, so sperrt der Transistor und der Zündspulenstrom wird unterbrochen. Durch die Stromkreisunterbrechung in der Primärwicklung wird in der Sekundärwicklung die Zündspannung induziert, wie bisher bei der üblichen Spulenzündung auch. Zur Zündspannungsanhebung wird während des Starts der 0,4-Vorwiderstand durch den Kontakt 16 am Anlasser überbrückt.

Aus- und Einbau des Zündverteilers

- Schutzkappe, Verteilerdeckel, Kabelsteckverbindungen und Unterdruckleitungen abnehmen.
- Motor auf Zünd-OT des 1. Zylinders stellen. Dazu müssen die Markierungen auf dem Verteilerläufer und am Verteilergehäuse übereinstimmen (siehe Bild 32).

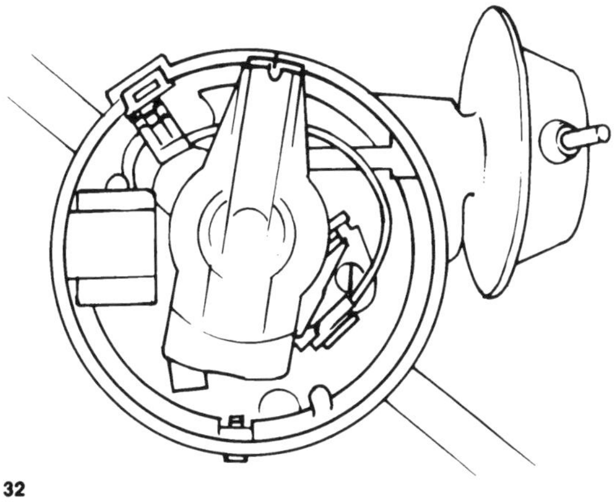

Bild 32
Markierung am Verteilerläufer und Verteilergehäuse

Außerdem muß der Zeiger am Kurbelgehäuse über der OT-Markierung der Auswuchtscheibe stehen.

- Innensechskantschraube der Verteilerbefestigung lösen.
- Zündverteiler ausbauen.
- Einbau in umgekehrter Reihenfolge vornehmen. Dabei besonders auf Zünd-OT des 1. Zylinders und auf die Markierungen achten. Schließwinkel und Zündzeitpunkt prüfen und einstellen.

Einstellen der Unterbrecherkontakte

Zustand der Unterbrecherkontakte kontrollieren. Schlechte Kontakte sollten erneuert werden. Eine Fühlerlehre der richtigen Stärke zwischen die Kontakte einschieben und den beweglichen Kontakt verstellen, bis sich die Fühlerlehre soeben einschieben läßt. Das Fiber-Gleitstück muß auf der höchsten Stelle einer Nockenspitze stehen. Die Kontaktklemmschraube sollte nur soeben gelockert werden, um die Verstellung zu erleichtern. Die Klemmschraube anziehen, ohne die Einstellung wieder zu verstellen und danach den Abstand nachprüfen. Die Kontakte müssen im geschlossenen Zustand parallel und höhengleich zueinander stehen und einen Abstand von ca. 0,3 bis 0,4 mm haben. Die Feineinstellung muß aber mit einem Schließwinkelgerät ausgeführt werden. Danach Zündzeitpunkt prüfen und einstellen.

Fliehkraft- und Unterdruckverstellung

Zur einwandfreien Überprüfung der Verstellung sind Spezial-Prüfgeräte erforderlich. Es wird geraten, solche Kontrollen von einer Werkstatt durchführen zu lassen. Die folgenden einfachen Prüfarbeiten können durchgeführt werden, um eventuell die Ursache eines Fehlers zu ergründen.

Unterdruckverstellung

Unterdruckdose und Leitungen auf Leckstellen überprüfen. Unterbrecherplatte auf Leichtgängigkeit kontrollieren. Eine schwergängige Unterbrecherplatte kann zu Fehlerquellen führen.

Fliehkraftverstellung

Verschleiß an den Fliehgewichten, Reglerfedern und Lagerstiften sind meistens die Ursache eines Fehlers. Zähes oder zuviel Schmierfett muß von den Fliehgewichten entfernt werden, da dies die Funktion des Mechanismus beeinträchtigen könnte.

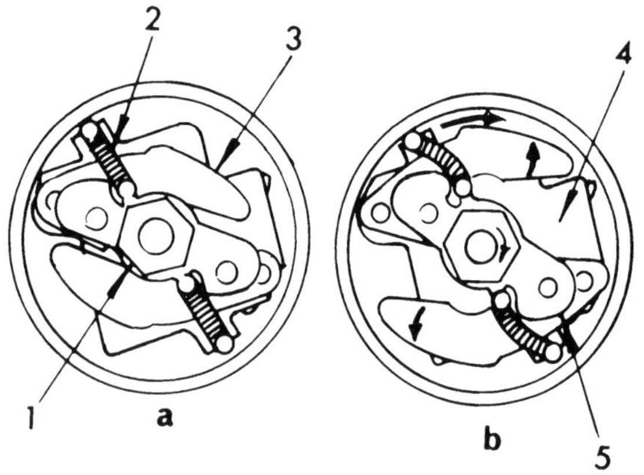

Bild 33
Fliehkraft-Kulissenversteller
1. Nocken
2. Rückstellfeder
3. Fliehgewicht
4. Trägerplatte
5. Mitnehmer
a. Ruhestellung
b. Arbeitsstellung

Zündspule

In den Primärstromkreis ist ein Vorwiderstand eingesetzt, welcher während des Anlassens des Motors durch den Zündschalter ausgeschaltet wird, um die volle Stromstärke beim Anlassen des Motors zur Verfügung zu haben. Abgesehen von einer gelegentlichen Reinigung der Außenseite der Zündspule ist sie wartungsfrei und bei Störungen zu erneuern.

ACHTUNG: Auf passende Zündspule und Vorwiderstand achten. Nur Original-Teile verwenden.

Zündkerzen

Die Zündkerzen müssen bei den vorgeschriebenen Intervallen gereinigt, geprüft oder erneuert werden. Die Zündkerzen im jeweiligen Motor müssen alle den gleichen Wärmewert besitzen. Beim Einschrauben der Kerzen ist darauf zu achten, daß sie nicht übermäßig angezogen werden, sonst wird die Dichtscheibe beschädigt und ein zukünftiges Ausschrauben gestaltet sich schwieriger. Aus dem Kerzengesicht lassen sich Schlüsse auf Eignung und einwandfreies Arbeiten der Kerzen, auf die Vergasereinstellung, den Gemischzustand und den Zustand des Motors (Kolben, Kolbenringe etc.) ziehen. Allgemein gilt:

— *Kerze richtig*

Isolatorfuß mit schwachem graugelben bis braunen, meist pulverförmigen Niederschlag bedeckt. Elektroden weisen, abgesehen von der Abbrandfläche, graugelben bis braunen pulverförmigen Belag auf. Gehäuseinneres hellgrauen oder gelblichen bis schwarzbraunen Belag. Motor in Ordnung, Wärmewert der Kerze richtig gewählt.

— *Kerze verrußt*

Isolatorfuß, Elektroden und Gehäuseinneres mit meist dickerem, pulvrigen, schwarzgrauen, samtartigem Belag bedeckt.
Ursachen: Gemisch zu fett, zu wenig Luft, Starterklappe zu lange betätigt, zu großer Elektrodenabstand, Kerze hat zu hohen Wärmewert und bleibt im Betrieb zu kalt.

— *Kerze verölt*

Isolatorfuß, Elektroden und Kerzengehäuse mit fettem, ölglänzendem Ruß bedeckt, Ölkohlebildung.
Ursachen: Zu viel Öl im Verbrennungsraum, Zylinder und Kolbenringe ausgelaufen.

— *Kerze überhitzt*

Isolatorfuß mit dunkelbraunem bis grauschwarzem, gläsigem oder rauhem festgebackenem Niederschlag bedeckt, meist starke Krusten und Perlenbildung am Isolatorfußende. Elektroden, besonders Mittelelektrode, angegriffen, Oberfläche meist aufgerauht, aufgequollen oder zerfressen.
Ursachen: Gemisch zu mager, Kerze sitzt lose, Ventile schließen schlecht, Kerze hat zu niedrigen Wärmewert und wird zu heiß.

Bei Verwendung von Kraftstoffen mit Bleizusatz ist der Isolatorfuß bei ordnungsgemäßem Zustand grau gebrannt. Ablagerungen zwischen dem Porzelan-Isolator der mittleren Elektrode und dem Kerzengehäuse sind möglichst durch Sandstrahl des Kerzenprüfgerätes zu reinigen. Beim Einschrauben der Kerzen ist unbedingt darauf zu achten, daß das Kerzengewinde vorher gründlich gereinigt wird.

Zündzeitpunkt

Es ist wesentlich, daß man die Zündung mit einer Lichtblitzlampe einstellt. Die Lichtblitz- oder Stroposkoplampe entsprechend der Anweisungen des Herstellers anschließen und den Lichtstrahl gegen die Kante der Kurbelwellenriemenscheibe richten.
Die Angaben des Zündzeitpunktes sind in der Maß- und Einstelltabelle enthalten. Fliehkraft- und Unterdruckverstellung des Zündverteilers kontrollieren. Dazu die angegebenen Prüfwerte mit bzw. ohne Unterdruckverstellung durchfahren. Der Unterbrecherabstand ist zum einwandfreien Einstellen des Zündzeitpunktes wichtig und muß immer eingestellt werden, ehe man den Zündzeitpunkt überprüft.

Transistorzündanlage beim Einssritzmotor prüfen

Schaltgerätprüfung

Die Prüfung erfolgt bei abgestelltem Motor und eingeschalteter Zündung.

Spannungswerte bei geschlossenem Unterbrecherkontakt:

— An Zündspule Klemme 15 — 3,6—4,6 Volt
Klemme 1 — 0,7—1,5 Volt
— An Kabelverbinder Klemme TD max. 0,3 Volt (max. Spannungsverlust am Unterbrecherkontakt).

Spannungswerte bei geöffnetem Unterbrecherkontakt:

— An sämtlichen Klemmen der Zündanlage liegt Batteriespannung an (abzüglich max. 0,4 Volt Spannungsverlust zwischen Batterie und Zündanlage).

Zündspulenprüfung

Alle Anschlüsse an der Zündspule abklemmen. Der Primarwiderstand zwischen Klemme 1 und 15 beträgt 0,38 bis 0,43 bei ϱ bei 20° C. Die Anschlüsse 1 und 15 dürfen keine Masseverbindung haben. Die Messung ist mit einer handelsüblichen Widerstands-Meßbrücke vorzunehmen. Die Ohmbereiche in einem normalen Vielfachmeßgerät sind im allgemeinen für diese Messungen zu ungenau. Bei einer Zündspulentemperatur von ca. 80° C wird ein ca. 25% höherer Widerstandswert gemessen.

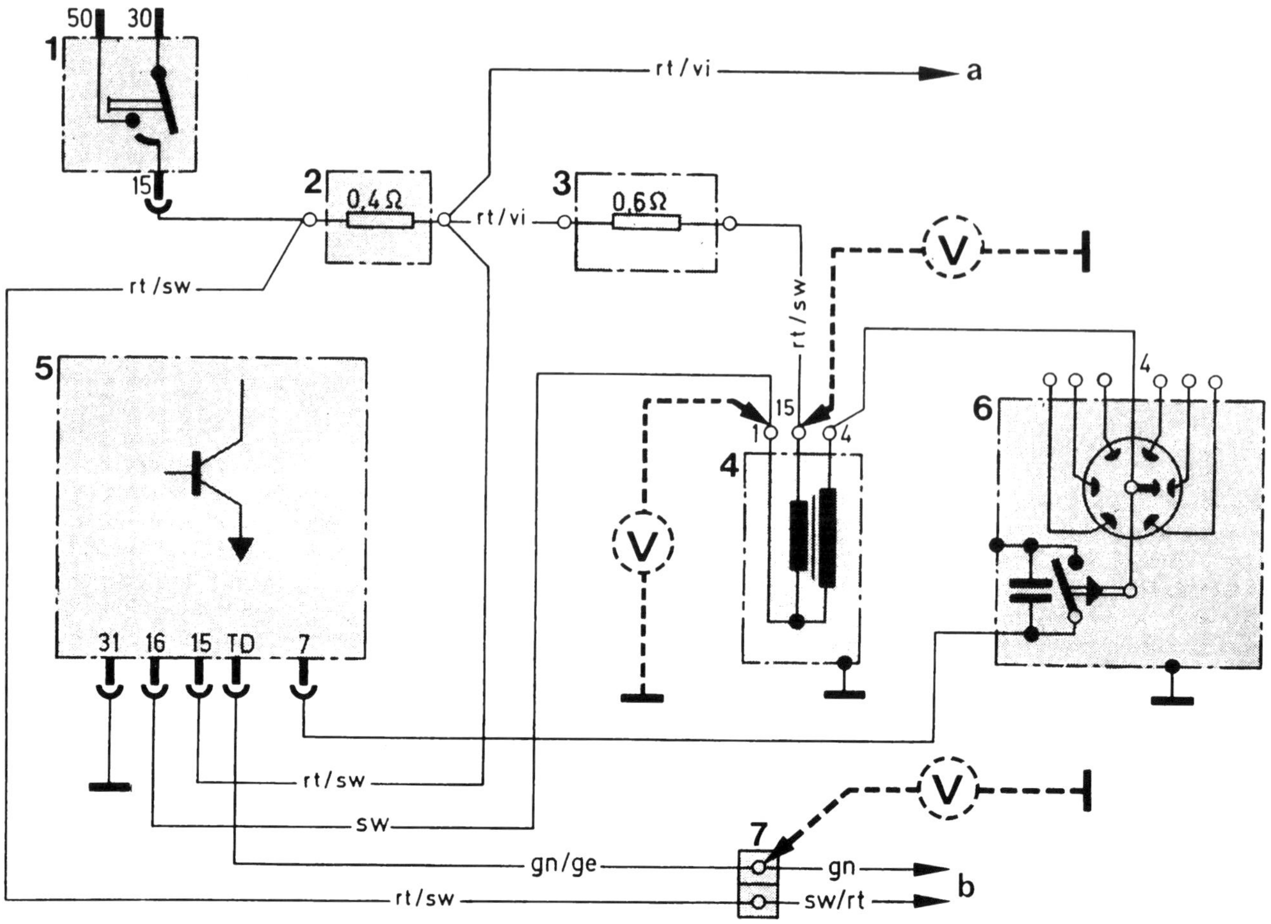

Bild 33 A
Schaltplan für SI-Transistorzündung mit Einheitsschaltgerät

1 Zündanlassschalter
2 Vorwiderstand 0,4 Ohm
3 Vorwiderstand 0,6 Ohm
4 Zündspule
5 SI-Einheitsschaltgerät
6 Zündverteiler
a zur Klemme
b zur Zentralsteckverbindung
7 Kabelverbinder mit Prüfklemme TD

Vorwiderstandsprüfung

Verbindungsleitungen abklemmen. Anschlußklemmen auf Masseschluß prüfen. Mit einer Meßbrücke den Widerstand messen.

— Sollwert 0,42—0,47 Ohm bei 20° C Widerstand (2)
— Sollwert 0,62—0,67 Ohm bei 20° C Widerstand (3)

ANMERKUNG: In den Verteilerfinger ist ein Drehzahlbegrenzer eingebaut. Das Fliehgewicht wird infolge der Fliehkraft gegen die Kraft der Feder in Pfeilrichtung (siehe Bild 33B) bewegt, bis der Abstand zwischen Fliehgewicht und Massefeder sich so weit verringert hat, daß der Zündfunke nicht an der Zündkerze, sondern hier zur Masse überspringt. Durch diese Einrichtung wird die Motordrehzahl auf 6650 ± 150 U/min begrenzt.

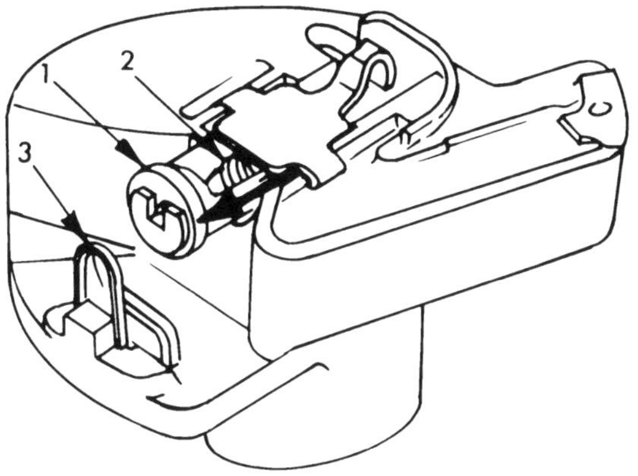

Bild 33 B
Verteilerfinger mit Drehzahlbegrenzer

Dieses hochspannungsseitige Kurzschließen der Zündung hat keinen nachteiligen Einfluß auf den Motor oder die Zündanlage. Der Drehzahlbegrenzer wird bei der Fabrikation genau eingestellt. Es ist deshalb darauf zu achten, daß die Massefeder nicht verbogen wird. Sollte die Drehzahlbegrenzung einmal außerhalb der Toleranz liegen, so ist der Verteilerfinger zu tauschen. Keinesfalls soll versucht werden, die Drehzahlbegrenzung durch Verbiegen der mechanischen Teile zu korrigieren.

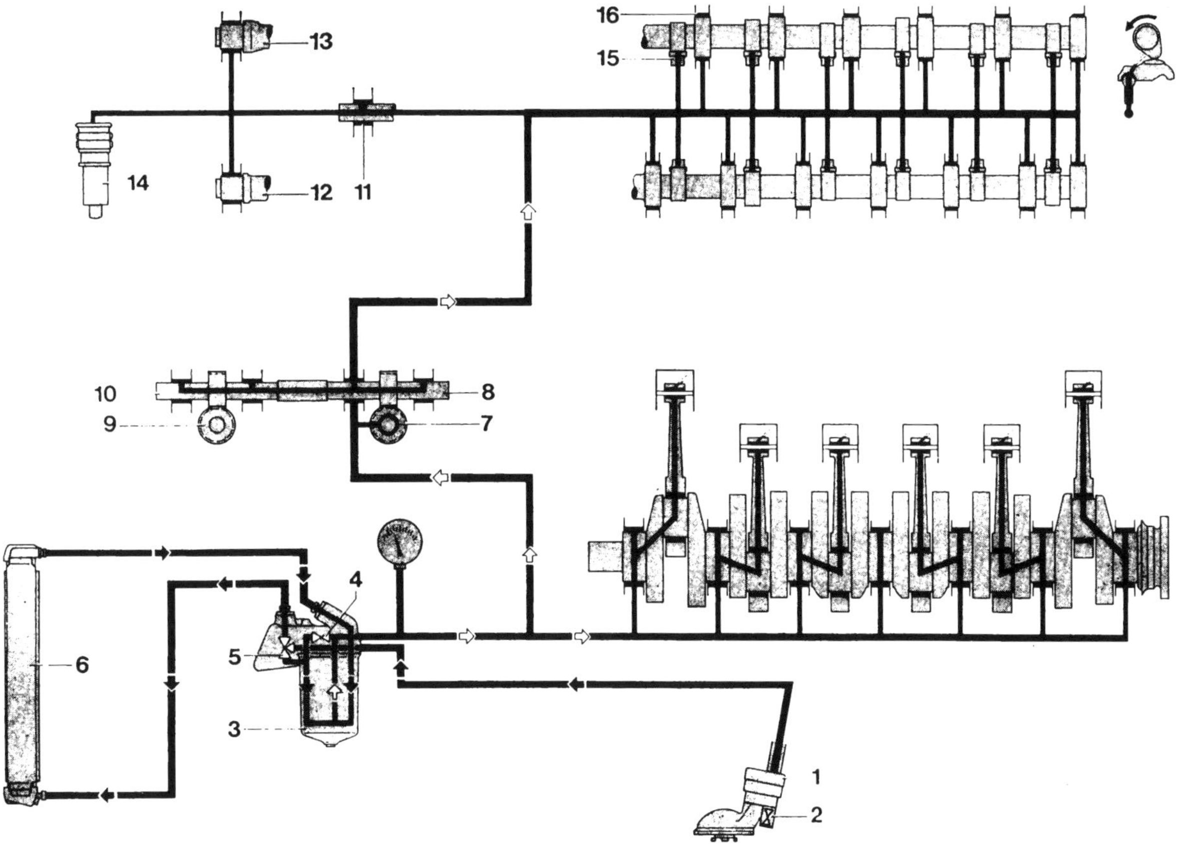

Bild 34
Ölkreislauf des M110 Motor

1 Ölpumpe
2 Öldruckventil (8 atü Überdruck)
3 Ölfilter
4 Überströmventil-Filtereinsatz 3,5 atü
5 Thermostat mit Steuerschieber
6 Luftölkühler
7 Ölpumpenantrieb
8 Zwischenradwelle
9 Verteilerantrieb
10 Zwischenradwelle
11 Umlenkrad
12 Nockenwelle
13 Nockenwelle
14 Kettenspanner
15 Schwinghebel
16 Nockenwellenlager

Die Motorschmierung

Die Ölpumpe

Bei Betriebstemperatur darf der Öldruck im Leerlauf auf 0,5 bar Überdruck (0,5 atü) absinken. Beim Gasgeben muß der Öldruck sofort wieder ansteigen und bei 3000 U/min mindestens 3 bar Überdruck (3 atü) erreichen.
Bei den M110-Motoren (280 S / 280 SE) ist jetzt auch noch ein Öldruckventil (5 atü) in den vorderen Ölkanal der Stirnwand eingebaut.
Die Zahnradölpumpe ragt mit ihrem Saugkorb wie bei den anderen Typen in den tiefsten Teil der unteren Ölwannenhälfte. Am Saugkorb der Ölpumpe ist ein elastisches Ausgleichsstück befestigt, das auf dem Ölwannenboden aufsitzt. Es gewährleistet unabhängig von den Herstellungstoleranzen bei allen Motoren einen gleichen und konstanten Saugquerschnitt. Die Ölpumpe wird von der Steuerkette über das Zwischenrad, die Zwischenwelle und einem Schraubenpaar angetrieben. Der Ölkühlerkreislauf wird beim Motor M110 (280 S / 280 SE) temperaturabhängig geregelt. Im Ölfilteroberteil befindet sich ein Thermostat, der einen Steuerschieber gegen eine Feder betätigt. Abhängig von der Öltemperatur öffnet oder verschließt der Steuerschieber die Ölkanäle zum Luftölkühler oder zum Ölfilterunterteil (siehe Bild 35).

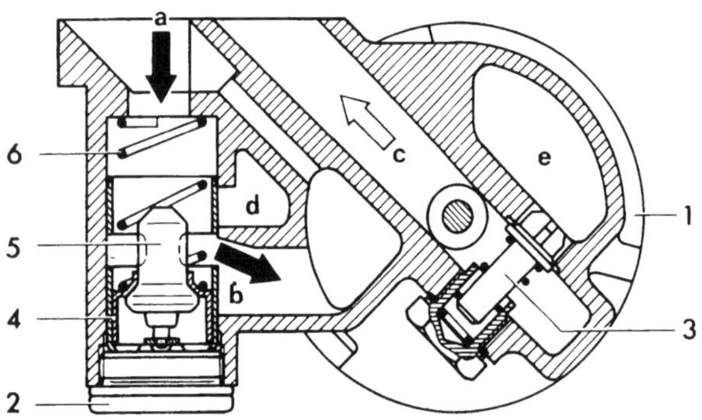

Bild 35
Schnitt durch Ölfilteroberteil Motor M110

1 Ölfilteroberteil
2 Verschluss, Thermostat
3 Überströmventil, Filtereinsatz
4 Steuerschieber
5 Thermostat
6 Druckfeder
a Von der Ölpumpe
b Zum Filterunterteil
c Zu den Lagerstellen
d Zum Luftölkühler
e Vom Luftölkühler zum Filterunterteil

Unter ca. 95° C, wenn eine Kühlung des Öles überflüssig ist, wird der Zufluß zum Luftölkühler vollständig abgesperrt. Das Öl fließt dann, unter Umgehung des Luftölkühlers, direkt zum Ölfilterunterteil. Über 95° C beginnt der Thermostat den Steuerschieber zu verschieben, um bei ca. 110° Celsius die Einstellung zu erreichen. In der Endstellung ist der Zufluß zum Luftölkühler vollständig freigegeben und der direkte Zufluß zum Ölfilterunterteil verschlossen. Der Luftölkühler wird von unten nach oben durchflossen. Die Rücklaufleitung endet wieder am Ölfilteroberteil. Vom Ölfilteroberteil kommend passiert das Öl im Ölfilterunterteil die Papierfilter-Patrone.

Aus- und Einbau der Ölpumpe

Nach Ausbau von Ölwanne oder Ölwannenunterteil die Befestigungsschrauben am Kurbelgehäuse und auf den Kurbelwellenlagerdeckeln entfernen, die Ölpumpe dann mit dem Halter abnehmen. Saugkorb abschrauben und Sieb nach Abnehmen des Sprengringes herausnehmen. Ölpumpengehäuse-Unterteil abschrauben. Ölpumpenachse mit Zahnrad und die Antriebswelle mit Zahnrad aus dem Gehäuse-Oberteil herausnehmen.
Alle Teile reinigen und auf Verschleiß prüfen. Falls die Läufer oder das Pumpengehäuse beschädigt sind, ist es ratsam, die komplette Pumpe zu erneuern.
Der Zusammenbau der Ölpumpe geschieht in umgekehrter Reihenfolge wie das Zerlegen. Kontrollieren, daß sich die Pumpenräder leicht drehen lassen. Saugkorb mit neuer Dichtung versehen und anschrauben. Ausgleichstück auf guten Sitz überprüfen. Ölpumpe mit dem Halter anbringen. Stimmt die Flucht der Mitnehmer nicht ganz, so ist die Kurbelwelle geringfügig hin und her zu drehen, bis die Ölpumpe richtig einrastet. Befestigungsschrauben einschrauben und fest ziehen. Anschließend die Ölwanne wieder anbauen.

Ölfilter

Der Ölfilter ist ein Hauptstromfilter mit Papierfiltereinsatz. Das Filter ist bei M110-Motoren (280 S / 280 SE) links und bei Motor M116/117 rechts unten am Zylinderkurbelgehäuse angeschraubt. Es ist am besten von unten her zu erreichen. Aus dem Filter-Unterteil die Sechskantschraube zur Befestigung des Ölfilter-Unterteils lösen. Nachdem das Öl abgelaufen ist, Filter-Unterteil abnehmen. Alten Filter-Einsatz herausnehmen, Unterteil innen und außen säubern. Neuen Papierfilter-Einsatz einlegen und Unterteil mit neuen Dichtungen anbringen. Das Überströmventil für den Filtereinsatz im Filteroberteil öffnet, wenn der Differenzdruck zwischen Filter-Schmutz- und Filter-Reinseite 3,5 bzw. 4,5 atü übersteigt. Das ist der Fall, wenn der Filtereinsatz stark verschmutzt ist.

Die Kühlanlage

Der Motor hat ein Überdruck-Kühlsystem. Der Siedepunkt wird dadurch bei Wasser auf ca. 118° C heraufgesetzt. Bei einem Gefrierschutzmittelzusatz bis —30° C erhöht sich der Siedepunkt auf ca. 125° C. Das rote Feld auf dem Fernthermometer beginnt bei 115° C. Bei Vollast-, Berg- und Kolonnenfahrten, nach scharfer Autobahnfahrt mit anschließendem Fahrzeugstau oder Fahrten in Gebieten mit hohen Außentemperaturen kann der Kühlmittel-Temperaturanzeiger bis zur roten Markierung ansteigen, ohne daß Unstimmigkeiten am Motor vorliegen. Bei längerem Fahrzeugstau ist es bei Fahrzeugen mit automatischem Getriebe vorteilhaft, den Wählhebel in Stellung «N» zu bringen (Aufheizen des Kühlmittels durch Getriebeölkühler).

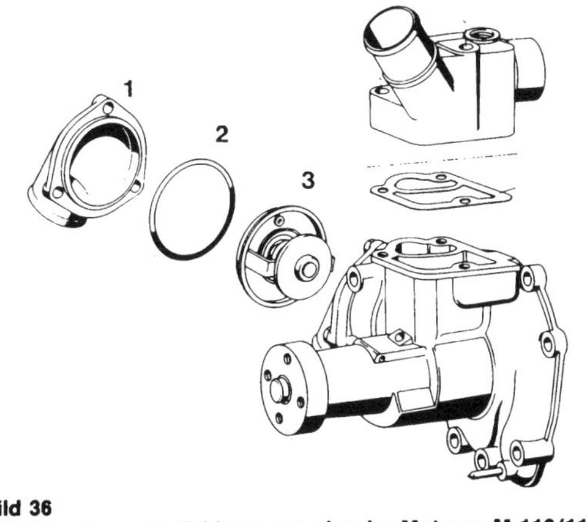

Bild 36
Wasserpumpe und Kühlwasserregler der Motoren M 116/117
1 Gehäusedeckel
2 Dichtring
3 Reglereinsatz

Wasserpumpe

Aus- und Einbau der Wasserpumpe

- Kühlanlage am Kühler unten sowie am Motorblock ablassen. Falls Frostschutz eingefüllt ist, der wieder verwendet werden soll, ist er entsprechend aufzufangen.
- Kühler ausbauen.
- Lüfter abschrauben.
- Keilriemen lösen und abnehmen.
- Keilriemenscheibe von Wasserpumpe abziehen.
- Die Befestigungsschrauben des Schwingungsdämpfers herausschrauben und Dämpfer mit Riemenscheibe abnehmen.
- Wasserpumpe mit Gehäuse vom Zylinderblock abschrauben. Beim Motortyp M116/117 (350 SE / 450 SE) vorher Einlaufstutzen von Wasserpumpe abschrauben und Zündverteiler ausbauen.
- Der Schwingungsdämpfer muß nicht ausgebaut werden. Nur so drehen, daß beim Ein- und Ausbau der Wasserpumpe die Aussparung jeweils eine der unteren Befestigungsschrauben freigibt.

Falls die gleiche Pumpe wieder verwendet werden soll, die Dichtflächen der abgebauten Wasserpumpe vom Gehäuse reinigen, eine neue Dichtung sowie einen neuen Dichtring hinter dem Befestigungsauge verwenden und die Pumpe in umgekehrter Reihenfolge wie beim Ausbau wieder montieren. Da die Überholung der wartungsfreien Wasserpumpe stark lohnintensiv ist, sollte eine defekte Wasserpumpe durch eine neue ersetzt werden.

Wartung

Da die Wasserpumpe mit abgedichteten, selbstschmierenden Lagern ausgerüstet ist, ist eine nachträgliche Schmierung nicht notwendig. Die Lager auf Verschleiß und Rauheit kontrollieren. Das Flügelrad auf Korrosion und Beschädigung überprüfen. Bei Ausfall oder Beschädigung ist sie zu erneuern.

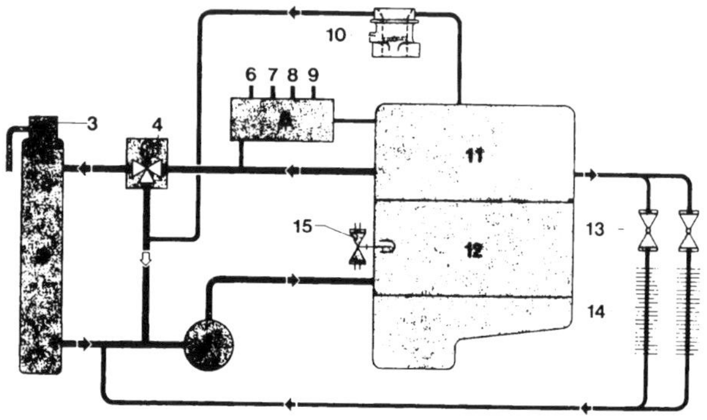

Bild 37
Kühlwasserkreislauf - Einspritzmotor M110

1 Wasserpumpe
2 Kühler
3 Kühlerverschlussdeckel
4 Kühlerwasserregler
5 Messfühlerkasten
6 Kühlwasser-Temperaturfühler für elektronische Einspritzanlage
7 Thermoschalter für Zusatzlüfter (Klimaanlage)
8 Thermozeitschalter für Kaltstart
9 Temperaturgeber für Fernthermometer
10 Vorwärmung-Klappenstutzen
11 Zylinderkopf
12 Zylinderkurbelgehäuse
13 Regulierhähne für Wagenheizung
14 Wärmetauscher
15 Warmlauf-Zusatzluftschieber

Keilriemen erneuern und spannen

Vor dem Auflegen der neuen Keilriemen sind die Spannvorrichtungen bzw. die Aggregate, mit denen die Keilriemen gespannt werden, in Ausgangsstellung zu bringen. Neue Keilriemen unterliegen einer starken Anfangslängung. Um Geräusche und eine vorzeitige Zerstörung des Keilriemens durch Schlupf zu vermeiden, ist folgende Vorschrift unbedingt einzuhalten:
Erneuerte Keilriemen sind nach einer Probefahrt bzw. Prüfung auf dem Funktionsstand oder nach einem Standlauf von mindestens 10 Minuten, bei mittlerer Motordrehzahl, nachzuspannen.

Der Keilriemen ist richtig gespannt, wenn die vorgeschriebene Eindrucktiefe nicht überschritten wird. Die Eindrücktiefe wird durch einen senkrechten Druck von ca. 60 N (6 kp) im längsten Trum des Keilriemens ermittelt und sollte sich an dieser Stelle ca. 10 mm durchdrücken lassen. Die Eindrücktiefe der Lenkhelfpumpe-Keilriemen ist ca. 5 mm.

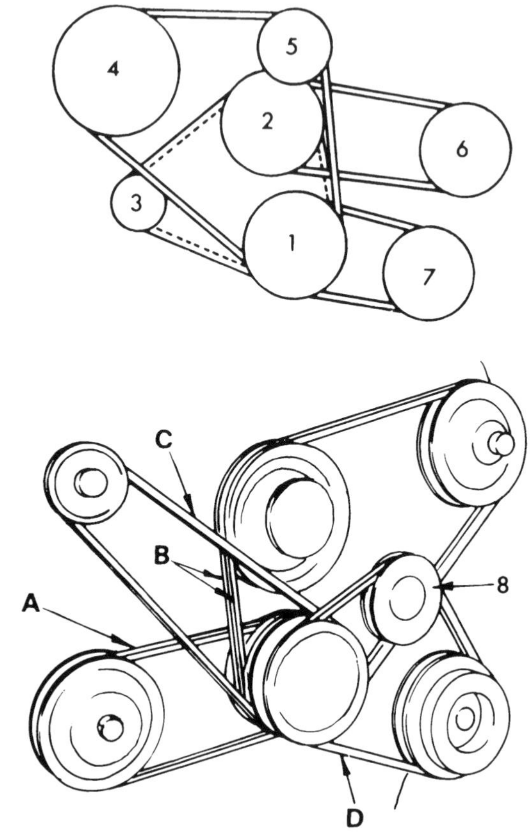

Bild 38
Keilriemenanbringung der verschiedenen Ausführungen
Oben: 280 S / 280 SE
Unten: 350 E / 450 SE

Thermostat

Aus- und Einbau

- Kühlanlage teilweise entleeren.
- Kühlerschlauch am Thermostatgehäusedekkel abschließen.
- Befestigungsschrauben lösen und Deckel abnehmen.
- Thermostat aus dem Gehäuse herausnehmen.

Beim Einbau des Thermostat einen neuen Dichtring verwenden. Es ist darauf zu achten, daß das Kugelventil vom Thermostat an der höchsten Stelle liegt. Die Kugel muß im Ventil frei beweglich sein.

Prüfen und Kontrollieren

Ein fehlerhafter Thermostat beeinflußt die Funktion der Kühlanlage. Wenn er in geöffneter Stellung hängen bleibt, dann erreicht der Motor nur langsam die normale Betriebstemperatur. Bleibt der Thermostat geschlossen, kann es zum Überhitzen des Motors führen. Das Thermostat kann nicht repariert oder eingestellt werden und ist im Schadensfalle zu erneuern. Ein Thermostat kann im ausgebauten Zustand kontrolliert werden. Den Thermostat in einem mit kaltem Wasser gefüllten Behälter an einem Stück Draht festgebunden einhängen. Darauf achten, daß der Thermostat weder die Wände noch den Boden des Behälters berühren kann. Wasser allmählich erhitzen und kontrollieren, bei welcher Temperatur der Thermostat zu öffnen beginnt. Ein Thermometer ist natürlich dazu erforderlich. Der Thermostat sollte bei der gegebenen Temperatur zu öffnen beginnen, und um ca. 6 bis 8 mm geöffnet werden. Falls das nicht der Fall ist, den Thermostat erneuern. Auch ein neuer Thermostat sollte zur Sicherheit vor dem Einbau überprüft werden, wie es beschrieben wurde.

Kühler

Bei Fahrzeugen mit automatischem Getriebe ist ein Ölkühler im unteren Teil des Kühlers angebracht. Zum Ausbau des Kühlers die Kühlanlage ablassen und den oberen und unteren Wasserschlauch nach Lösen der Schlauchschellen abziehen. Bei Fahrzeugen mit Luftölkühler und Getriebeölkühler außerdem die Aus- und Einlaßschläuche abschließen und entleeren. Gummischlaufe links und rechts aushängen und den Kühler mit Zarge nach oben herausnehmen.

Der Einbau geschieht in umgekehrter Reihenfolge wie der Ausbau. Wasserschläuche sind bei Verdacht auf Beschädigung immer zu erneuern. Kühlanlage auffüllen und, nachdem der Motor seine Betriebstemperatur erreicht hat, alle Anschlüsse auf Leckstellen kontrollieren. Der Verschlußdeckel des Kühlers sollte des öfteren überprüft und gegebenenfalls erneuert werden.

Kühlerzarge — Einstellen

Die Fahrzeuge sind serienmäßig mit einer Kühlerzarge ausgerüstet, die den Lüfter in geringem Abstand umschließt. Die Zarge erfordert eine sorgfältige Einstellung, damit der Lüfter durch die Bewegung des Motors an der Kühlerzarge nicht streifen kann. Bei unvorschriftsmäßigen

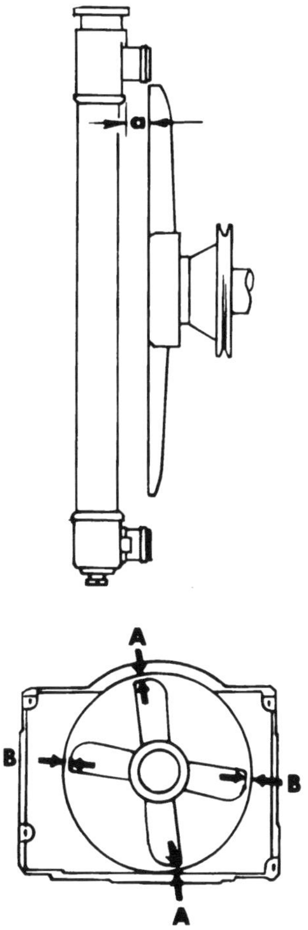

Bild 39
Tabelle mit den Einstellmassen.
«a» = 31 mm
A = 280 S/SE 25mm, 350 SE/450 SE 20 mm
B = 15 mm

Abständen kann dies zum Bruch der Kühlerzarge führen. Die Aufnahmebohrungen der Kühlerzarge sind so ausgebildet, daß eine ausreichende Verstellmöglichkeit sowohl in der Höhe (Maß A) als auch in der Breite (Maß B) möglich ist (Bild 39).

Die Kraftstoffanlage

Der Kraftstofftank

Die Füllmengen sind in der Maß- und Einstelltabelle angegeben. Der Kraftstoff wird durch einen Filter, welcher mit der Verschlußschraube verbunden ist, aus dem Tank angesaugt.
Zur Be- und Entlüftung des Kraftstoffbehälters ist im Kofferraum ein ausgleichsbehälter angeordnet. Der Ausgleichsbehälter ist mit zwei in den Kraftstoffbehälter mündenden Belüftungsleitungen und einer ins Freie gehenden Entlüftungsleitung verbunden.

Der Luftfilter

Der Luftfilter ist mit einem Papiereinsatz versehen. Der Papierfilter darf weder eingeölt noch befeuchtet werden. Bei normalen Straßenverhältnissen ist der Luftfiltereinsatz alle 15000 km zu reinigen. Einsatz mit höchstens 5 atü Preßluft von innen nach außen ausblasen. Nach 45 000 km ist der Einsatz zu erneuern.

Kraftstoffpumpe

Vergasermotoren

Die Kraftstoffpumpe wird mechanisch durch einen Stößel über den Nocken auf der Ölpumpenantriebswelle angetrieben. Die Einzelteile der Kraftstoffpumpe ist in Bild 40 gezeigt.

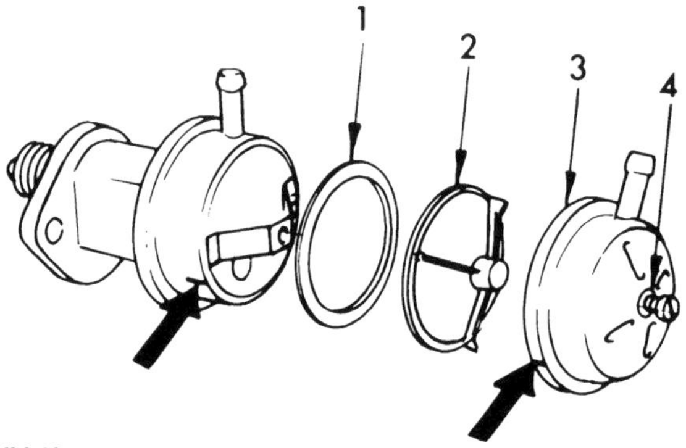

Bild 40
Abbildung der Kraftstoff-Förderpumpe.
1. Dichtring
2. Filter
3. Deckel
4. Dichtring

Die Pumpe kann nicht überholt werden. Sie kann in eingebautem Zustand kontrolliert werden, die notwendigen Arbeiten sind wie folgt auszuführen:

a) Unterdruck auf Saugseite überprüfen:

- Beide Kraftstoffleitungen an der Kraftstoffpumpe abschrauben.
- Unterdruckmanometer am Pumpeneingang anschließen.
- Zündanlage kurzschließen. Dazu Kabel von Masse an Klemme 1 (Zündspule, Zündverteiler) anschließen.
- Motor mit Anlasser durchdrehen, bis sich der Unterdruckwert nicht mehr erhöht.
- Zündungsschlüssel loslassen und Unterdruckwert am Manometer ablesen. Der Sollwert von 335 bis 470 mbar (250 bis 350 mmHg) darf innerhalb der ersten Minute max. 95 mbar (70 mmHg) absinken.

b) Förderdruck auf Druckseite überprüfen:

- Druckmanometer am Pumpenausgang anschließen.
- Motor mit Anlasser durchdrehen, bis sich der Druckwert nicht mehr erhöht.
- Zündungsschlüssel loslassen und den Druckwert am Manometer ablesen. Der Sollwert von 0,25 bis 0,38 bar Überdruck (0,25 bis 0,38 atü) darf innerhalb der ersten Minute um max. 0,05 bar Überdruck (atü) absinken. Wird der Unterdruck bzw. Förderdruck nicht erreicht, ist zu prüfen, ob am Gummidichtring (1) im Bild 40, keine Falschluft angesaugt wird.
- Nach Befund Dichtung erneuern und Prüfung wiederholen.

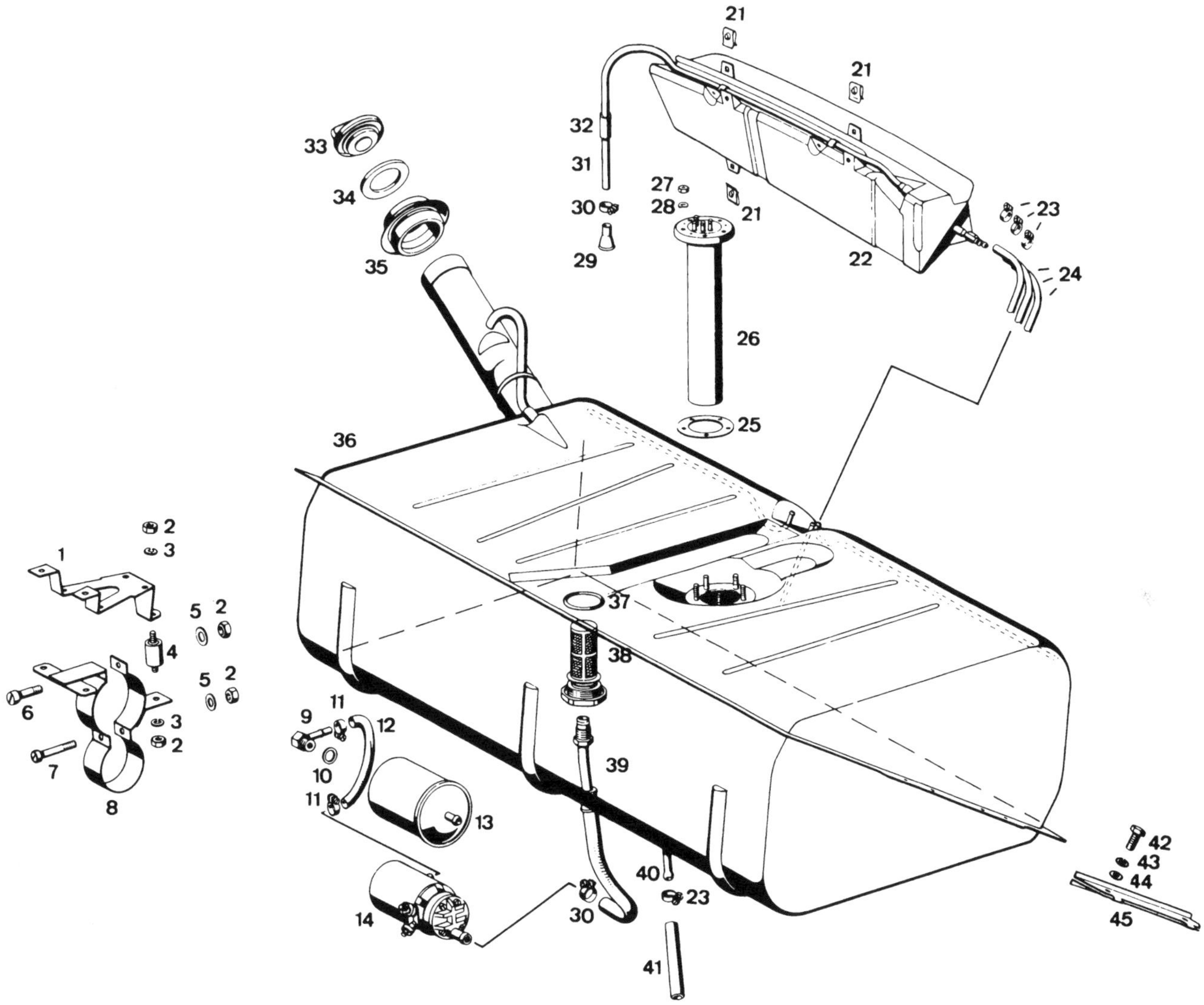

Bild 41
Kraftstoffanlage

1 Halter
2 Mutter
3 Federring
4 Schwingmetallpuffer
5 Scheibe
6 Zylinderschraube
7 Zylinderschraube
8 Halter
9 Winkelstutzen
10 Dichtring
11 Schlauchschelle
12 Kraftstoffschlauch
13 Kraftstoff-Filter
14 Kraftstoffpumpe
21 Steckclipsmutter
22 Ausgleichbehälter
23 Schlauchschelle
24 Kraftstoffschlauch
25 Dichtung
26 Tauchrohrgeber
27 Mutter
28 Scheibe
29 Gummimanschette
30 Schlauchschelle
31 Belüftungsrohr
32 Gummi
33 Einfüllverschluss
34 Dichtung
35 Gummitülle
36 Kraftstoffbehälter
37 Dichtring
38 Ablass-Schraube mit Filter
39 Saugschlauch
40 Kraftstoffrücklauf
41 Kraftstoffschlauch
42 Sechskantschraube
43 Federring
44 Scheibe
45 Verstärkungsblech

Einspritzmotoren

Fahrzeuge mit Einspritzmotoren sind mit einer elektrischen Förderpumpe ausgestattet. Diese Pumpe kann nicht gewartet oder überholt werden. Wenn Störungen auftreten, die zur Pumpe hinweisen, muß die Förderleistung gemessen werden. Kraftstoff-Rücklaufschlauch nach dem Druckregler abschließen. Zum Messen Kraftstoff-Rücklaufschlauch durch ein Zwischenstück mit einem anderen Stück Kraftstoffschlauch verbinden und Schlauchende in einen Meßbecher halten. Jetzt die Zündung 30 Sekunden einschalten. Ist die Fördermenge unter 1 Liter / 30 Sekunden, sind zunächst die Kraftstoffleitungen auf Drosselstellen und Quetschungen und der Kraftstofffilter auf Durchgang zu prüfen. Dazu Druckschlauch am Kraftstoff-Filter lösen und direkt mit der Kraftstoffvorlaufleitung verbinden. Ist die Fördermenge weiterhin zu gering, ist Kraftstoffpumpe zu erneuern.

Solex-Doppel-Register-Vergaser 4 A 1

Im Zuge der technischen Weiterentwicklung, unter besonderer Berücksichtigung einer weiteren Verminderung der Schadstoffe im Abgas, wird der Motor M110 (280) mit einem völlig neu entwickelten Doppel-Register-Vergaser mit der Bezeichnung 4 A 1 ausgerüstet (Bild 42).

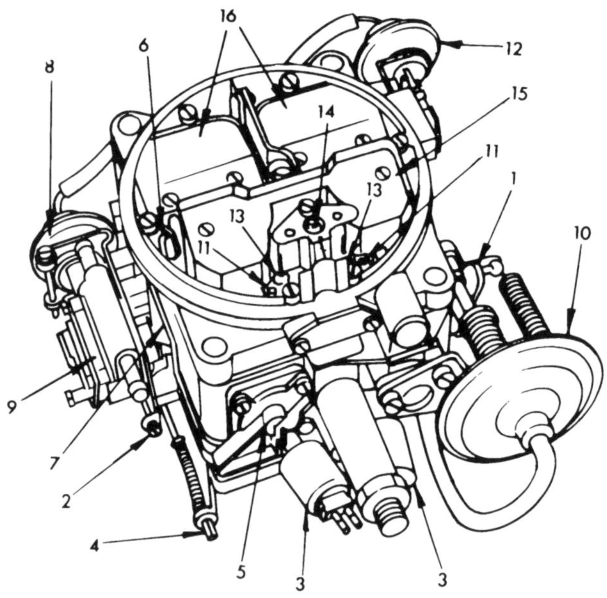

Bild 42
Solex-Doppel-Register-Vergaser 4 A 1
1 Drosselklappenhebel
2 Einstellschraube-Kaltstartdrehzahl
3 Leerlaufabschaltventile
4 Einstellmutter Beschleunigerpumpe
5 Beschleunigerpumpendeckel
6 Verbindungsstange-Starterklappe
7 Stufenscheibe
8 Unterdruckdose (Pull-down)
9 Starterdeckel
10 Unterdruckregler
11 Leerlaufluftdüsen
12 Unterdruckdose-Dämpfung 2. Stufe
13 Nadelgesteuerte Luftkorrekturdüsen
14 Unterdruckkolben für Vollastanreicherung
15 Starterklappe
16 Luftklappen 2. Stufe

Wirkungsweise des Vergasers

Schwimmersystem

Das Schwimmersystem besteht aus dem Schwimmer, der Schwimmerachse, dem Niederhalter und der Schwimmernadel. Die Schwimmernadel ist über den Drahtbügel zwangsgesteuert. Der von der Kraftstoffpumpe geförderte Kraftstoff fließt durch das Kraftstoff-Filter über das geöffnete Nadelventil in die Schwimmerkammer. Beim Erreichen des Kraftstoffniveaus wird die Schwimmernadel durch den Schwimmerauftrieb auf ihren Sitz gepreßt und die Kraftstoffzufuhr gesperrt. Sobald das Kraftstoffniveau und damit der Schwimmer absinkt, hebt sich die Schwimmernadel zwangsläufig durch den Drahtbügel und durch den Kraftstoffdruck von ihrem Sitz ab und gibt den Kraftstoffzufluß in die Schwimmerkammer frei. Die Belüftung des Schwimmergehäuses erfolgt aus dem Luftfilter durch den Schacht im Vergaserdeckel. Der Vergaser besitzt nur Innenbelüftung.

Startautomatik

Die Startautomatik schaltet sich bei kaltem Motor durch einmaliges Gasgeben selbständig ein. Die Steuerung erfolgt über die elektrisch- und warmwasserbeheizte Bi-Metallfeder im Starterdeckel. Die Warmwasserbeheizung ist erforderlich, um ein Wiedereinschalten der Startautomatik bei kurzzeitigem Abstellen des Motors zu verhindern. Im Prinzip ist die Wirkungsweise dieselbe wie beim INAT-Vergaser.

Leerlaufsystem

Das Leerlaufsystem ist der 1. Stufe zugeordnet. Der für das Leerlaufgemisch benötigte Kraftstoff wird hinter den Hauptdüsen entnommen. Der bei geschlossener Drosselklappe an den Austrittsbohrungen entstehende Unterdruck saugt den im Kraftstoffkanal stehenden Kraftstoff über das Kraftstoffniveau. Die durch die Leerlaufluftdüsen einströmende Luft vermischt sich mit dem Kraftstoff zu einer Emulsion, die abwärts durch die geöffneten Leerlaufabschaltventile über die Austrittsbohrungen in die Mischkammer gelangt. Der Verstellbereich der Leerlaufgemisch-Regulierrschrauben wird durch die Anschlagnasen der Kunststoffkappen begrenzt. Um bis zum Einsatz der Hauptdüsensysteme der 1. Stufe einen einwandfreien Übergang zu erreichen, wird in bekannter Weise zusätzlich aus den Bypaß-Bohrungen Kraftstoff-Luftgemisch abgesaugt. Um ein Nachlaufen des Motors zu verhindern, werden die Leerlaufabschaltventile nach dem Ausschalten der Zündung stromlos und verschliessen mit ihren federbelasteten Dichtkegeln die Durchlaufbohrungen. Die Leerlaufabschaltventile sind so angeordnet, daß weder an den Leerlaufgemisch-Austrittsbohrungen noch an den Übergangsbohrungen Kraftstoff abgesaugt werden kann.

Hauptdüsensystem 1. Stufe

Der Kraftstoff gelangt aus der Schwimmerkammer über die Hauptdüsen in die Mischrohre. Bei genügend großem Luftdurchsatz (Unterdruck) an den Austrittsarmen der Vorzerstäuber wird der Kraftstoff in die Mischkammern abgesaugt. Bei steigender Drehzahl fällt der Kraftstoffspiegel in den Mischrohren ab und gibt dadurch die Ausgleichsluftbohrungen nacheinander frei. Die über die Luftkorrekturdüsen einströmende Ausgleichsluft vereinigt sich mit dem Kraftstoff zu einer Emulsion.

Vollastanreicherungssystem

Die Vollastanreicherung ist in die 1. Stufe zugeordnet und erfolgt über zwei unterdruckgesteuerte Nadeln, welche die Querschnitte der Luftkorrekturdüsen, je nach den Unterdruckverhältnissen im Saugrohr, verändern. Beim Öffnen der Drosselklappen sinkt der über den Kanal auf den Kolben wirkende Unterdruck ab. Die Feder drückt den Kolben nach oben. Gleichzeitig werden die Nadeln nach oben gezogen und stehen mit ihrem größten Durchmesser in den Luftkorrekturdüsen. Dadurch wird der Ringspalt zwischen Nadel und Luftkorrekturdüse kleiner und die Menge der einströmenden Ausgleichsluft geringer, was zu einer Anreicherung der Kraftstoffemulsion führt. Beim Schließen der Drosselklappen steigt der über den Kanal auf den Kolben wirkende Unterdruck soweit an, daß der Kolben gegen die Kraft der Feder nach unten gezogen wird. Die Nadeln tauchen tiefer in die Luftkorrekturdüsen ein und der Ringspalt wird dementsprechend größer. Die Menge der Ausgleichsluft wird größer, was zu einer Abmagerung der Kraftstoffemulsion führt. Die am Unterdruckkolben angeordnete Einstellschraube ist vom Herstellerwerk justiert und darf nicht verstellt werden.

Übergangssystem der 2. Stufe

Um einen verzögerungsfreien Übergang der 1. Stufe bis zum Einsetzen des Hauptdüsensystems der 2. Stufe zu gewährleisten, sind unmittelbar unter den Luftklappen Übergangsbohrungen angebracht. Beim Öffnen der Luftklappen wird durch den Unterdruck Kraftstoff aus den Übergangsbohrungen so weit abgesaugt, bis die Reservekammern leer sind. Der Kraftstoff fließt aus der Schwimmerkammer durch die kalibrierten Bohrungen in die Reservekammern und wird über die Steigrohre abgesaugt. Das Gemisch wird durch die Leitbleche direkt in den Spalt der sich öffnenden Drosselklappen geleitet.

Hauptdüsensystem der 2. Stufe

Beim Öffnen der Drosselklappen steigt der Unterdruck in den Mischkammern an. Im Verhältnis dazu öffnen sich die Luftklappen und betätigen über die Kurvenscheibe, den Übertragungshebel und den Führungsstift die Düsennadeln, welche mit ihrem konischen Teil den Kraftstoff-Durchsatz an den Hauptdüsen regeln. Die Korrekturluft strömt über den Ringspalt zwischen Düsen-Nadel und Luftkorrekturdüse ein und vermischt sich mit dem Kraftstoff zu einer Emulsion, die über die Austrittsarme in die Mischkammern abgesaugt wird. Durch eine Rückdrehfeder werden die Luftklappen in Schließstellung gedreht. Die Spannkraft der Feder beeinflußt den Luftdurchsatz der 2. Stufe. Die Vorspannung der Feder wird im Herstellerwerk justiert und darf nicht verstellt werden.

Dämpfung der Luftklappen 2. Stufe

Die unterdruckgesteuerte Dämpfungseinrichtung hat die Aufgabe, das plötzliche Öffnen der Luftklappen zu verhindern. Die Dämpferdose wird über die Entnahmebohrung mit Unterdruck beaufschlagt, der dem Unterdruck an der Luftklappe entgegen wirkt. Die Lage der Unterdruck-Entnahmebohrung für die Dämpferdose sowie die Abmessung der Membrane sind so ausgelegt, daß der an der Luftklappe wirkende Unterdruck immer in der Lage ist, die Klappe aufzuziehen.

Beschleunigungspumpensystem

Die Beschleunigerpumpe ist eine Membranpumpe herkömmlicher Bauart. Die Einspritzung des Kraftstoffes erfolgt über kalibrierte Bohrungen im Vergaserdeckel. Beim Saughub der Membrane wird Kraftstoff aus der Schwimmerkammer über das Saugventil in die Pumpenkammer gesaugt. Die Pumpenkammer ist zur Wärmeisolation mit einer Kunststoffschale ausgekleidet. Eventuell entstehende Dampfblasen können über die Entlüftungsbohrung in die Schwimmerkammer entweichen. Beim Druckhub der Membrane wird der Kraftstoff über die sich öffnenden Druckventile und die kalibrierten Einspritzbohrungen in die Mischkammern eingespritzt. Die beiden Druckventile verhindern beim Saughub das Eindringen von Luft in das Pumpensystem.

Kraftstoff-Rücklaufventil

Das Kraftstoff-Rücklaufventil wird über den Saugrohrunterdruck gesteuert. Im Leerlauf und im Teillastbereich wird die Membrane durch den hohen Unterdruck gegen die Feder nach unten gezogen und das Ventil öffnet, so daß der Kraftstoff über die Rücklaufleitung zum Kraftstoffbehälter zurückfließen kann. Beim Beschleunigen und im Vollastbereich bricht der Unterdruck zusammen und die Membrane schließt über das Ventil den Kraftstoff-Rücklaufkanal.

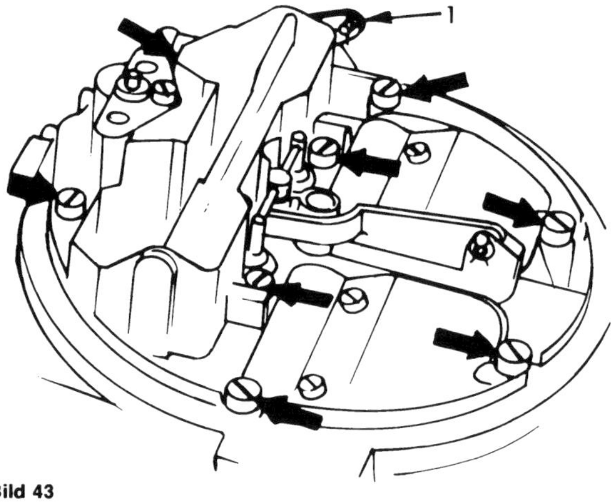

Bild 43
Zum Vergaserausbau
1 Sicherungsfeder

Vergaser zerlegen

- Die vier Vergaserbefestigungsmuttern abschrauben.
- Sicherungsfeder («1» Bild 43) abziehen.
- Starterverbindungsstange aushängen.
- Die acht Zylinderschrauben (Pfeile im Bild 43) vom Vergaserdeckel abschrauben und Vergaserdeckel mit einem Schraubenzieher an der vorgesehenen Abdrückstelle abdrücken und abnehmen.

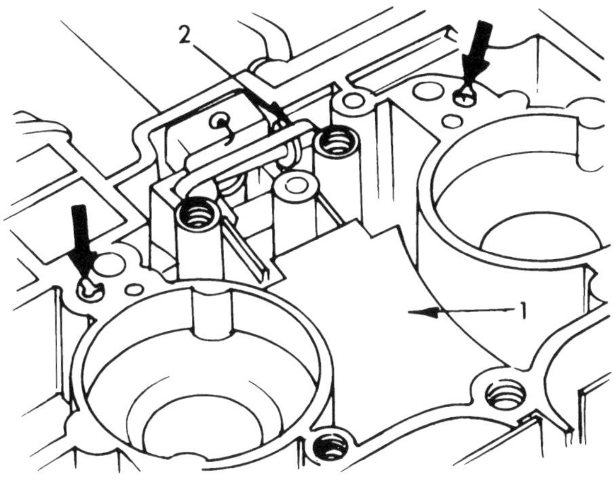

Bild 44
Kugelventile prüfen
1 Schwimmer
2 Niederhalter

- Beschleunigerpumpe betätigen. Dabei soll an beiden Kugelventilen (Pfeile im Bild 44) gleichmäßig Kraftstoff austreten.
  Tritt kein Kraftstoff an den Ventilen aus, Beschleunigerpumpendeckel abbauen, Membrane kontrollieren und Saug- und Druckkanal ausblasen.
- Niederhalter («2», Bild 44) und Schwimmer mit Schwimmernadel herausnehmen.
- Beide Hauptdüsen der 1. Stufe, beide Verschlußschrauben für die Leerlaufkraftstoffkanäle herausschrauben (Bild 45).

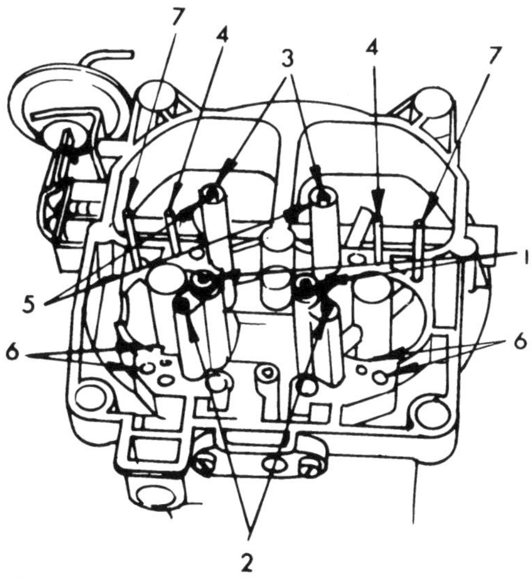

Bild 45
Zum Zerlegen des Vergasers
1 Hauptdüsen 1. Stufe
2 Verschluss-Schrauben für Leerlaufkraftstoffkanäle (zur Leerlaufkraftstoffdüse)
3 Düsennadeln 2. Stufe
4 Steigrohre Übergangssystem 2. Stufe
5 Hauptdüsen (Blenden)
6 Kalibrierte Einspritzbohrung
7 Steigrohre Startgemischanreicherung

Vergaser reinigen

Das Vergasergehäuse, sämtliche Bohrungen und Steigrohre im Vergaserdeckel und alle Düsen mit Preßluft ausblasen. Zur Reinigung der Düsen auf keinen Fall eine Nadel oder einen Draht verwenden, da dadurch die kalibrierten Bohrungen beschädigt oder ausgeweitet werden.

Vergaser zusammenbauen

- Düsen, Schwimmer mit Schwimmernadel und Niederhalter montieren.
- Neue Dichtung auf Vergasergehäuse auflegen.
- Kontrollieren, ob die Bohrungen und Kanäle von der Dichtung nicht verdeckt werden.
- Vergaserdeckel aufsetzen.
- Muttern des Vergasers mit einem Drehmoment von 1,5 mkp übers Kreuz anziehen.

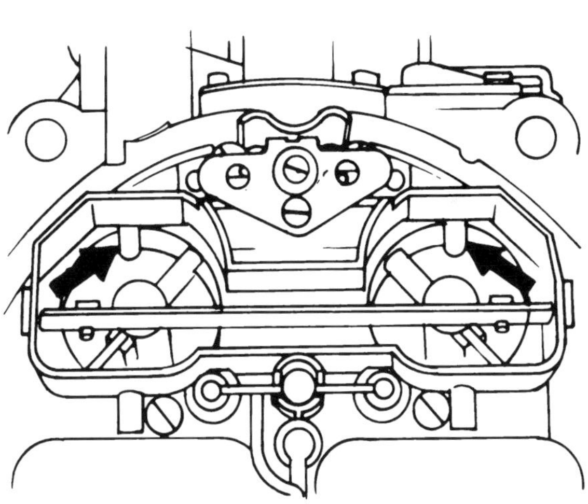

Bild 46
Beschleunigerpumpe prüfen

Prüfungen am Vergaser

Beschleunigungspumpe prüfen

Drosselklappenhebel mehrmals betätigen. Ein kräftiger Kraftstoffstrahl am Kraftstoffaustritt (siehe Pfeil im Bild 46) muß austreten. Ist das

nicht der Fall, sind folgende Arbeiten durchzuführen:
Beschleunigerpumpendeckel abbauen. Membrane kontrollieren und Saug- und Druckkanal ausblasen. Beschleunigerpumpe zusammenbauen. Tritt immer noch kein Kraftstoff aus, Vergaserdeckel abschrauben und Beschleunigerpumpe betätigen. Wenn dabei Kraftstoff an beiden Ventilen austritt, die Einspritzbohrungen im Vergaserdeckel mit Preßluft ausblasen.

Kraftstoffrücklaufventil prüfen

Kraftstoffrücklaufschlauch am Anschluß zur Rücklaufleitung (unterhalb der Kraftstoffpumpe) abziehen. Schlauch in einen Behälter halten und prüfen, ob im Leerlauf bei eingelegter Fahrstellung des automatischen Getriebes und eingeschalteter Klimaanlage ein kräftiger Kraftstoffstrahl austritt.

Unterdruckdose für die Dämpfung der 2. Stufe prüfen

Motor im Leerlauf laufen lassen, bis die Membrane der Unterdruckdose am Anschlag ansitzt. Unterdruckschlauch mit einer Zwinge ganz abklemmen. Luftklappen mehrere Male kurz öffnen und wieder loslassen. Die Membrane muß immer wieder auf den Endanschlag zurückschnappen. Fährt die Membrane bei dieser Prüfung aus, ist sie undicht und muß erneuert werden.

Einstellarbeiten

Leerlauf und Reguliergestänge einstellen

Die Leerlaufeinstellung mit aufgebautem Luftfilter und angeschlossener Kurbelgehäuseentlüftung durchführen. Motor auf seine Öltemperatur bringen. Der Leerlauf darf nicht bei zu heißem Motor eingestellt werden, wie schon im vorhergehenden Abschnitt erwähnt.

- Reguliergestänge am Vergaser aushängen.
- Drosselklappenwelle auf Leichtgängigkeit prüfen. Dazu mit dem Drosselklappenhebel Drehzahl auf ca. 2000 bis 2500 U/min steigern und Drosselklappenhebel loslassen. Der Hebel soll selbsttätig auf den Leerlaufanschlag zurückgehen.
- Mit der Leerlaufeinstellschraube («2», Bild 47) eine Drehzahl von 800 bis 900 U/min herstellen. Dabei prüfen, ob der Leerlaufanschlag am Drosselklappenhebel und nicht am Unterdruckregler erfolgt. Eventuell Feder des Unterdruckreglers durch Verstellen der Einstellmutter (1) entspannen.

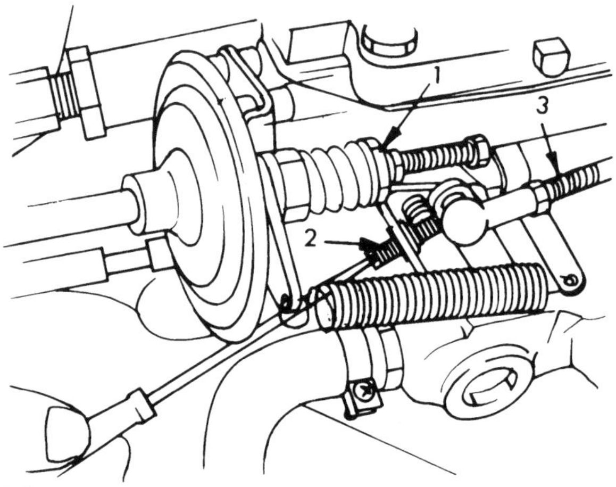

Bild 47
Zum Leerlauf einstellen
1 Einstellmutter
2 Leerlaufeinstellschraube
3 Regulierstange

- Abgaswert prüfen, welcher einen Sollwert bis 2,5 % CO haben sollte. Wenn erforderlich beide Gemischregulierschrauben (siehe Pfeil im Bild 48) nach rechts bis zum Anschlag drehen, dann beide gleichzeitig nach links drehen, bis der Abgaswert erreicht wird. Herausdrehen ergibt ein fetteres, Hineindrehen ein mageres Gemisch.

Bild 48
Gemischregulierschrauben

- Leerlaufdrehzahl nachprüfen und 99 f mit der Leerlaufeinstellschraube nachstellen. Wenn eine Verstellung der Leerlaufeinstellschraube erfolgt, muß der Leerlaufabgaswert neu eingestellt werden.

Reguliergestänge einstellen

Bei Fahrzeugen mit *mechanischem Getriebe:*
- Motor im Leerlauf laufen lassen.
- Regulierstange so einstellen, daß die Rolle im Kulissenhebel spannungsfrei im Endanschlag anliegt.

Bei Fahrzeugen mit *automatischem Getriebe* (Bild 49):
- Motor im Leerlauf laufen lassen.
- Steuerdruckstange (1) vom automatischen Getriebe aushängen.
- Verbindungsstange zusammenschieben und Winkelhebel (4) nach hinten drücken, wie es durch den Pfeil in Bild 49 gezeigt ist.

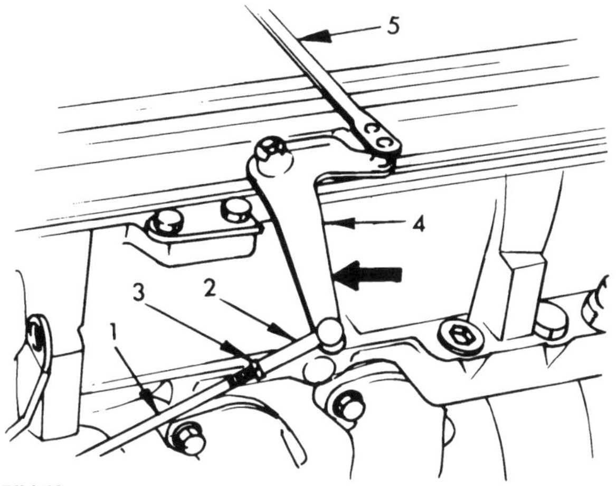

Bild 49
Steuerdruckstange
1 Steuerdruckstange
2 Kugelpfanne
3 Kontermutter
4 Winkelhebel
5 Verbindungsstange

- Steuerdruckstange ebenfalls nach hinten zum Anschlag drücken und Kugelpfanne spannungsfrei einhängen. Falls erforderlich verstellen.
- Bei einer Grundeinstellung Regulierstange und Verbindungsstange zum Winkelhebel auf Länge prüfen und einhängen. Regulierstange = 120 mm lang, Verbindungsstange = 309 mm lang. Gemessen wird von Mitte Kugelkopf bis Mitte Kugelkopf.

Vollgasanschlag prüfen

Zu dieser Prüfung muß die Verriegelung der 2. Stufe aufgehoben sein. Dazu die Stufenscheibe mit Gegengewicht der Startautomatik nach unten bis zum Anschlag drücken. Fahrpedal durchtreten. Dabei muß das Fahrpedal und der Drosselklappenhebel beider Stufen jeweils am Vollgasanschlag anliegen. Wenn notwendig, Regulierhebel im Fahrzeuginneren nach Lösen der Befestigungsschraube einstellen (Bild 50).

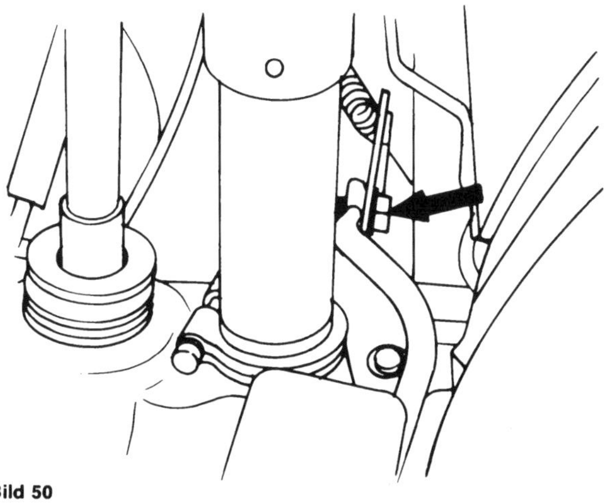

Bild 50
Vollgasanschlag einstellen

Unterdruckregler einstellen

Voraussetzung ist ein einwandfrei eingestellter Leerlauf und betriebswarmer Motor. Motor im Leerlauf laufen lassen.
- Unterdruckschlauch vom Regler abziehen.
- Mit der Einstellschraube («5» in Bild 51) eine Drehzahl von 1600 U/min herstellen.

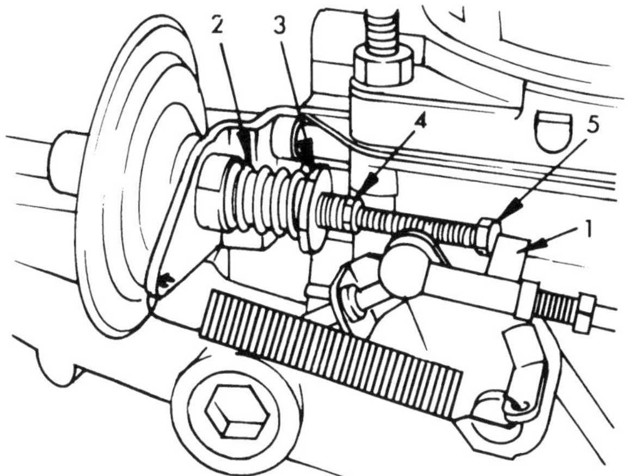

Bild 51
Unterdruckregler einstellen
1 Drosselklappenhebel
2 Druckfeder
3 Einstellmutter
4 Kontermutter
5 Einstellschraube

- Unterdruckschlauch wieder aufstecken.
- Vor dem Verstellen der Einstellschraube Kontermutter (4) lösen. Dazu die Membranstange mit einem Gabelschlüssel an den angefrästen Flächen gegenhalten. Wenn die Membranstange nicht festgehalten wird, wird die Membrane in der Unterdruckdose beschädigt.
- Die Druckfeder (2) wird folgendermaßen eingestellt:
  — *Automatisches Getriebe:* Fahrstellung einlegen. Dabei soll die Drehzahl 600 bis 700 U/min betragen. Evtl. die Druckfeder (2) mit der Einstellmutter (3) auf diese Drehzahl einstellen. Dann Servolenkung voll einschlagen und Klimaanlage einschalten. Gegebenenfalls mit der Einstellmutter (3) nochmals nachstellen.
  — *Mechanisches Getriebe:* Motor im Leerlauf laufen lassen. Druckfeder somit der Einstellmutter einstellen, daß zwischen Einstellschraube und Drosselklappenhebel ein Spiel von ca. 1,0 mm vorhanden ist.

Startautomatik einstellen

- Starterklappe auf Leichtgängigkeit prüfen.
- Zündung einschalten und prüfen, ob die Starterklappe nach einigen Minuten öffnet.
- Einstellung des Starterdeckels prüfen. Die Markierungen am Startergehäuse und Starterdeckel müssen in einer Linie liegen.
- Motor im Leerlauf laufen lassen, bis der Unterdruck die Membrane in der Unterdruckdose ganz an den Anschlag zurückgezogen hat.
- Mit einer Zwinge Unterdruckschlauch abklemmen.
- Motor abstellen und prüfen, ob die Membrane noch ganz am Anschlag liegt.
- Drosselklappenhebel etwas anheben und Stufenscheibe ganz nach oben bis zum Anschlag (oberste Raste) stellen. Drosselklappenhebel wieder loslassen.
- Mit dem Haken einer selbst angefertigten Meßlehre durch den Schlitz im Startergehäuse den Mitnehmerhebel der Bi-Metallfeder bis zum fühlbaren Anschlag drücken. Hierdurch steht die Verbindungsstange im Schlitz des Mitnehmerhebels an ihrem Anschlag. Der Mitnehmerhebel darf jedoch nicht zu stark gegen den Anschlag gedrückt werden, da sonst die Membrane zurückgezogen wird.
- Starterklappenspalt mit einem Meßdorn (Bohrer) von 1,5 mm Durchmesser zwischen dem abwärts öffnenden Flügel der Starterklappe und Vergaserwand messen. Muß der Starterklappenspalt nachgestellt werden, ist der hintere Kühlwasserschlauch an der Startautomatik abzuziehen. Mit einem Schraubenzieher die Verbindungsstange festhalten und mit einem zweiten Schraubenzieher Verbindungsstange verbiegen (Bild 52).

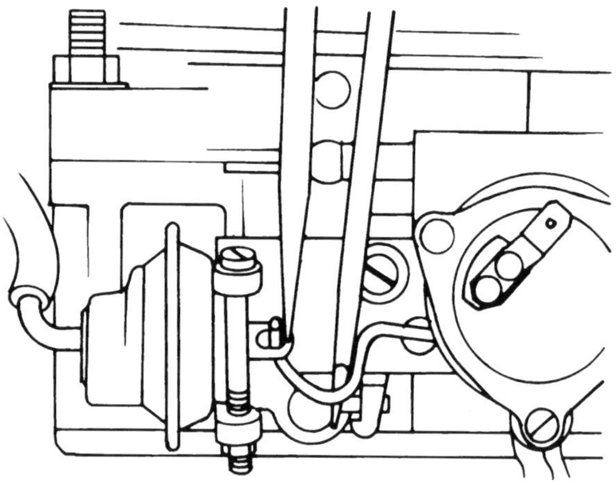

Bild 52
Starterklappenspalt nachstellen

Starterklappenspalt zu groß, Biegestelle auseinanderdrücken, zu klein, die Biegestelle zusammendrücken. Während des Einstellvorgangs mit einem Schraubenzieher prüfen, ob die Membrane noch ganz am Anschlag anliegt. Wenn nicht, ist die Membrane oder der Unterdruckschlauch undicht. Eventuell Teile erneuern.

- Dann die Kaltstart-Drehzahlanhebung prüfen. Dazu ist ein einwandfrei eingestellter Leerlauf und ein betriebswarmer Motor eine Voraussetzung.
  — Motor im Leerlauf laufen lassen.
  — Drosselklappenhebel etwas anheben und Stufenscheibe ganz nach oben bis zum Anschlag (oberste Raste) stellen und Drosselklappenhebel wieder loslassen.

— Die Drehzahl messen, welche zwischen 2400 und 2600 U/min sein soll. Eventuell mit der Einstellschraube Drehzahl einstellen(siehe Bild 53).

Bei Vergaser mit Startergehäuse der zweiten Ausführung erfolgt die Einstellung durch Verdrehen der Starterklappenspalt-Einstellschraube im Startergehäusedeckel. Bei Vergasern mit TN-Zusatzstarter entfällt die Einstellung der Kaltstartdrehzahl, da die Anstellung der Drosselklappe über den Unterdruckregler erfolgt. Die Einstellschraube («1», Bild 53) ist deshalb nicht mehr eingebaut.

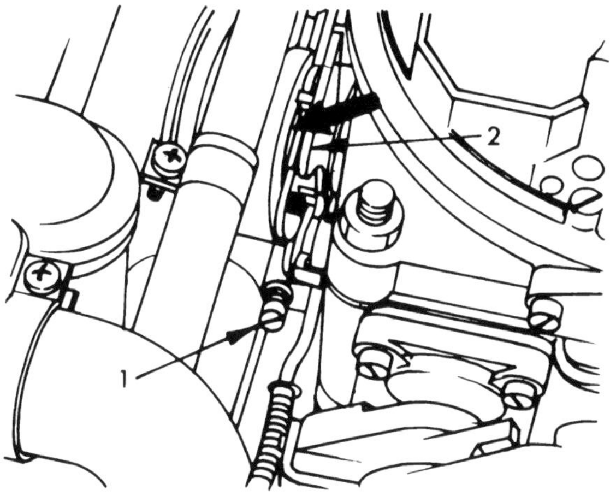

Bild 53
Kaltstart-Drehzahlanhebung einstellen
1 Einstellschraube
2 Stufenscheibe

A **Unterdruckanschluß** am Drosselklappenteil für Zündverstellung in Richtung **spät**
B **Unterdruckanschluß** am Drosselklappenteil für Zündverstellung in Richtung **früh**
C **Unterdruckanschluß** am Drosselklappenteil für Unterdruckregler und Kraftstoffrücklaufventil

1 Drosselklappenteil
2 Büchse
3 Drosselklappenhebel, I. Stufe
4 Rückdrehfeder
5 Mitnehmerhebel für Drosselklappenbetätigung II. Stufe
6 Distanzscheibe
7 Zahnscheibe
8 Sechskantmutter
9 Verbindungsstange für Drosselklappenbetätigung II. Stufe
10 Unterlegscheibe
11 Sicherungsfeder
12 Einstellschraube für Kaltstartdrehzahl
13 Druckfeder
14 Isolierflansch (Drosselklappenteil-Schwimmergehäuse)
15 Schraube
16 Leerlauf-Gemischregulierschraube
17 O-Ring für Gemischregulierschraube
18 Begrenzungskappe für Gemischregulierschraube
19 Regulierschraube

Achtung! Diese Regulierschrauben sind vom Hersteller eingestellt und dürfen nicht verstellt werden.

20 O-Ring
21 Leerlaufabschaltventil
22 Verbindungsstange für Beschleunigungspumpe
23 Unterlegscheibe
24 Druckfeder
25 Einstellmutter für Beschleunigungspumpe
26 Schwimmergehäuse
27 Kunststoffschale
28 Druckfeder
29 Membrane
30 Deckel für Beschleunigungspumpe
31 Schraube
32 Schwimmer
33 Schwimmerachse
34 Niederhalter
35 Schwimmernadel
36 Drahtbügel
37 Kraftstoffsieb
38 Dichtring
39 Schraubstutzen
40 Mitnehmerhebel für Starterverbindungsstange
41 Verbindungsstange für Starterklappe
42 Sicherung
43 Sicherungsfeder
44 Stufenscheibe
45 Sperrklinke II. Stufe
46 Startergehäuse
46a Unterdruckdose für Startautomatik
46b Schraube
46c Mutter
47 Schraube
48 Unterlegscheibe
49 Starterdeckel
50 Haltering
51 Distanzbüchsen
52 Schraube
53 Schraube
54 Distanzrohr
55 Halter
56 Schraube
57 Unterdruckregler für Drosselklappenanstellung
58 Zahnscheibe
59 Sechskantmutter
60 Druckfeder
61 Einstellmutter
62 Kontermutter
63 Einstellschraube
64 Unterdruckschlauch
65 Zugfeder
66 Leerlaufanschlag
67 Schraube
68 Leerlauf-Einstellschraube
69 Dichtung für Vergaserdeckel
70 Vergaserdeckel
71 Dichtung
72 Abdeckblech
73 Schraube
74 Federring
75 Rückdrehfeder für Luftklappe II. Stufe
76 Exzentrischer Einstellbolzen

Achtung! Dieser Bolzen darf nicht verstellt werden.

77 Klemmschraube
78 Leerlaufluftdüse
79 Hauptdüsen I. Stufe
80 Verschlußschrauben für Leerlaufkraftstoffkanäle
81 Verbindungsstange für Luftklappe II. Stufe
82 Unterdruckdose für Dämpfung Luftklappe II. Stufe
83 Schraube
84 Unterdruckschlauch
85 Vorzerstäuber I. Stufe mit Gemischaustrittsarm
86 Biegefeder für Arretierung – Vorzerstäuber I. Stufe
87 Schraube
88 Schraube
104 Halteblech
145 Luftkorrekturdüsen I. Stufe
146 Unterdruckkolben mit Einstellschraube für Vollastanreicherung I. Stufe (außer **USA**-Ausführung)
147 Starterklappe
148 Führungsbolzen mit Betätigungsstift für Düsennadel II. Stufe
149 Düsennadel II. Stufe
153 Übertragungshebel mit Kurvenbahn für II. Stufe
154 Luftklappe II. Stufe
156 Leitblech II. Stufe
157 Drosselklappe II. Stufe
160 Drosselklappe I. Stufe
183 Düsennadel für Vollastanreicherung I. Stufe (außer **USA**-Ausführung)

Bild 54
Unterdruckregler einstellen (Legende siehe Seite 41)

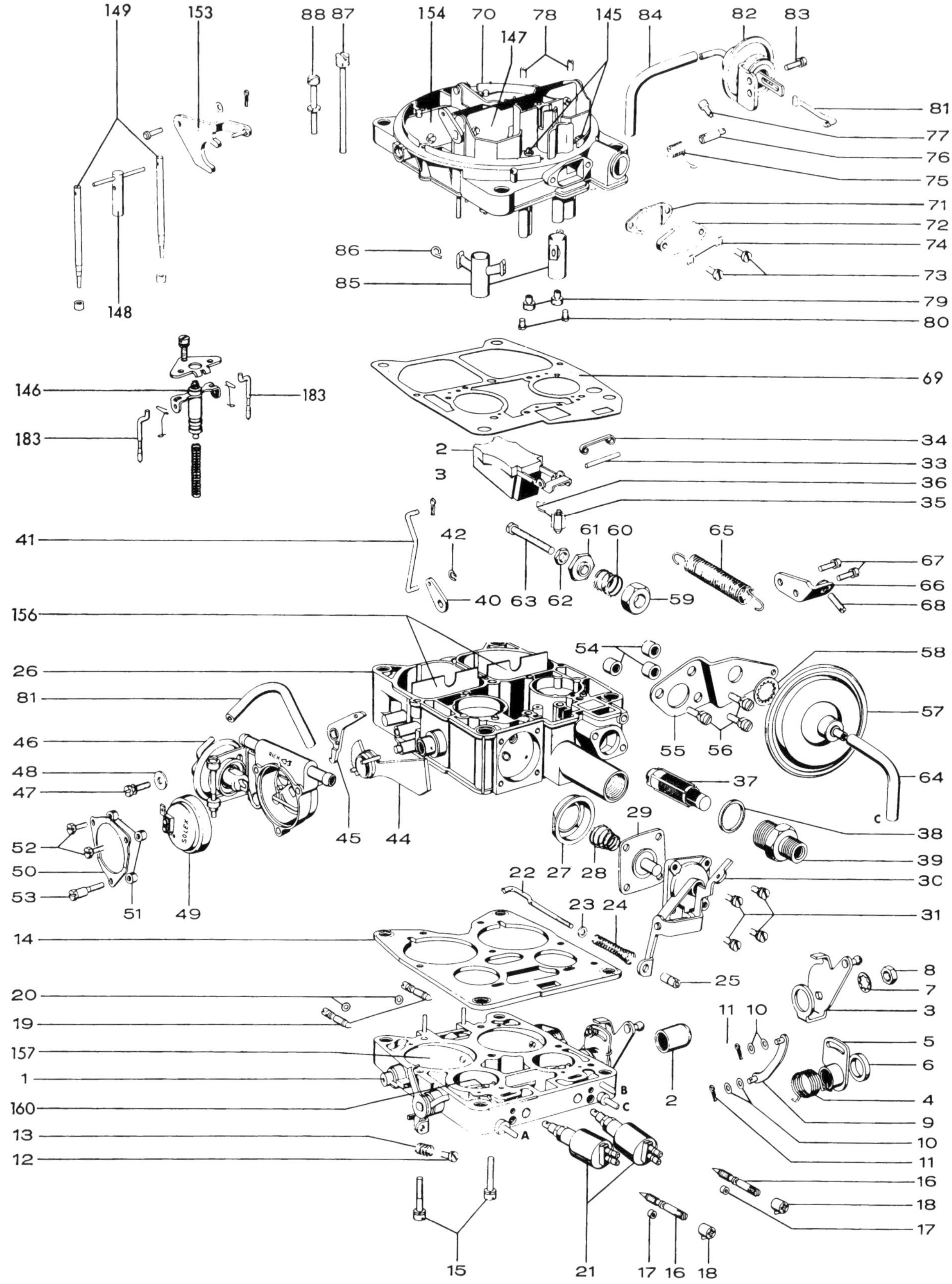

Elektronisch gesteuerte Benzin-Einspritzung

Aufbau und Funktion der wichtigsten Einzelteile der Anlage

Kraftstoffpumpe

Die Kraftstoffpumpe fördert den Kraftstoff vom Tank zu den Einspritzventilen und zum Startventil und erzeugt zugleich den Einspritzdruck. Es handelt sich um eine elektromotorisch angetriebene Rollenzellenpumpe. In einem zylindrischen Hohlraum mit Ein- und Austrittskanal rotiert eine exzentrisch angeordnete Läuferscheibe. Die Läuferscheibe hat an ihrem Umfang halbkreisförmige Aussparungen, in denen sich kleine Metallrollen befinden, die bei der Rotation an die Wandungen des zylindrischen Hohlraumes gedrückt werden und als umlaufende Dichtung wirken. Die Pumpenwirkung entsteht dadurch, daß sich durch die umlaufenden Metallrollen am Eintrittskanal ein sich vergrößerndes und am Austrittskanal ein sich verkleinerndes Volumen bildet. Im Anschlußstutzen der Druckleitung ist ein Rückschlag- und Überdruckventil eingebaut, das das Leerlaufen der Druckleitungen bei abgeschaltetem Motor verhindert. Andererseits begrenzt dieses Ventil bei Ausfall des Druckreglers den Förderdruck auf max. 3 bis 4 atü. Die Entlüftung der Förderpumpe geschieht ebenfalls über dieses kombinierte Ventil und die Rücklaufleitung zurück zum Kraftstoffbehälter, so daß angesaugte Luft nicht in die Druckleitungen zu den Einspritzventilen gelangt. Die Fördermenge der Kraftstoffpumpe, die im Fahrzeugheck in der Nähe des Kraftstoffbehälters untergebracht ist, beträgt bei 12-Volt-Spannung und 2 atü Gegendruck 120 l/h bei der konstanten Drehzahl von 2500 U/min.

Kraftstoff-Filter

Der aus Papier bestehende Filtereinsatz ist in einem Metallgehäuse untergebracht. An beiden Gehäuseenden befindet sich je ein Schlauchanschlußstutzen. Der Wegwerffilter ist alle 40 000 km zu erneuern. Beim Einbau ist die Durchflußrichtung (Pfeil) zu beachten.

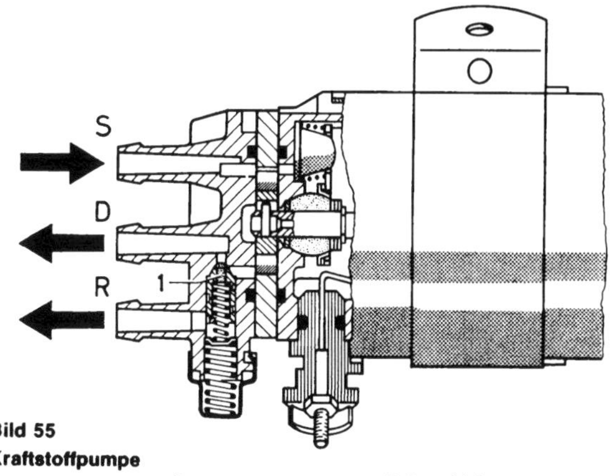

Bild 55
Kraftstoffpumpe
1 Rückschlag- und Überdruckventil
S Saugleitung
D Druckleitung
R Rücklaufleitung

Druckregler

Der Kraftstoff- und Einspritzdruck wird durch einen Druckregler mit hoher Genauigkeit auf einen konstanten Wert von 2 atü geregelt. In einem Metallgehäuse ist eine federbelastete Membrane untergebracht, die beim Überschreiten des Druckes einen Überströmkanal freigibt, durch den der nicht verbrauchte Kraftstoff über eine Rücklaufleitung zum Kraftstoffbehälter zurückfließen kann.

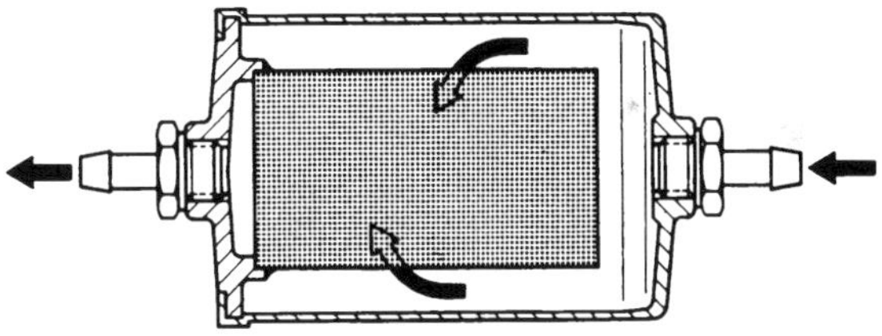

Bild 56
Kraftstoff-Filter

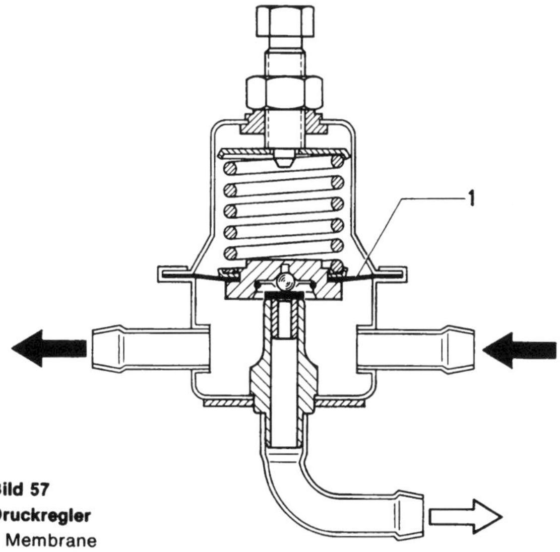

Bild 57
Druckregler
1 Membrane

Einspritzventile

Die elektromagnetisch betätigten Einspritzventile dienen zur Dosierung und zur Zerstäubung des Kraftstoffes. Die Einspritzventile bestehen aus einem Ventilkörper und einer federbelasteten Düsennadel mit aufgesetztem Magnetanker. Wird der Magnet erregt, so hebt sich die Düsennadel 0,1 6mm von ihrem Sitz ab und der Kraftstoff kann durch einen kalibrierten Ringspalt austreten. Bei stromloser Magnetwicklung wird die Düsennadel durch die Feder auf ihren Sitz gedrückt. Das vordere Ende der Düsennadel hat einen Spitzzapfen mit Anschliff zur Zerstäubung des Kraftstoffes.

läuft die Pumpe nur ca. 1 Sekunde lang und bleibt dann wieder stehen, wenn nicht der Anlasser betätigt oder eine Motordrehzahl von mindestens 100 U/min überschritten wird. Dadurch wird verhindert, daß bei stehendem Motor und eingeschalteter Zündung Zylinder mit Kraftstoff vollaufen, falls Einspritzventile nicht dicht sein sollten. Damit Spannungsschwankungen im Bordnetz die Einspritzdauer nicht beeinflußen, enthält das Steuergerät eine Spannungskorrekturschaltung. Der Temperaturfehler des Steuergerätes ist im Bereich von —30° C bis +70° C kleiner als ±2%. Das Steuergerät ist im Wageninnern unterhalb der Armaturenanlage in der Nähe des Handschuhfaches angeordnet.

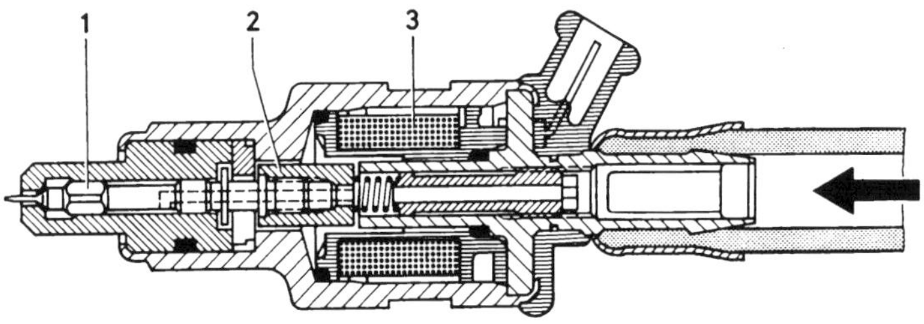

Bild 58
Einspritzventil
1 Düsennadel
2 Magnetanker
3 Magnetwicklung

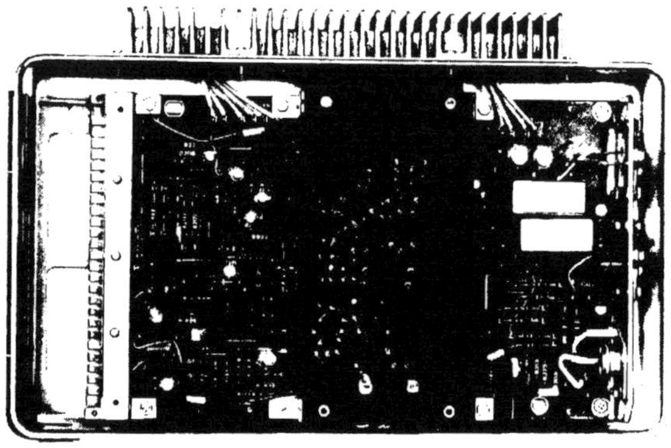

Bild 59
Elektronisches Steuergerät (geöffnet)

Elektronisches Steuergerät

Das in einem Stahlblechgehäuse untergebrachte elektronische Steuergerät enthält in gedruckter Schaltungstechnik Transistoren, Dioden, Widerstände und Kondensatoren. Der Impulsauslöser im Zündverteiler bewirkt das Öffnen der Einspritzventil-Gruppen und setzt gleichzeitig das elektronische Steuergerät in Funktion, das in Abhängigkeit des Motorbetriebszustandes die Öffnungsdauer bestimmt und die Einspritzventile wieder schließt. Die Dauer der Kraftstoffeinspritzung wird in erster Linie durch den Saugrohrdruck bestimmt. Außerdem wird sie über entsprechende Korrekturglieder durch die Motordrehzahl und Kühlwasser- und Ansauglufttemperatur beeinflußt. Weitere Schaltungsglieder berücksichtigen die Verhältnisse beim Beschleunigen (Kraftstoffanreicherung) und im Schiebebetrieb (Kraftstoffabsperrung). Außerdem wird noch die Kraftstoff-Förderpumpe gesteuert. Nach dem Einschalten der Zündung

Saugrohr-Druckfühler

Der Saugrohr-Druckfühler sitzt am rechten Radlauf und ist mit dem Saugrohr durch eine kurze Schlauchleitung verbunden. In einem Druckgehäuse sind zwei fest miteinander verbundene Membrandosen untergebracht, von denen die eine evakuiert ist und als Arbeitsdose wirkt und die andere über eine Hohlschraube mit der Atmosphäre verbunden ist und als Höhen-Korrekturdose wirkt. Durch die Bewegung der Dosen wird ein Anker in einer Spule verschoben und dadurch deren Induktivität geändert. Diese Induktivität wird als Kennwert des Saugrohrdruckes in das Steuergerät eingegeben. Der Anker wird durch die Feder immer kraftschlüssig gegen die Dosen gedrückt. Im Anschlußstutzen für den Saugrohrdruck ist eine Dämpfungsdrossel eingebaut, die das Schwingen des Systems durch den pulsierenden Saugrohrdruck verhindert. Die Drosselstelle ist durch ein Überdruckventil mit großem Querschnitt überbrückt, damit

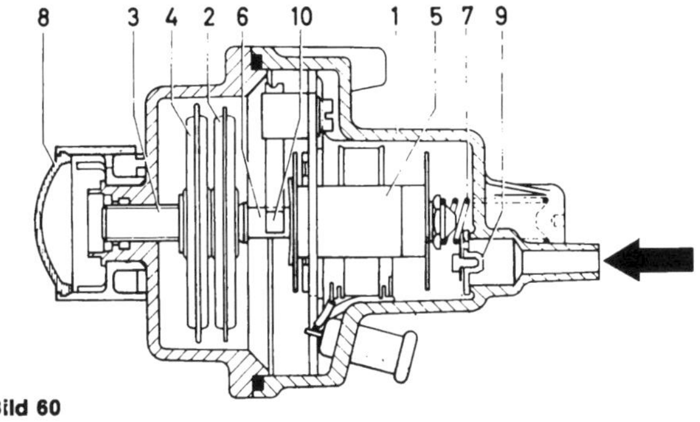

Bild 60
Saugrohrdruckfühler mit Höhenkorrektur
1 Druckgehäuse
2 Arbeitsdose
3 Hohlschraube
4 Höhen-Korrekturdose
5 Spule
6 Anker
7 Feder
8 Staubkappe
9 Überdruckventil mit Dämpfungsdrossel
10 Anker-Dämpfung

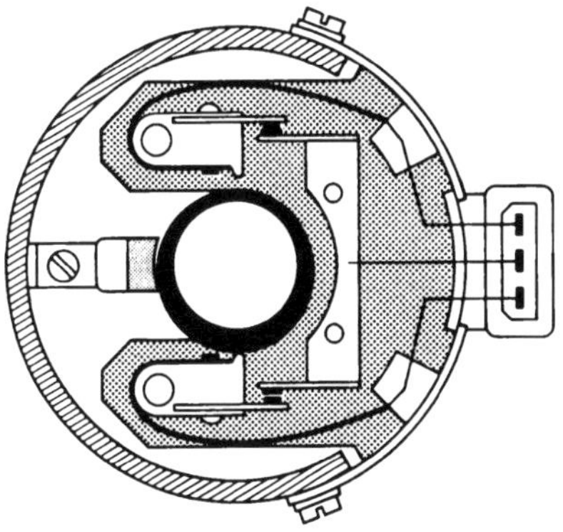

Bild 62
Einschub mit Auslösekontakten

der Druckfühler beim plötzlichen Öffnen der Drosselklappe schneller anspricht.

Impulsauslöser

Das Öffnen der Einspritzventilgruppen und somit der Einspritzbeginn wird durch den Impulsauslöser bestimmt.
Im unteren Gehäuseteil des etwas höher gebauten Zündverteilers sind zusätzlich auf einem Einschub zwei um 180° zueinander versetzte Auslösekontakte angeordnet, die durch einen Nokken auf der Verteilerwelle betätigt werden. Jedem der beiden Auslösekontakte ist eine Ventilgruppe zugeordnet.

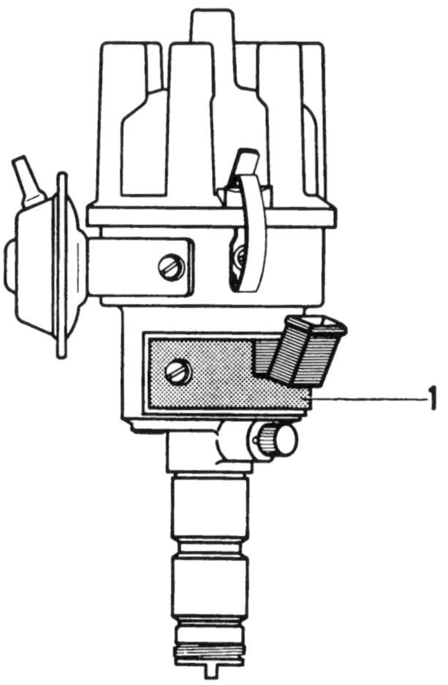

Bild 61
Zündverteiler mit Einschub für Impulsauslösung
1 Einschub

Temperaturfühler

Temperaturfühler bestehen aus temperaturabhängigen Widerständen, die mit gutem Wärmekontakt in Schutzhüllen in Form einer Sechskantschraube untergebracht sind. Je ein Temperaturfühler messen die Kühlwasser- und Ansaugluft-Temperatur und bewirken über das elektronische Steuergerät eine Anpassung der Kraftstoffmenge an die jeweilige Temperatur.

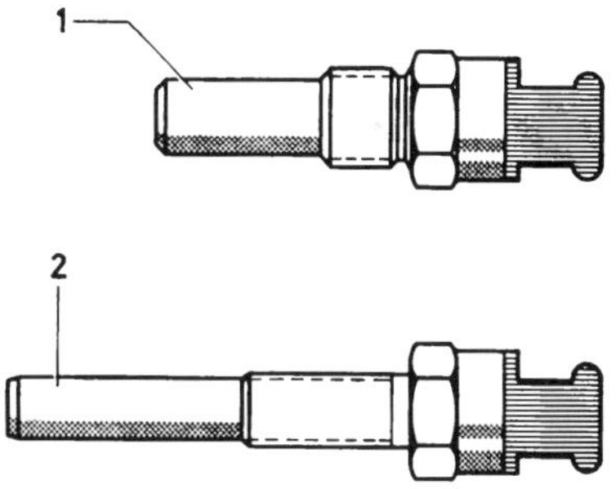

Bild 63
Temperaturfühler
1 Kühlwasser-Temperaturfühler
2 Ansaugluft-Temperaturfühler

Startventil

Das elektromagnetische Startventil sitzt am Saugrohr und ist an die Kraftstoffdruckleitung angeschlossen. Gesteuert wird das Ventil vom Zündanlaßschalter und von einem Thermozeitschalter, der vom Kühlwasser umspült wird.

Beim Anlassen des kalten Motors wird unter $+35°$ C zusätzlich zur Einspritzmenge vom Startventil durch die Dralldüse fein zerstäubter Kraftstoff in das Saugrohr eingespritzt.

Der Thermozeitschalter begrenzt diesen Vorgang, der erst unter $+35°$ C einsetzt, mit abnehmender Temperatur zeitlich ansteigt und bei $-20°$ C 12 sec. erreicht.

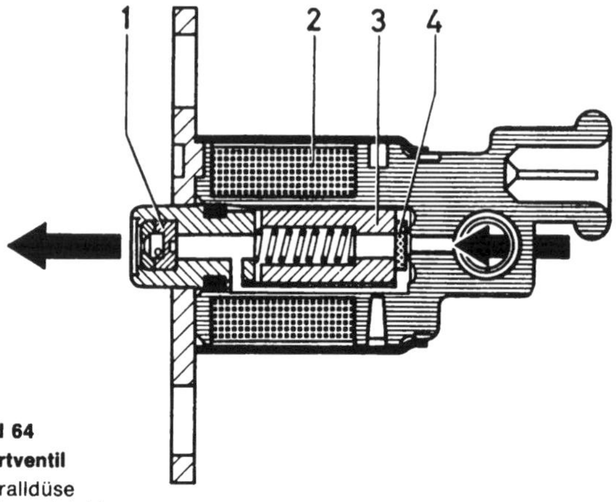

Bild 64
Startventil
1 Dralldüse
2 Magnetwicklung
3 Anker
4 Dichtung

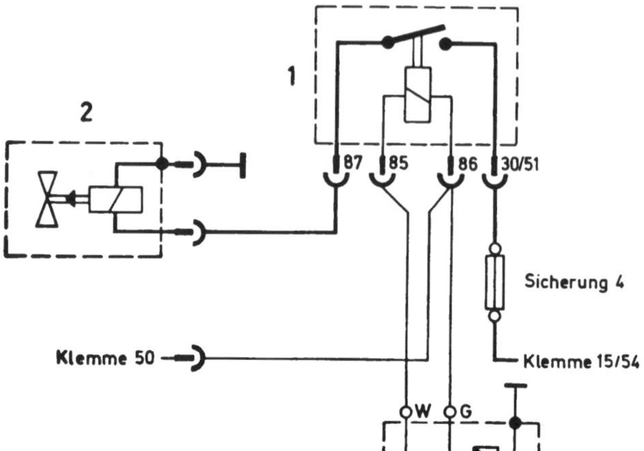

Bild 65
Schaltbild Startventil
1 Relais
2 Startventil
3 Thermozeitschalter

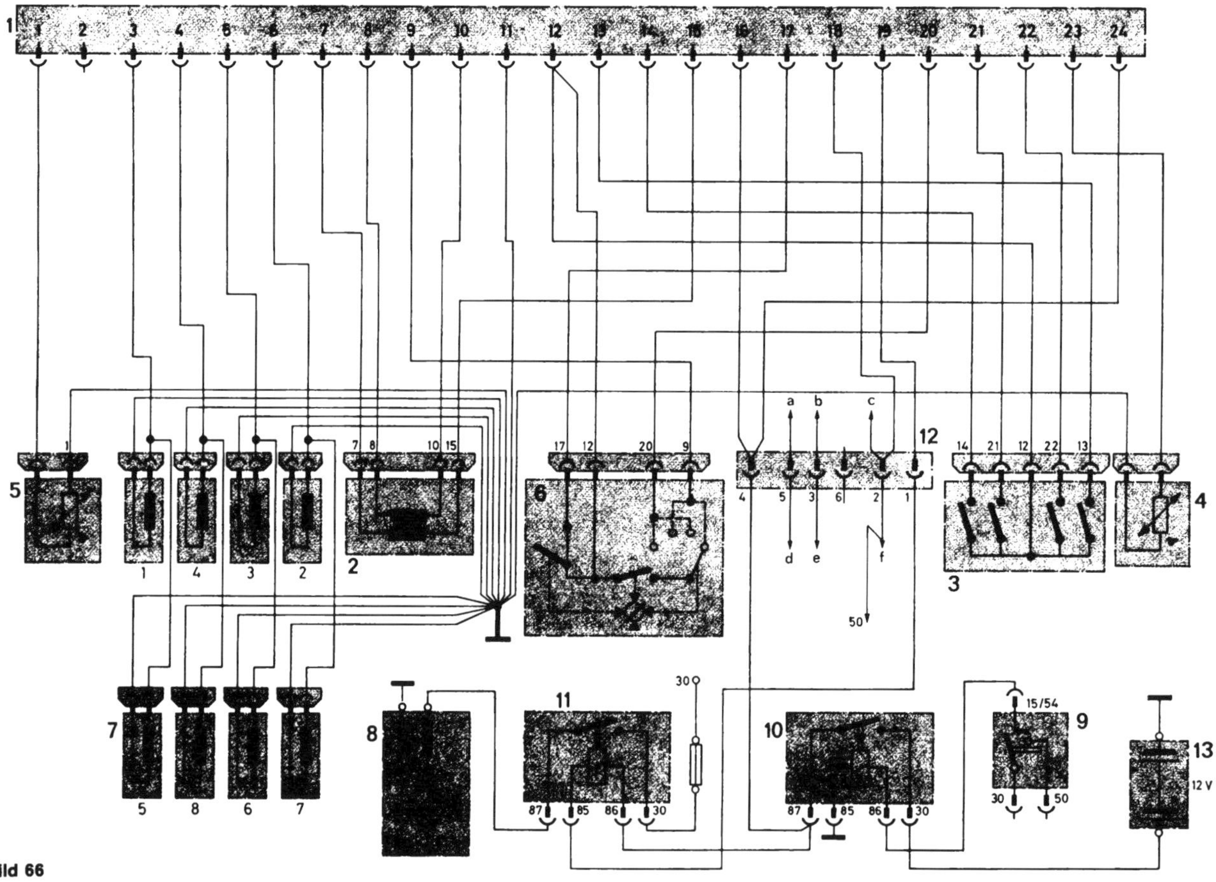

Bild 66
Anschlussplan für Steuergerät der elektronischen Benzineinspritzung der Achtzylinder (350 SE/450 SE)

1 Steckerleiste Steuergerät
2 Druckfühler
3 Auslöschkontakte im Zündverteiler
4 Temperaturfühler Kühlwasser
5 Temperaturfühler Luft
6 Drosselklappenschalter
7 Einspritzventile
8 Kraftstoffpumpe
9 Zündanlass-Schalter
10 Hauptrelais Elektronik
11 Pumpenrelais
12 Steckverbindung zu Fahrzeugleitungssatz
  a zum Kaltstartventil
  b zu Thermozeitschalter Kl.W
  c zu Thermozeitschalter Kl.G
  d zu Kaltstartrelais Kl.87
  e zu Kaltstartrelais Kl.85
  f zu Kaltstartrelais Kl.86
13 Fahrzeugbatterie

Zusatzluftschieber

In der Warmlaufperiode benötigt der Motor zur Überwindung der größeren Innenreibung und zur Erzielung eines einwandfreien Rundlaufes eine erhöhte Kraftstoffmenge. Die dazu notwendige Zusatzluft wird über ein kleines Filter dem Motorraum entnommen und über einen Steuerschieber dem Saugrohr unter Umgehung der Drosselklappe zugeleitet. Ein kühlwasserumspültes Dehnstoffelement steuert temperaturabhängig den Querschnitt des Schiebers und somit die Luftmenge. Voll geöffnet ist der Schieber unterhalb —20° C und vollständig geschlossen bei +65° C.

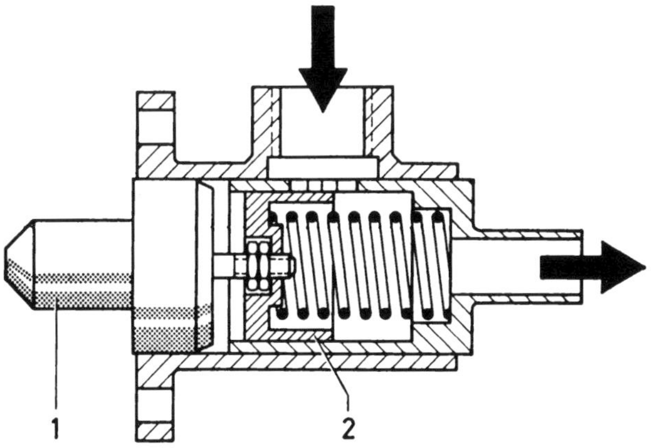

Bild 67
Zusatzluftschieber
1 Dehnstoffelement
2 Schieber

Drosselklappenschalter

Der am Klappenstutzen angebrachte und von der Drosselklappenwelle betätigte Drosselklappenschalter hat mehrere Funktionen.
Er bewirkt zusammen mit einem elektronischen Drehzahlschalter die Absperrung der Kraftstoffzufuhr im Schubbetrieb, d. h. in Leerlaufstellung der Drosselklappe. Er verlängert beim Beschleunigen die normale Impulsdauer und löst zusätzliche Einspritzimpulse aus, um die zeitliche Verzögerung des Druckfühlers zu überbrücken. Dazu gleitet ein Schleifkontakt über ein Kreissegment mit mehreren Kontakten, die jeweils einen Einspritzimpuls auslösen. Der Schleifkontakt ist über einen Schleppschalter geschaltet, so daß nur beim Beschleunigen, nicht aber beim Gaswegnehmen, die Gemischanreicherung wirksam wird. Er bewirkt über einen Doppelschleifkontakt bei voll geöffneter Drosselklappe eine Gemischanpassung auf höchste Leistung (Vollastschalter). Diese Art der Vollastanreicherung stellt sicher, daß tatsächlich erst ab 5° vor maximaler Drosselklappenöffnung die Mehrmenge eingespritzt wird.

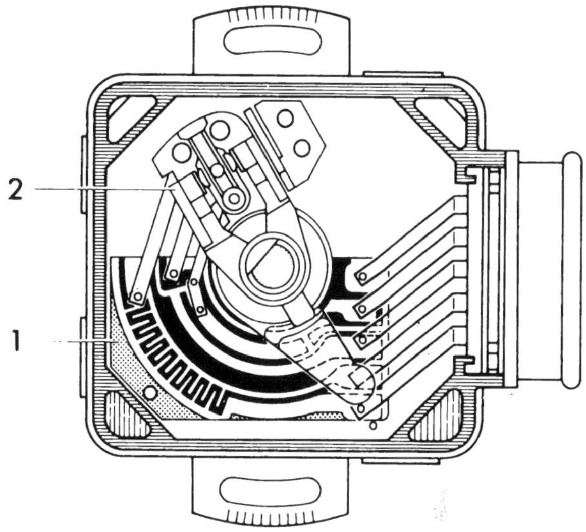

Bild 68
Drosselklappenschalter mit Vollastkontakt
1 Kreissegment mit Kontakten
2 Schleppschalter

Förderdruck messen

- Kraftstoffdruck aus Sicherheitsgründen in der Ringleitung abbauen. Dazu elektrischen Steckanschluß am Startventil abziehen.
- Anschlußklemmen des Startventils mit dem Plus- und Minus-Pol der Batterie ca. 20 Sekunden verbinden.
- Steckanschluß am Startventil wieder aufstecken.
- Manometer vor dem Startventil in der Ringleitung anschließen.
- Motor im Leerlauf laufen lassen und Kraftstoffdruck in der Ringleitung messen. Sollwert 2,0 + 0,1 atü.
- Motor abstellen. Dabei darf der Kraftstoffdruck bis auf 1,7 atü abfallen. Nach ca. weiteren 5 Minuten ist ein Druckabfall bis 1,5 atü zulässig. Fällt der Kraftstoffdruck gleichmäßig bis auf 0 atü ab, so kann an folgenden Stellen eine innere Undichtheit vorliegen:

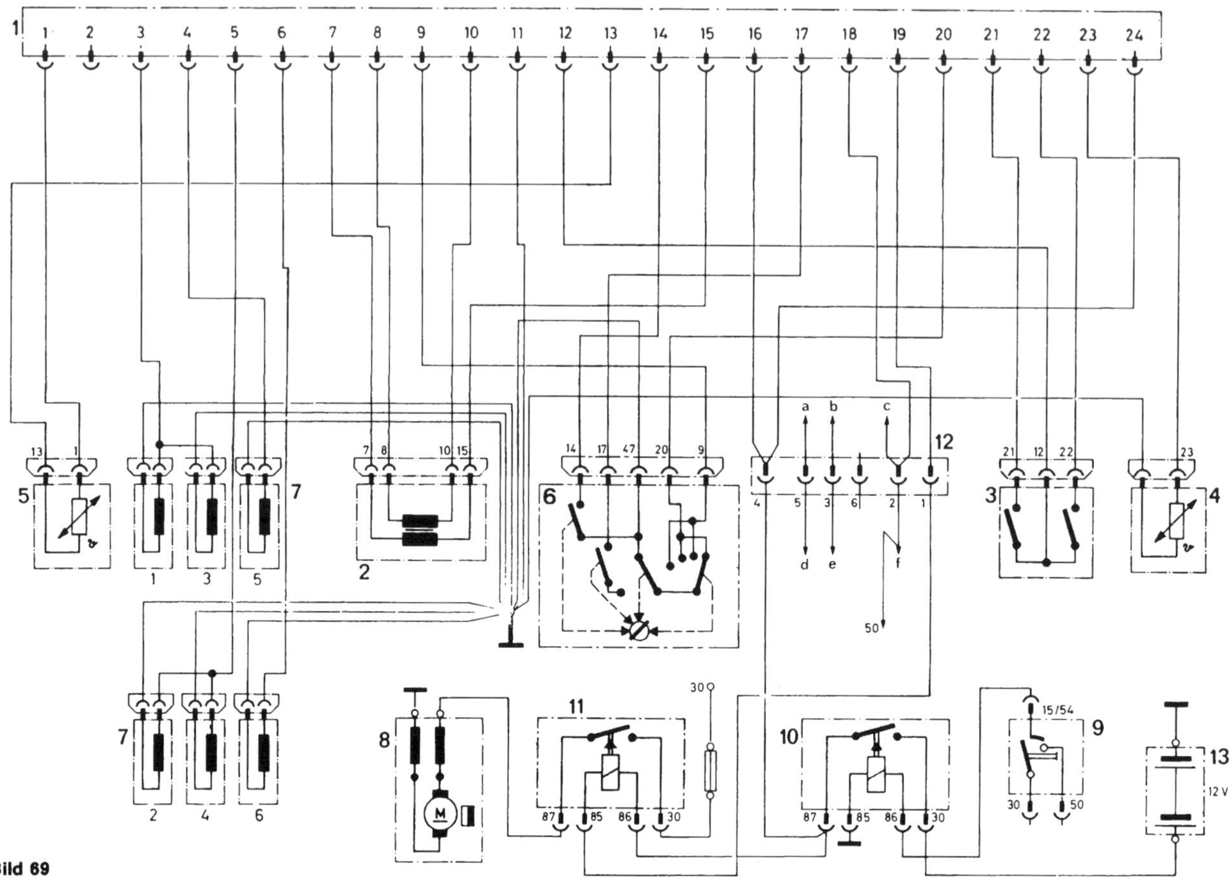

Bild 69
Anschlussplan für Steuergerät der elektronischen Benzineinspritzung Motor M 110 (280 SE)

1 Steckerleiste (Steuergerät)
2 Druckfühler
3 Auslösekontakte (Zündverteiler)
4 Temperaturfühler (Kühlwasser)
5 Temperaturfühler (Luft)
6 Drosselklappenschalter
7 Einspritzventile Zylinder 1-6
8 Kraftstoffpumpe
9 Zündanlass-Schalter
10 Hauptrelais (Stromversorgung Steuergerät)
11 Pumpenrelais
12 Zwischenstecker (Anschluss zum Fahrzeugleitungssatz)
  a Startventil
  b Thermozeitschalter Klemme W
  c Thermozeitschalter Klemme G
  d Relais für Startventil Klemme 87
  e Relais für Startventil Klemme 85
  f Relais für Startventil Klemme 86
13 Fahrzeugbatterie

— *Startventil prüfen.* Dazu Zündung einschalten und Kraftstoffschlauch am Startventil abklemmen (Bild 92). Ist kein Absinken des Kraftstoffdruckes am Manometer festzustellen, ist das Startventil undicht und muß erneuert werden.

— *Druckregler prüfen.* Dazu Zündung einschalten und unmittelbar nach dem Stehenbleiben der Kraftstoffpumpe Kraftstoffrücklaufschlauch nach dem Druckregler abklemmen. Ist kein Absinken des Kraftstoffdruckes am Manometer festzustellen, ist der Druckregler undicht und muß erneuert werden.

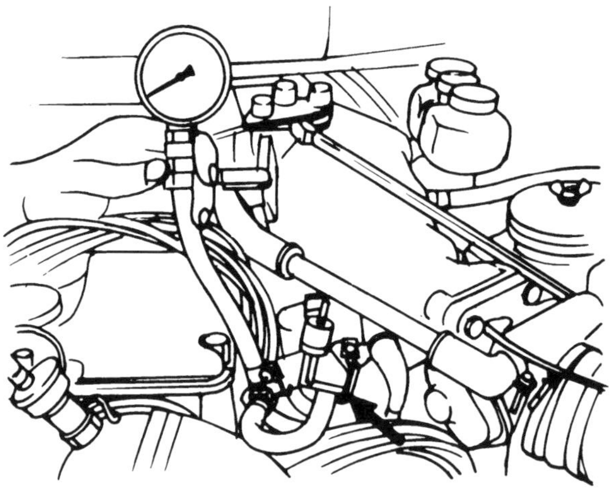

Bild 70
Startventil prüfen

— *Kugelventil im Druckstutzen der Kraftstoffpumpe prüfen.* Dazu Zündung einschalten und unmittelbar nach dem Stehenbleiben der Kraftstoffpumpe Kraftstoffschlauch der Kraftstoff-Vorlaufleitung vor dem Membrandämpfer abklemmen. Ist kein Absinken des Kraftstoffdruckes am Manometer festzustellen, ist die Kraftstoffpumpe zu erneuern.

— *Einspritzventile prüfen.* Dazu Einspritzventile mit der Ringleitung ausbauen. Dann Abdeckung und Steuergerät unterhalb des Handschuhkastens abnehmen. Kraftstoffpumpen-Relais (Pfeil im Bild 93) abziehen und die beiden Pole 1 und 3 überbrücken. Der Kabelstrang für das Kraftstoffpumpen-Relais ist mit 1 gekennzeichnet. Die Kraftstoffpumpe erhält dadurch Strom und läuft bei stehendem Motor und eingeschalteter Zündung.

- Motor im Leerlauf laufen lassen und gegebenenfalls Kraftstoffdruck auf 2,0 + 0,1 atü am Druckregler mit der Einstellschraube einstellen. Ist nach einer geringfügigen Verdrehung der Einstellschraube kein Druckunterschied zu bemerken, so ist der Druckregler zu erneuern. Vor dem Abbau des Manometers Kraftstoffdruck, wie vorher erwähnt, abbauen.

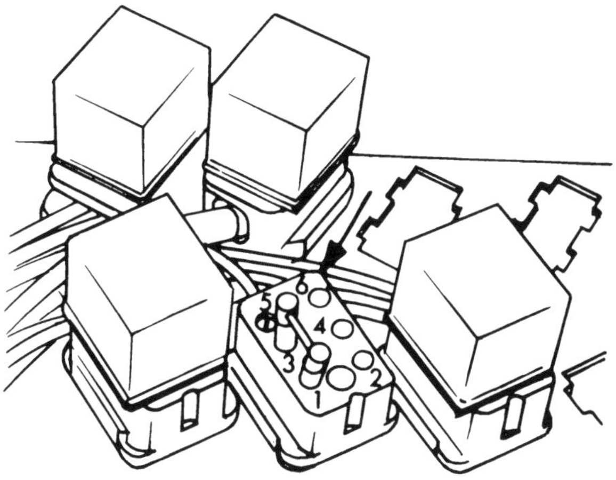

Bild 71
Einspritzventile prüfen

Förderleistung der Kraftstoffpumpe messen

Diese Arbeit wurde schon auf Seite 32 beschrieben.

Leerlauf und Reguliergestänge einstellen

- Motor auf mindestens 60° C Öltemperatur bringen. Der Leerlauf darf nicht bei zu heissem Motor z. B. sofort nach einer scharfen Fahrt oder nach einer Leistungsmessung auf dem Rollenprüfstand eingestellt werden.
- Verbindungsgestänge am Klappenstutzen aushängen.
- Prüfen, ob die Drosselklappe ganz schließt, ohne zu klemmen.
- Verbindungsstange spannungsfrei wieder einhängen. Dabei ist zu prüfen, ob die Rolle im Kulissenhebel spannungsfrei im Endanschlag anliegt und bei Fahrzeugen mit automatischem Getriebe die Schiebestange ganz ausgezogen ist. Eventuell Schiebestange einstellen.

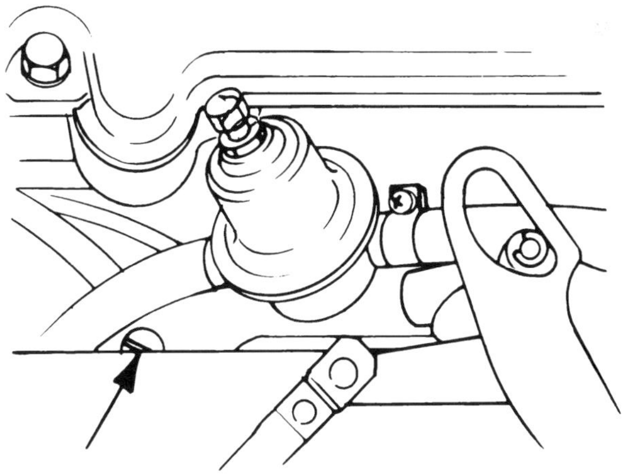

Bild 72
Zur Einstellung des Druckreglers

- Mit der Leerlaufluftschraube (siehe Pfeil im Bild 72) eine Drehzahl von 750 bis 850 U/min einstellen.
- Abgaswert prüfen und wenn notwendig mit der Einstellschraube am Steuergerät (siehe Pfeil im Bild 73) einen Abgaswert bis 3,5 % CO einstellen.

  Nach links drehen macht das Gemisch magerer, nach rechts drehen macht das Gemisch fetter. Das Steuergerät ist nach Lösen der Innenverkleidung unterhalb des Handschuhkastens erreichbar.

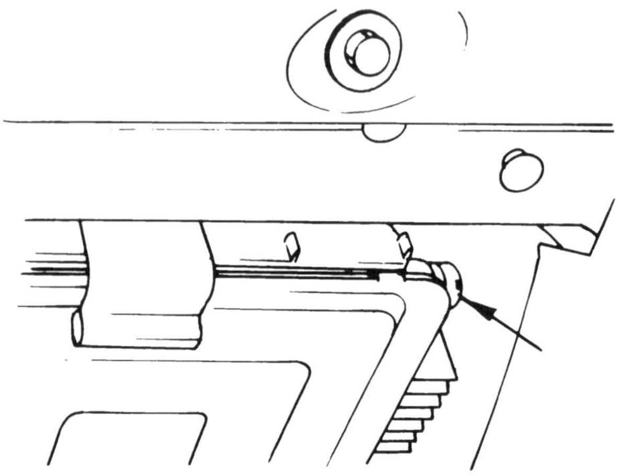

Bild 73
Zum Einstellen des CO Wert am Steuergerät

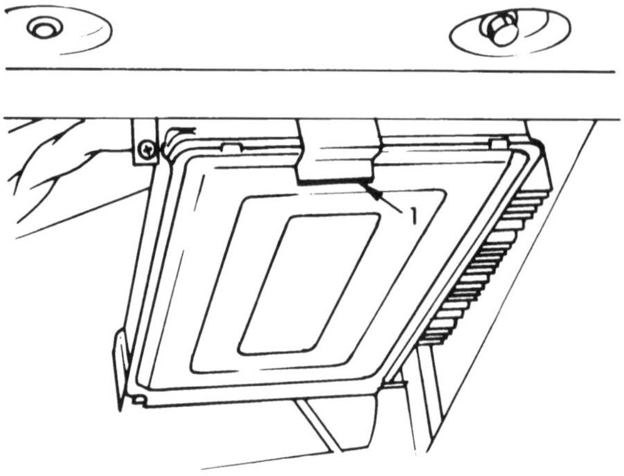

Bild 74
Steuergerät ausbauen
1 Federklammer

- Leerlaufdrehzahl nochmals prüfen und wenn nötig nachregulieren.
- Vollgasanschlag bei abgestelltem Motor prüfen. Dazu wie auf Seite 39 und unter Bezug auf Bild 50 vorgehen.

- Zugentlastungsschelle für Fahrzeugkabelbaum öffnen.
- Kunststoffdeckel abnehmen.
- Vielfachstecker vorsichtig aus dem Steuergerät ziehen.
- Der Einbau erfolgt in umgekehrter Reihenfolge.

Einzelne Baugruppen der elektronisch gesteuerten Benzin-Einspritzanlage aus- und einbauen

Vor dem Ausbau irgendwelcher Teile die Batterie abklemmen. Anschlußstecker beim Abziehen nur an den Seiten anfaßen, nicht am Kabel ziehen. Beim Aufstecken darauf achten, daß die Stecker in der richtigen Lage eingesteckt werden. Anschließend Gummikappen einwandfrei über die Stecker ziehen.

Steuergerät

Das Steuergerät ist im rechten Fußraum, unterhalb des Handschuhkastens angebracht.

- Rechte Abdeckung unter der Instrumententafel entfernen.
- Federklammer nach vorne ziehen.
- Steuergerät aus der Halterung nehmen (Bild 97).

Druckfühler

Der Druckfühler ist am Radlaufblech angebracht.

- Vielfachstecker am Druckfühler abziehen.
- Unterdruckschlauch lösen und abziehen.
- Befestigungsschrauben ganz herausschrauben.
- Druckfühler abnehmen.
- Der Einbau erfolgt in umgekehrter Reihenfolge.

Drosselklappenschalter ausbauen

Der Drosselklappenschalter ist seitlich direkt am Klappenstutzen angebaut.

- Vielfachstecker abziehen.
- Beide Befestigungsschrauben lösen.
- Schalter abnehmen.

Drosselklappenschalter einbauen

- Schalter mit Steckanschluß nach vorne einsetzen.

- Mit beiden Schrauben leicht befestigen. Auf richtiges Einstecken des Vielfachstecker achten.
- Das anschließende notwendige Einstellen der Drosselklappe mit Hilfe des Bosch-Testers EFAW 228 vornehmen (Werkstatt).

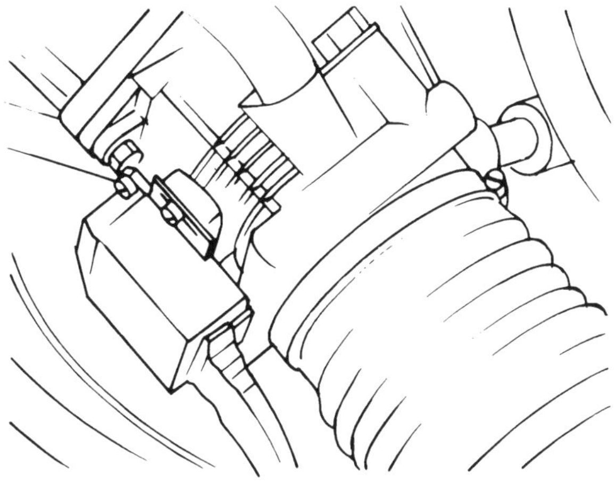

Bild 75
Drosselklappenschalter

Druckregler aus- und einbauen

Der Druckregler ist links am Motor angebracht (siehe Bild 72).

- Schlauchbinder der Druck- und Rücklaufleitungen am Druckregler lösen.
- Kraftstoffleitung vom Druckregler abziehen.
- Druckregler abnehmen.
- Der Einbau erfolgt in umgekehrter Reihenfolge.

Luft-Temperaturfühler aus- und einbauen

Der Luft-Temperaturfühler ist im Luftfilterstutzen eingebaut. Zum Ausbau ist der Stecker abzuziehen und Temperaturfühler herauszuschrauben. Der Einbau erfolgt auf umgekehrte Weise.

Kühlwasser-Temperaturfühler aus- und einbauen

Der Kühlwasser-Temperaturfühler ist im Thermostatgehäuse eingeschraubt.

- Kühlerverschraubung lösen und wieder aufsetzen.
- Stecker am Temperaturfühler abziehen.
- Fühler herausschrauben. Dabei den Dichtring immer erneuern.
- Der Einbau erfolgt auf umgekehrte Weise.

Zündverteiler-Einschub aus- und einbauen

Die Auslösekontakte sind im Unterteil des Zündverteilergehäuses auf einem Einschub montiert (siehe Bild 61, Seite 45).

- Vielfachsteckverbindung abziehen.
- Beide Schrauben für den Einschub lösen und Einschub herausziehen.
- Vor dem Einsetzen eines neuen Einschubes Ablenkstücke mit Bosch-Fett Ft 1v4 fetten. Ein Einstellen der Auslösekontakte ist nicht möglich. Auf richtiges Einstecken des Vielfachsteckers achten.

Startventil aus- und einbauen

Das Startventil ist am Saugrohr angebracht.

- Stecker abziehen.
- Kraftstoffschlauch mit Zwinge abklemmen.
- Schlauchbinder lösen und Schlauch abziehen.
- Befestigungsschrauben lösen und Ventil abnehmen.
- Der Einbau erfolgt auf umgekehrte Weise. Immer eine neue Dichtung verwenden.

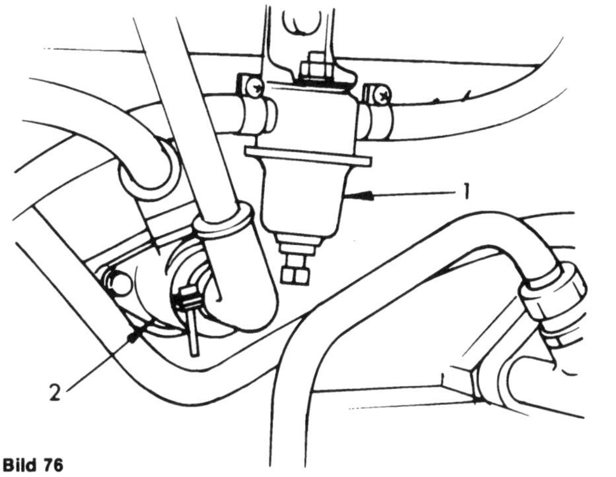

Bild 76
Zusatzluftschieber
1 Membrandampfer
2 Zusatzluftschieber

Zusatzluftschieber aus- und einbauen

Der Zusatzluftschieber ist direkt an das Zylindergehäuse angeschraubt (siehe Bild 76). Die Zusatzluft wird über eine Kunststoffleitung aus dem Luftfilter entnommen.

- Kunststoffleitungen lösen.
- Befestigungsschrauben herausschrauben.
- Zusatzluftschieber abnehmen.
- Der Einbau erfolgt auf umgekehrte Weise.

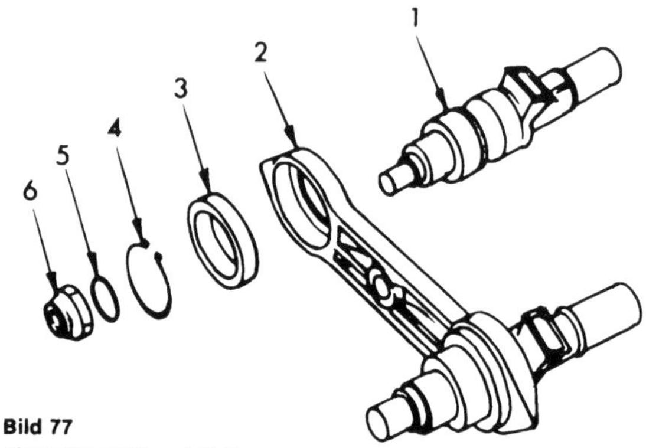

Bild 77
Einspritzventil und Halter
1 Einspritzventil
2 Befestigungsbrücke
3 Gummiring
4 Sicherungsring
5 O-Ring
6 Isolierklappe

Einspritzventile ausbauen

Die Einspritzventile sind im Saugkanal jedes einzelnen Zylinders unmittelbar vor dem Einlaßventil angeordnet und paarweise mit einem brillenförmigen Halter befestigt. Sie können nur paarweise ausgebaut werden (siehe Bild 77).

- Stecker an den Ventilen abziehen.
- Kraftstoffleitungen zu den Ventilen ausbauen.
- Sechskantmutter am Halter lösen.
- Beide Ventile mit Halter herausziehen.

Einspritzventile einbauen

- Beide Ventile in den Halter stecken und großen Gummiring von der Düsennadel her auf den Ventilkörper schieben. Auf richtige Lage des Gummiringes achten. Mit Sicherungsring sichern.
- Gummidichtring auf Düsenkörper schieben. Grundsätzlich immer neuen Dichtring verwenden.
- Halter mit den beiden Einspritzventilen einführen und mit 1 mkp (10 Nm) festschrauben. Beim Einbau Düsennadel nicht beschädigen.
- Kraftstoffleitungen anbauen.
- Stecker aufsetzen und Gummikappen über Steckergehäuse ziehen.

Thermozeitschalter aus- und einbauen

Der Thermozeitschalter ist rechts im Zylinderkopf eingeschraubt (siehe Bild 78).

- Kühlerverschraubung lösen und wieder aufsetzen.
- Elektrische Anschlüsse abklemmen.
- Thermozeitschalter herausschrauben.
- Der Einbau erfolgt auf umgekehrte Weise.

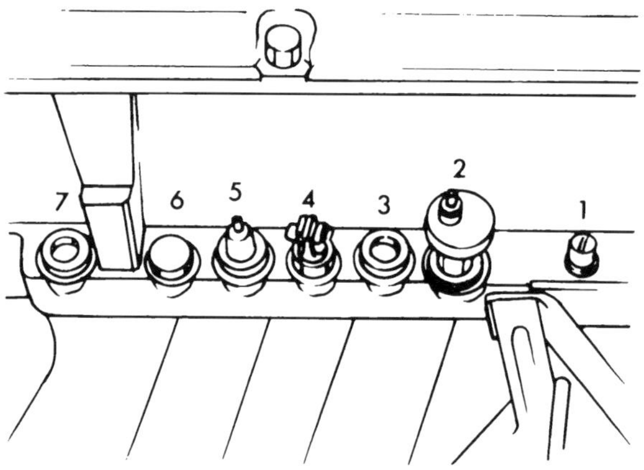

Bild 78
Einbaulage des Thermozeitschalters Motor M110
1 Kühlwassertemperaturfühler
2 100°C Temperaturschalter
3 Kernstopfen
4 Thermozeitschalter
5 Geber für Fernthermometer
6 Reserve
7 Kernstopfen

Kraftstoffpumpe und Filter aus- und einbauen

Die Kraftstoffpumpe und Filter sind am Rahmenboden zwischen Kraftstoffbehälter und Hinterachsmittelstück befestigt.

- Schutzblech unter der Pumpe abnehmen.
- Nacheinander alle Kraftstoffschläuche mit einer Zwinge abklemmen, so daß kein Kraftstoff ausfließen kann.
- Schlauchbinder lösen und Schläuche abziehen.
- Elektrische Anschlüsse lösen.
- Pumpe oder bzw. Filter ausbauen.

Ueberprüfen der Einspritzanlage

Zum Überprüfen der elektronischen Einspritzanlage ist ein Bosch-Tester notwendig und es wird empfohlen, bei auftretenden Schwierigkeiten im System die Vertragswerkstätte aufzusuchen.

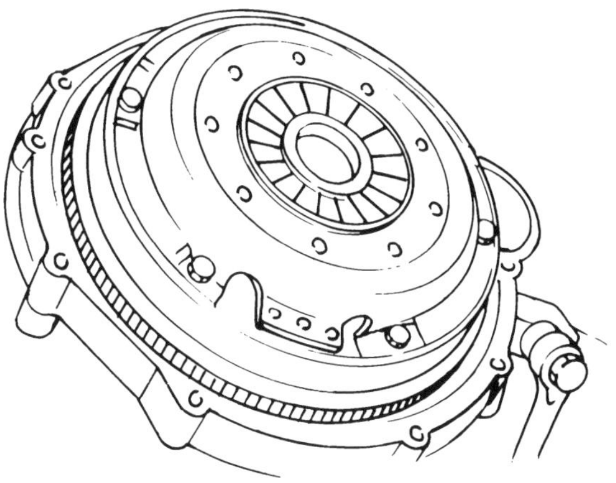

Bild 79
Die Membran-Federkupplung in eingebautem Zustand

Die Kupplung

Die Kupplung ist eine Einscheibentrockenkupplung mit Tellerfeder, auch Membranfederkupplung genannt. Hydraulische Betätigung mit Kupplungsnehmerzylinder.

Aus- und Einbau der Kupplung

Der Ausbau der Kupplung ist nur möglich, wenn das Getriebe ausgebaut ist (siehe Seite 58).

HINWEIS: Ein sofortiges, gänzliches Lösen bzw. Festziehen der Befestigungsschrauben einzeln nacheinander ist unzweckmäßig und kann zu Schäden an der Membranfeder und zum Abspringen des Anlaufringes führen. Kupplung sorgfältig behandeln und lagern. Ein Werfen oder Fallenlassen der Kupplung kann zum Verbiegen der Federbänder zwischen Anpreß- und Deckelplatte führen, was in eingebautem Zustand eine starke Unwucht zur Folge hat. Ebenso schonend ist mit der Mitnehmerscheibe zu verfahren, um ein Verbiegen (Seitenschlag) des Belagkranzes zu vermeiden.

- Befestigungsschrauben der Kupplung nacheinander so lange um jeweils 1 bis 1½ Umdrehungen lösen, bis die Kupplung entspannt ist.
- Befestigungsschrauben ganz herausschrauben.
- Kupplung mit Mitnehmerscheibe abnehmen.

Der Einbau der Kupplung erfolgt in umgekehrter Reihenfolge wie der Ausbau. Die Mitnehmerscheibe ist unter Verwendung des Spezialzentrierdorns in der Innenseite des Schwungrades auszurichten, indem man den Dorn durch die Nabe der Mitnehmerscheibe und das Ende des Führungslagers einschiebt. Die Befestigungsschrauben der Kupplung wie schon erwähnt, gleichmäßig und übers Kreuz auf richtiges Drehmoment anziehen.

Überprüfen der Kupplungsteile

Teile reinigen und auf Verschleiß kontrollieren. Zum Reinigen der Mitnehmerscheibe darf kein Waschbenzin verwendet werden. Mitnehmerscheibe auf abgenützte Beläge kontrollieren sowie die Anpreßfläche des Schwungrades auf Risse und Riefen prüfen. Der Kupplungsdeckel (Druckplatte) kann nicht zerlegt werden und muß bei Verschleiß oder Beschädigung erneuert werden. Sollten Ölspuren an den Belägen sichtbar, die Federn der Mitnehmerscheibe verzogen oder die Keilverzahnungen der Nabe verschlissen sein, muß eine neue Scheibe eingebaut werden. Die Scheibe zwischen die Spitzen einer Drehbank spannen und kontrollieren, daß der Schlag nicht außerhalb der Toleranz ist.

ANMERKUNG: Beim Nacharbeiten der Fläche «A» der Schwungscheibe muß in jedem Fall auch die Auflagefläche «B» um das gleiche maß nachgearbeitet werden, so daß der Abstand «a» wieder hergestellt ist (siehe Bilder 80 und 81).

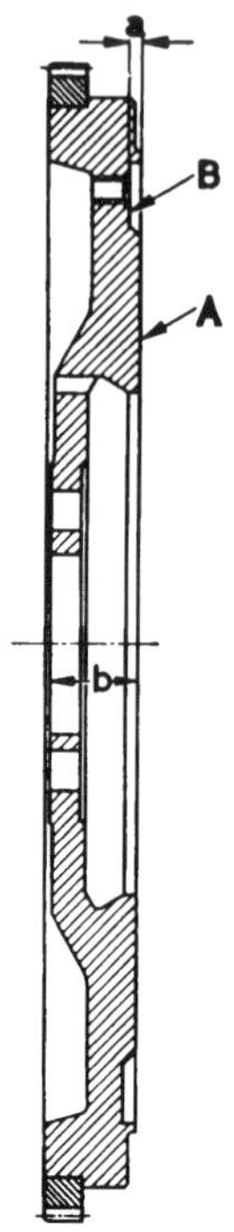

Bild 81
Schwungradmasse zum Nacharbeiten, Motor 350 SE
(siehe Text)

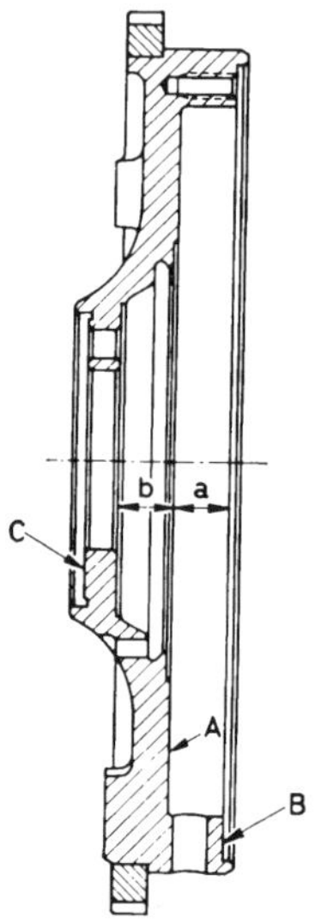

Bild 80
Schwungradmasse zum Nacharbeiten, Motor 280S/SE
(siehe Text)

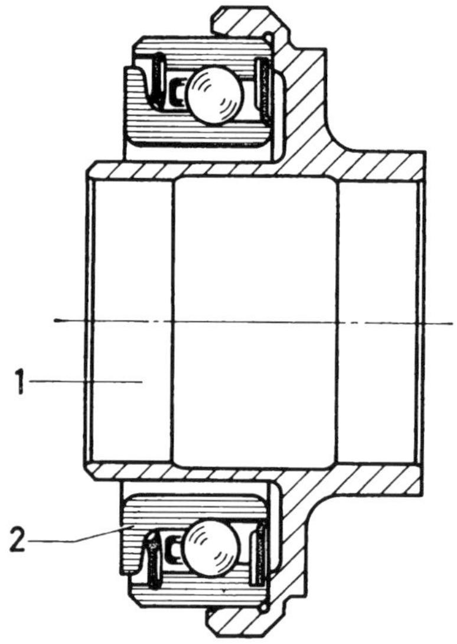

Bild 82
Kupplungsausrücklager
1. Führungslager
2. Ausrücklager

Kupplungs-Ausrüstung

Das Aus- bzw. Einrücken der Membranfederkupplung erfolgt über eine von der Druckstange des Nehmerzylinders bewegte Schwinge (Ausrückgabel) und dem in der Schwinge und auf dem Führungsrohr am vorderen Getriebedeckel geführten Ausrücklager.

Das Ausrücklager liegt unter dem geringen Druck der Feder im Nehmerzylinder (Bild 83) ständig am Druckring der Kupplung an und läuft demzufolge dauernd mit.
Das System ist demnach spielfrei und stellt sich dem Verschleißzustand der Mitnehmerscheibe entsprechend, der schwachen Feder im Nehmerzylinder entgegenwirkend, automatisch nach.

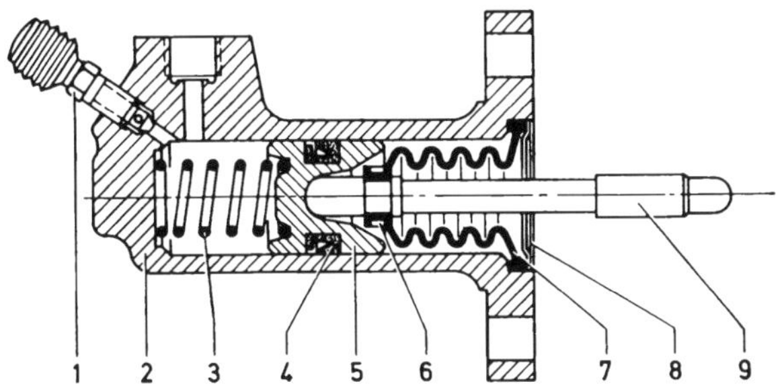

Bild 83
Kupplungsnehmerzylinder im Schnitt
1 Entlüftungsschraube
2 Zylindergehäuse
3 Druckfeder
4 Kolbenmanschette
5 Kolben
6 Ring
7 Abdichtung
8 Sprengring
9 Stösselstange

Aus- und Einbau der Kupplungsschwinge und des Ausrücklagers

- Ausrücklager (1) vom Lagerrohr am vorderen Getriebedeckel abziehen (Bild 85).
- Ausrückschwinge («2», in Bild 86) in Pfeilrichtung «A» bewegen und dann in Pfeilrichtung «B» vom Kugelbolzen (1) am Kupplungsgehäuse abziehen und abnehmen (Bild 86).

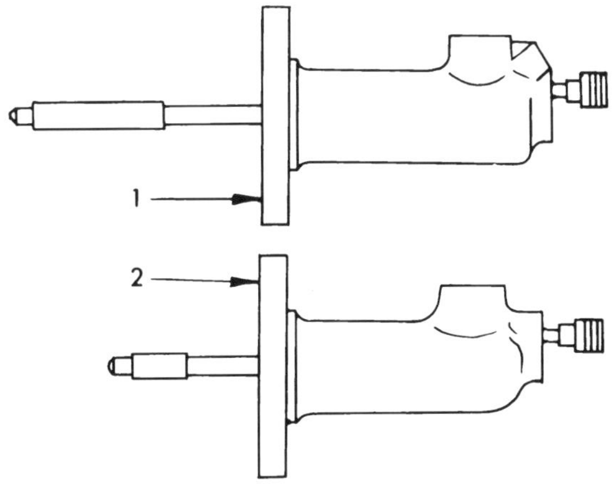

Bild 84
Ausführungen der Nehmerzylinder
1 Nehmerzylinder für 350 SE
2 Nehmerzylinder für 280 S/280 SE

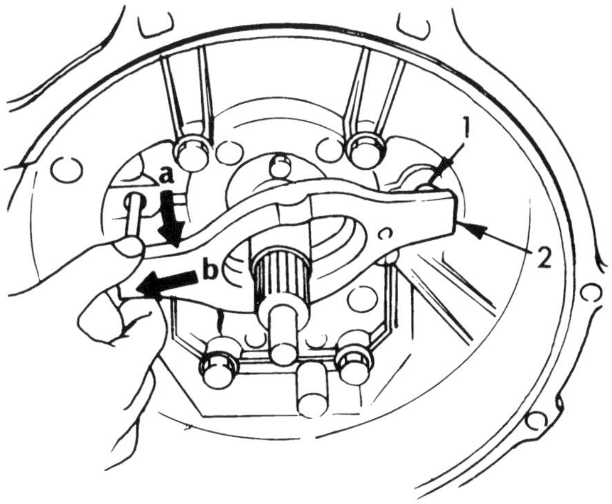

Bild 86
Ausrückschwinge Aus- und Einbauen
1 Kugelbolzen
2 Ausrückschwinge

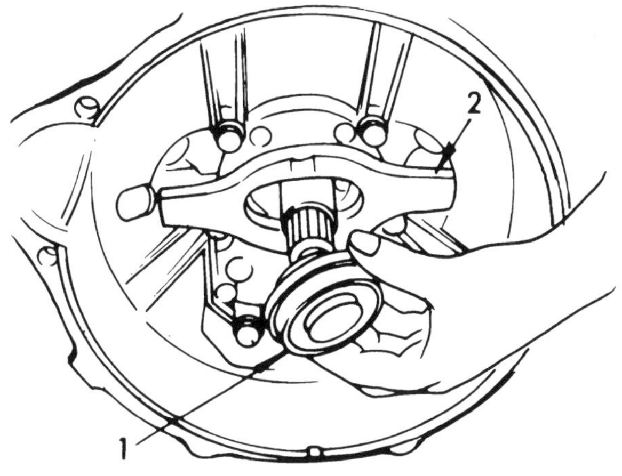

Bild 85
Ausrücklager der Kupplung aus-bzw. einbauen.
1 Ausrücklager
2 Ausrückschwinge

Beim Einbauen (Bild 106):

- Lagerrohr am vorderen Getriebedeckel; Kugelbolzen (1) am Kupplungsgehäuse und alle Stellen an der Ausrückschwinge (2), die mit dem Ausrücklager in Berührung kommen, mit einem geeigneten Schmiermittel sorgfältig einfetten. Hierzu keine reinen Molybdändisulfid-Schmiermittel verwenden.
- Ausrückschwinge (2) in umgekehrter Richtung des Pfeiles «B» auf den Kugelbolzen (1) drücken, bis der Federbügel der Schwinge auf dem Kugelbolzen einrastet.
- Schwinge in umgekehrter Richtung des Pfeiles «A» bewegen.
- Ausrücklagerkörper innen und an den beiden seitlichen Anfräsungen am hinteren Hülsenteil einfetten.

- Ausrücklager («1», Bild 85) auf das Führungsrohr am vorderen Getriebedeckel aufschieben und solange drehen, bis es mit den seitlichen Anfräsungen in die Schwinge (2) einschnappt.

Kupplungsmitnehmerscheibe auf Verschleiß prüfen

Infolge der geschlossenen Bauweise des Kupplungsgehäuses ist kein Teil der Ausrückvorrichtung von außen zugänglich. Darum wird der Verschleiß der Mitnehmerscheibe indirekt am Nehmerzylinder mittels Meßschablone, die vorhanden sein muß, kontrolliert.

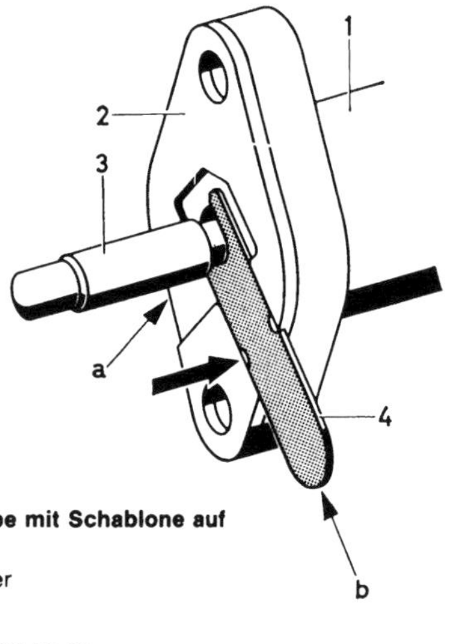

Bild 87
Kupplungsmitnehmerscheibe mit Schablone auf Verschleiss prüfen.
1 Kupplungs-Nehmerzylinder
2 Beilage (Kunststoff)
3 Druckstange
4 Mess-Schablone 115 589 07 23 00
a Messrichtung bei Linkslenker
b Messrichtung bei Rechtslenker

In der Kunststoffbeilage («2», Bild 87) zwischen lungsgehäuse und dem Nehmerzylinder sind zwei schräg von unten nach oben gehende Nuten eingefräst. Im eingebauten Zustand sind diese Nuten nur als Schlitze zu sehen, die zum Einschieben der Meßschablone dienen. Die Druckstange des Nehmerzylinders hat zwei verschieden starke Durchmesser. Auf den dünnen Durchmesser wird die Öffnung der Meßschablone aufgeschoben. Verschwinden dabei die Kerben am Rand der Schablone zwischen Beilage und Kupplungsgehäuse, so sitzt die Öffnung der Meßschablone völlig auf dem schwächeren Durchmesser der Nehmerstange auf. Das besagt, daß die Mitnehmerscheibe noch völlig betriebsfähig ist. Läßt sich die Öffnung der Meßschablone nicht aufschieben, so steht nur noch der stärkere Durchmesser der Nehmerdruckstange vor. Infolge der abgenützten Beläge wird die Druckstange gegen die Feder im Nehmerzylinder gedrückt und der schwächere Durchmesser der Druckstange ist im Nehmerzylinder verschwunden. Entweder ist die Kupplungsscheibe zu ersetzen oder es sind neue Beläge aufzunieten.

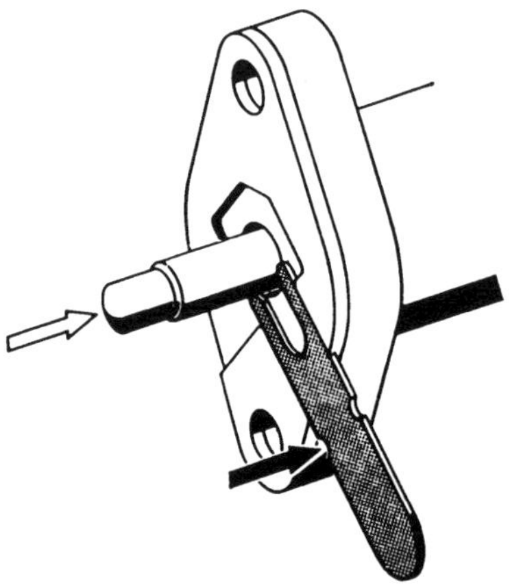

Bild 88
Abnützungsgrenzwert ist erreicht.

Geber- und Nehmerzylinder aus- und einbauen

- Bremsflüssigkeit über die Entlüftungsschraube des Nehmerzylinders und Entlüftungsschlauch durch Betätigung des Kupplungsfußhebels aus dem Vorratsbehälter des Geberzylinders in ein Gefäß pumpen.
- Einstellschraube lösen und abnehmen (Bild 89).
- Geberzylinder nach Lösen der Befestigungsschrauben abnehmen. Auf den am Geberzylinder angebrachten Wegbegrenzungsanschlag achten.
- Der Nehmerzylinder ist nur mit zwei Stiftschrauben am Kupplungsgehäuse befestigt.

Ist die Schutzkappe am Nehmerzylinder beschädigt, so muß sie ersetzt werden. Bei Nehmer-

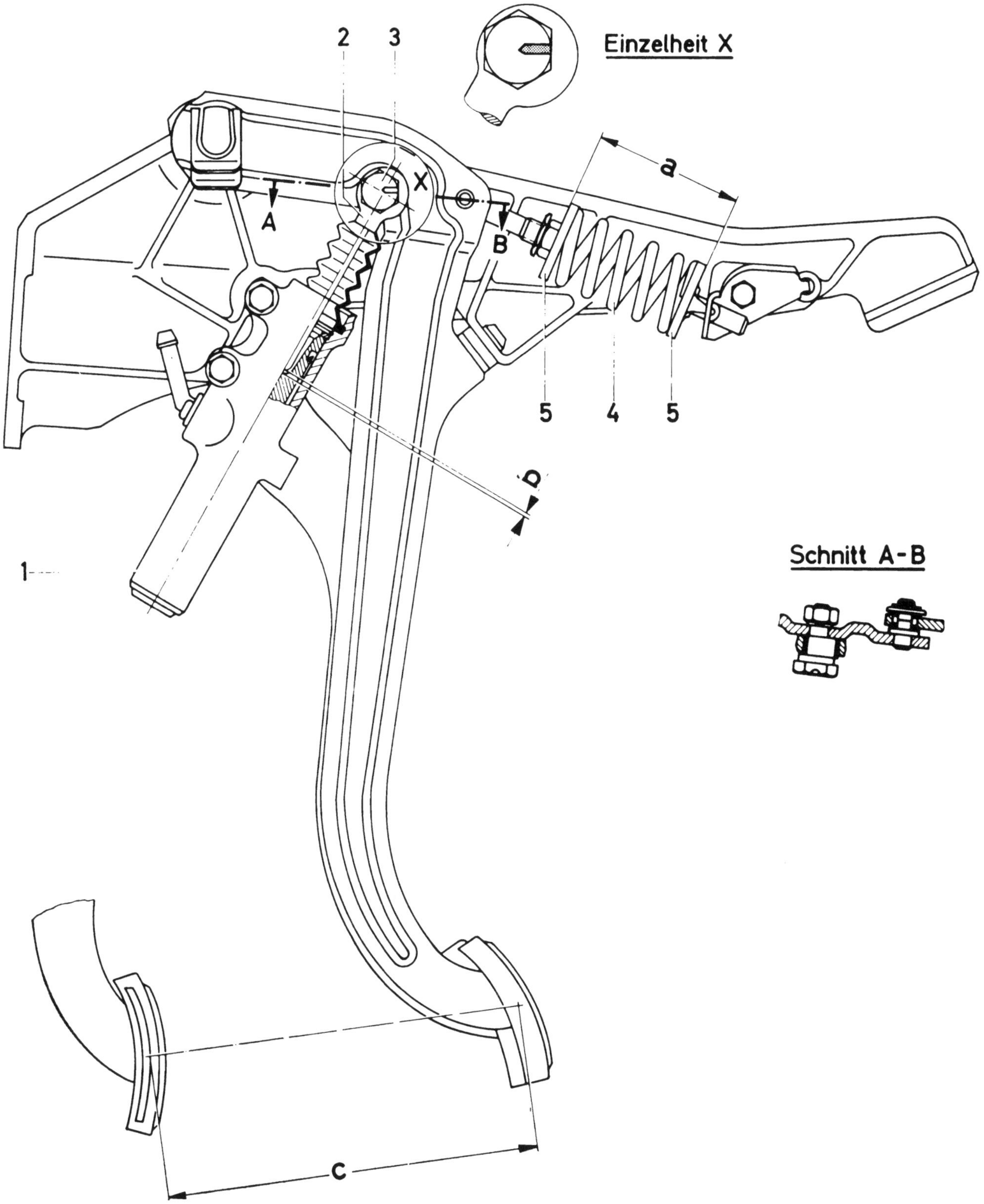

Bild 89

Schnittansicht des Geberzylinders im eingebauten Zustand.

a Einstellmass der Übertotpunktfeder
b Spiel zwischen Kolben im Geberzylinder und Druckstange
c Fusshebelweg
1 Geberzylinder
2 Druckstange
3 Einstellschraube
4 Übertotpunktfeder
5 Federteller

zylinder-Ersatz ist die Druckstange mit dem Neuteil zu vergleichen. Nach dem Einbau von Geber- bzw. Nehmerzylinder die hydraulische Anlage entlüften, den Leerweg der Kupplungsbetätigung einstellen und die Anlage auf Dichtheit prüfen.

Leerweg der Kupplung und des hängenden Fußhebelwerkes prüfen und einstellen

Einstellmaß «a» (Bild 89) der Druckfeder (Übertotpunktfeder) prüfen. Mutter und Gegenmutter auf der Druckstange für die Druckfeder richtig einstellen. Spiel «b» zwischen der Kolbenstange und dem Kolben des Geberzylinders prüfen und richtig stellen. Dazu Sechskantmutter der Einstellschraube lösen. Einstellschraube so drehen, daß die Kolbenstange etwa 0,1 bis 0,2 mm Spiel gegenüber dem Kolben des Geberzylinders hat (Bild 89). Bei der Kontrolle bzw. beim Einstellen des Spiels darauf achten, daß die Markierung am Kopf der Einstellschraube nach hinten zeigt. Dieses Spiel kann gefühlsmäßig eingestellt werden, da es nicht zu messen ist. Der Leerweg der Druckstange am Nehmerzylinder bis zur Anlage des Ausrücklagers an dem Ausrückhebel der Druckplatte kann nicht gemessen werden, da die Anlage spielfrei arbeitet.

Entlüften der hydraulischen Kupplungsanlage

Bei Verwendung eines Entlüftungsgerätes ist von unten nach oben zu entlüften, d. h., die Druckleitung des Entlüftergerätes ist an die geöffnete Entlüfterschraube des Nehmerzylinders anzuschließen. Der Ausgleichsbehälter muß nahezu geleert sein, damit genügend Bremsflüssigkeit von unten nach oben durch das System strömen und somit die im System vorhandene Luft nach oben führen kann. Der Ausgleichsbehälter muß hierbei beobachtet werden, um ein Überlaufen von Bremsflüssigkeit zu vermeiden. Ist das Entlüftergerät nicht vorhanden, so ist mit Hilfe der Bremsanlage zu entlüften. Dazu wird lediglich ein durchsichtiger Schlauch von etwa 1 m Länge benötigt.

- Bremsflüssigkeitsstand im Bremsausgleichsbehälter prüfen und wenn nötig auf maximalen Stand ergänzen.
- Die im Ausgleichsbehälter für die Kupplungsbetätigung vorhandene Bremsflüssigkeit absaugen.

Das mechanische Getriebe

Beim 4-Gang-Schaltgetriebe, mit dem die Typen 280 S, 280 SE und 350 SE serienmäßig ausgestattet sind, sorgen gut arbeitende Synchronisiereinrichtungen dafür, daß sich die Gänge leicht und präzise schalten lassen. Eine gute Getriebeabstufung sorgt in Verbindung mit der grossen Elastizität der Motoren dafür, daß in allen Fahrbereichen verläßliche Kraftreserven zur Verfügung stehen. Bei den Typen 280 S und 280 SE kann der Kunde zwischen Lenkrad- oder Mittelschalthebel wählen, wogegen der Typ 350 SE nur mit Mittelschalthebel erhältlich ist. Das Gehäuse, in das die Getrieberäder und Wellen eingebaut sind, besteht aus Gußeisen. Der seitliche und hintere Deckel sind aus Leichtmetall gefertigt.

Aus- und Einbau des Getriebes

Falls der Motor ausgebaut werden soll, so ist das Getriebe zusammen mit dem Motor auszubauen, wie es auf Seite 5 und 6 bereits beschrieben wurde. Um das Getriebe jedoch getrennt auszubauen, ist den folgenden Anweisungen zu folgen:

Bild 90
Getriebe zerlegt (Legende Seite 60)

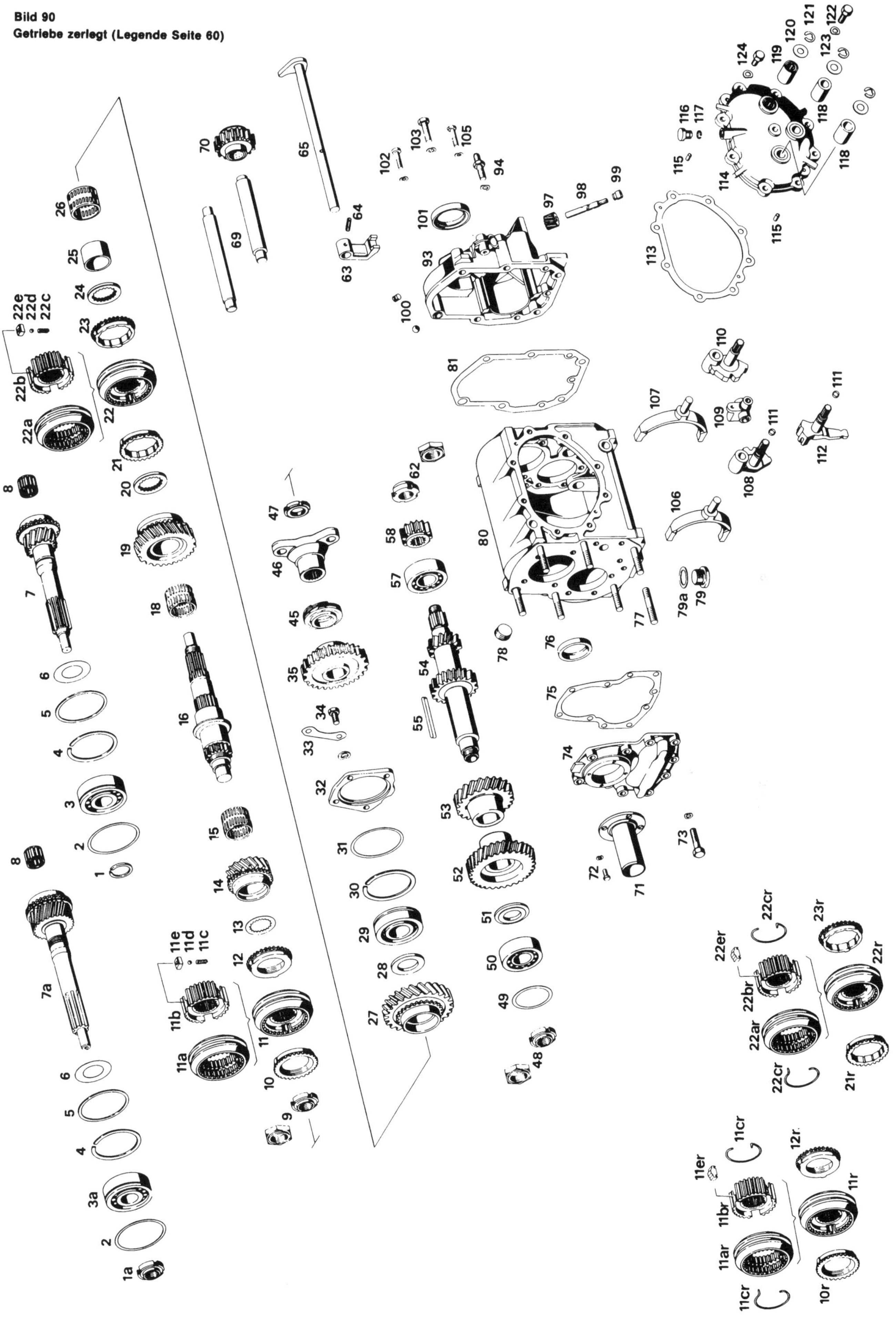

Antriebswelle

1 Sprengring
1a Nutmutter für Antriebswelle G 76/27 A
2 Ausgleichscheibe
3 Rillenkugellager
3a Rillenkugellager mit geteiltem Innenring G 76/27 A
4 Sprengring
5 Abstandring
6 Ölschleuderscheibe
7 Antriebswelle mit Gleichlaufkegel
7a Antriebswelle mit Gleichlaufkegel für Getriebe G 76/27 A
8 Nadelkäfig

Hauptwelle

9 Nutmutter bzw. Sechskantmutter Hauptwelle, vorn
10 Synchronring für 4. Gang
11 Gleichlaufkörper mit Schiebemuffe für 3. und 4. Gang
11a Schiebemuffe
11b Gleichlaufkörper
11c Druckfeder – Gleichlaufkörper
11d Stahlkugel
11e Mitnehmer
12 Synchronring für 3. Gang
13 Anlaufscheibe für 3. Gang
14 Schraubenrad 3. Gang
15 Nadelkäfig für 3. Gang-Rad
16 Hauptwelle
18 Nadelkäfig für 2. Gang-Rad
19 Schraubenrad 2. Gang mit Gleichlaufkegel
20 Anlaufscheibe
21 Synchronring für 2. Gang
22 Gleichlaufkörper mit Schiebemuffe 1. und 2. Gang
22a Schiebemuffe
22b Gleichlaufkörper
22c Druckfeder-Gleichlaufkörper
22d Stahlkugel
22e Mitnehmer
23 Synchronring für 1. Gang
24 Anlaufscheibe
25 Laufring, 1. Gang-Rad
26 Nadelkäfig für 1. Gang-Rad
27 Schraubenrad für 1. Gang
28 Anlaufscheibe
29 Rillenkugellager (bei G 76/27 A gleich wie 3 a)
30 Sprengring
31 Ausgleichscheibe
32 Haltering, hinteres Lager, Hauptwelle
33 Sicherungsblech bzw. Federscheibe
34 Sechskantschraube
35 Rücklaufrad, Hauptwelle
45 Schraubenrad, Tachometerantrieb
46 Gelenkflansch
47 Sicherungsmutter, Gelenkflansch an Hauptwelle

Vorgelege

48 Nutmutter bzw. Sechskantmutter
49 Ausgleichscheibe
50 Rillenkugellager
51 Abstandscheibe (für Vorgelegerad konstant)
52 Vorgelegeschraubenrad konstant
53 Vorgelegeschraubenrad 3. Gang
54 Vorgelegewelle mit Schraubverzahnungen für 2. und 1. Gang
55 Paßfeder
57 Rillenkugellager
58 Rücklaufrad-Vorgelege
62 Nutmutter bzw. Sechskantmutter

Schaltungsteile für RW-Gang

63 Mitnehmer für RW-Gang
64 Spannhülse für Mitnehmer an Schaltstange
65 Schaltstange für RW-Gang
69 Rücklaufwelle
70 Rücklauf-Schieberad

Getriebegehäuse komplett

Vorderer Getriebedeckel

71 Lagerrohr zu Getriebegehäusedeckel, vorn
72 Sechskantschraube
73 Sechskantschraube
74 Getriebegehäusedeckel, vorn
75 Dichtbeilage
76 Radialdichtring

Getriebegehäuse

77 Stiftschraube
78 Verschlußschraube für Öleinfüllbohrung
79 Verschlußschraube mit Bund für Ölablaß
79a Dichtring
80 Getriebegehäuse
81 Dichtbeilage

Hinterer Getriebedeckel

93 Getriebegehäusedeckel, hinten
94 Bundschraube
97 Antriebs-Kleinrad für Tachometer
98 Welle-Antrieb für Tachometer
99 Radialdichtring
100 Stopfen bzw. Stahlkugel
101 Radialdichtring für Hauptwelle
102 Sechskantschraube
103 Sechskantschraube
105 Sechskantschraube

Getriebe-Schaltdeckel

106 Schaltgabel 3. und 4. Gang
107 Schaltgabel 1. und 2. Gang
108 Schaltschwinge für 3. und 4. Gang
109 Rastenkäfig
110 Schaltschwinge für 1. und 2. Gang
111 O-Ring
112 Schaltfinger für RW-Gang
113 Dichtbeilage
114 Getriebeschaltdeckel
115 Zylinderstift
116 Entlüfter
117 Sprengring
118 Büchse (Lagerung Schaltwelle für 3./4. bzw. RW-Gang)
119 Nadelhülse (Lagerung Schaltwelle 1./2. Gang)
120 Scheibe
121 Sicherungsscheibe
122 Sechskantschraube
123 Sicherungsblech bzw. Federscheibe
124 Sechskantschraube

Ringfeder-Synchronisierung

10r Synchronring für 4. Gang
11r Gleichlaufkörper mit Schiebemuffe für 3. und 4. Gang
11ar Schiebemuffe
11br Gleichlaufkörper
11cr Ringfeder
11er Mitnehmer
12r Synchronring für 3. Gang
21r Synchronring für 2. Gang
22r Gleichlaufkörper mit Schiebemuffe für 1. und 2. Gang
22ar Schiebemuffe
22br Gleichlaufkörper
22cr Ringfeder
22er Mitnehmer
23r Synchronring für 1. Gang

- Massekabel an der Batterie abklemmen.
- Druckschlauch für die Kupplungsbetätigung abbauen. Leitungen mit einem Blindstopfen verschließen, um ein Auslaufen der Bremsflüssigkeit zu vermeiden.
- Beide Befestigungsschrauben des Gelenkwellenzwischenlagers lösen, jedoch nicht herausschrauben.
- Gelenkwellen-Klemmutter lösen.
- Bei den Typen 280 S und 280 SE die Muttern von der Auspuffabstützung am hinteren Getriebedeckel lösen, Muttern des Klemmbügels lösen und Auspuffabstützung abdrükken und nach unten drehen.
- Getriebe mit Wagenheber oder Grubenlift leicht anheben.
- Querträger am Rahmenboden und Gummilager am Getriebe, beim Typ 350 SE auch das Tunnelschließblech, abschrauben und abnehmen.
- Schaltstangen der Gangschaltung nach Abdrücken der SL-Sicherungen von den Getriebeschalthebeln abnehmen.
- Beim Typ 350 SE die Ausgleichverbindung zwischen den beiden Auspuffrohren abbauen und hintere Auspuffanlage mit Vor- und Hauptschalldämpfer ausbauen.
- Klemmschraube der Tacho-Befestigung am hinteren Getriebegehäusedeckel lösen und die Welle herausziehen.
- Gelenkwelle so am Getriebe abschrauben, daß die Gelenkscheibe am Dreiarmflansch des Getriebes verbleibt.
- Gelenkwelle, soweit es das Mittellager und das Klemmstück zulassen, nach hinten schieben.
- Gelenkwelle im Tunnel vorn so mit einem geeigneten Holzstück unterlegen, daß sie ganz nach oben gedrückt wird.
- Schrauben der Anlasserbefestigung herausschrauben und Anlasser aus seiner Halterung drücken.
- Sämtliche Schrauben zur Befestigung des Getriebes am Zwischenflansch herausschrauben, dabei die beiden oberen Schrauben zuletzt entfernen.
- Vor dem Herausziehen aus der Rundpaßzentrierung Getriebe um mindestens 45° nach links drehen, so daß die beiderseits am Kupplungsgehäuse befindlichen Anlasserdome sich nicht an der vorderen Tunnelkante sperren.
- Das schräggestellte Getriebe waagrecht nach hinten aus der Rundpaßzentrierung und der Kupplung herausziehen und dann nach unten abnehmen.

Der Einbau erfolgt praktisch umgekehrt wie der Ausbau, unter Beachtung der folgenden Punkte: Zentrierzapfen und Keilprofil auf der Getriebeantriebswelle leicht mit Heißlagerfett einfetten. Gelenkwelle vorn ganz nach oben drücken und durch ein geeignetes Unterlegholz festhalten. Einen Gang einlegen, dann Getriebe unter einer Längsneigung von mindestens 45° nach links in den Tunnel einheben. Anschließend waagrecht in die Kupplung und die Rundpaßzentrierung einfahren und dabei die Getriebehauptwelle hin- und herdrehen, bis die Keilprofile von Antriebswelle und Mitnehmerscheibe übereinstimmen. Getriebe in seine Normallage bringen und mit den entsprechenden Befestigungsschrauben, von oben beginnend, am Zwischenflansch festschrauben. Der Reihe nach die anderen Teile befestigen und anschließen. Befestigungsschrauben für das Gelenkwellen-Zwischenlager ansetzen, Fahrzeug mehrfach hin- und herrollen und dann erst Gelenkwellenklemmutter festziehen.

Die Getriebeteile

Kupplungsgehäuse ab- und anschrauben

- Kupplungsausrücker und Kupplungsausrückschwinge abnehmen.
- Befestigungsmuttern für das Kupplungsgehäuse gleichmäßig lösen und mit Wellenscheiben abnehmen.
- Gehäuse mit leichten Hammerschlägen von dem Paßbund herunterschlagen und komplett mit Nehmerzylinder und Druckleitung von den Stiftschrauben abnehmen (Bild 91).

Das Anschrauben geschieht in umgekehrter Reihenfolge wie der Ausbau.

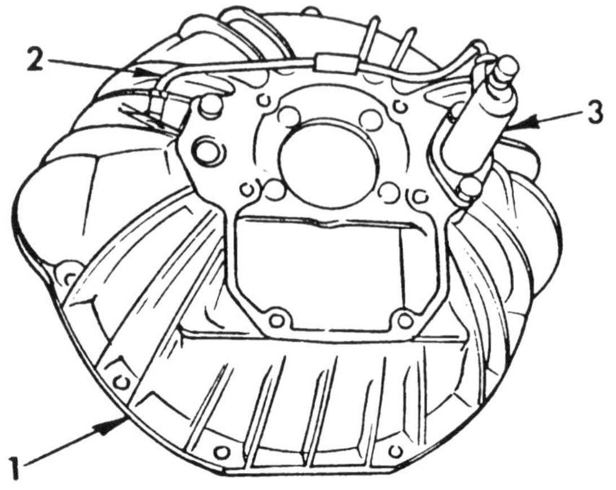

Bild 91
Kupplungsgehäuse
1 Kupplungsgehäuse
2 Druckleitung
3 Nehmerzylinder

Getriebeschaltdeckel aus- und einbauen

- Getriebeöl ablassen.
- Schalthebel («2», Bild 92) für den Rückwärtsgang, nach Lösen der Klemmschraube, abnehmen.
- Sicherungsscheibe von der Schaltwelle für den Rückwärtsgang abdrücken und Scheibe abnehmen.

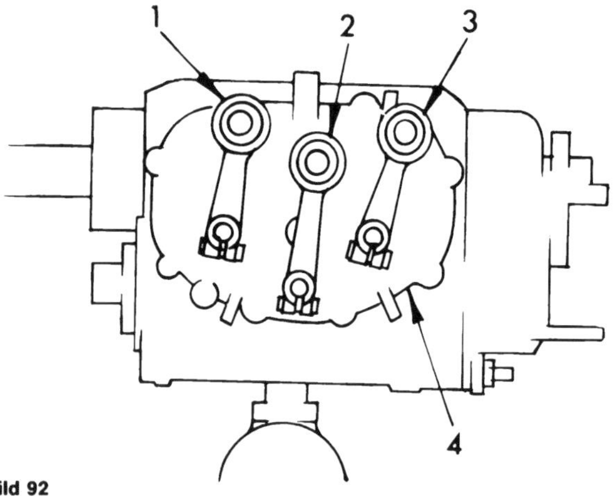

Bild 92
Schaltdeckel mit Schalthebel
1 Schalthebel 3./4. Gang
2 Schalthebel Rückwärtsgang
3 Schalthebel 1./2. Gang
4 Schaltdeckel

- Befestigungsschrauben für den Schaltdeckel herausschrauben.
- Schaltdeckel vorsichtig von den Paßstiften herunterschlagen und gleichzeitig Schaltwelle für den Rückwärtsgang mit einem zweiten Hammer so weit nach innen nachsetzen, bis der Abstand zwischen Schaltdeckel und Trennfläche Getriebegehäuse so groß ist, daß der der flachen Hand dazwischen gegriffen werden kann (siehe Bild 93 und 94).
- Schaltgabeln («2» und «3») in Pfeilrichtung, wie in Bild 94 dargestellt, aus den Schaltschwingen ausfahren.
- Schaltdeckel nach unten neigen und dann nach oben bewegen und abnehmen.

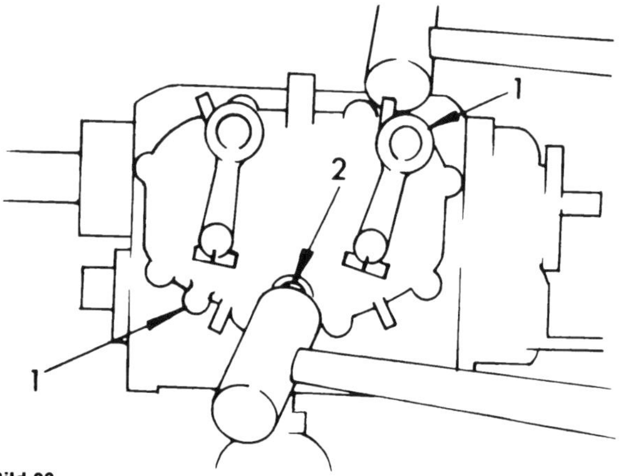

Bild 93
Schaltwelle für Rückwärtsgang
1 Pass-Stifte
2 Schaltwelle für Rückwärtsgang

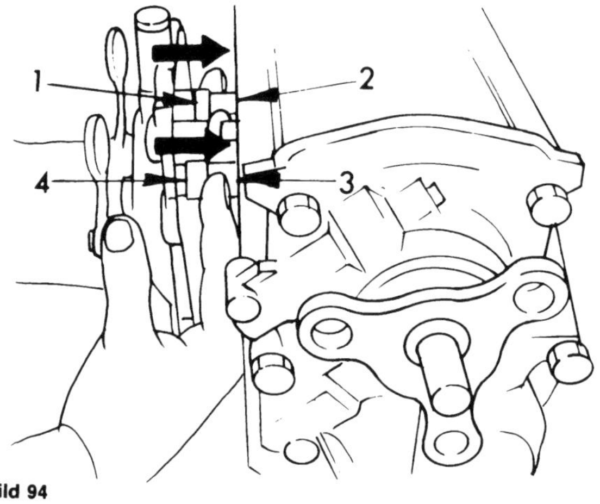

Bild 94
Schaltdeckel abnehmen
1 Schaltschwinge 3./4. Gang
2 Schaltgabel 3./4. Gang
3 Schaltgabel 1./2. Gang
4 Schaltschwinge 1./2. Gang

Beim Einbau:

- Neue Papierdichtung mit Fett auf die sorgfältig gereinigte Trennfläche am Getriebegehäuse kleben.
- Mitnehmer für die Rückwärtsgangschaltgestänge genau auf Mittelstellung bringen.

- Schaltdeckel so ansetzen, daß der Schaltfinger für den Rückwärtsgang in die Nut am Mitnehmer eingreift.
- Schaltdeckel so ausdrücken, daß gleichzeitig die Schaltgabeln in die Schaltschwingen eingeführt werden.
- Schaltdeckel unter leichten Hammerschlägen an der Trennfläche des Getriebegehäuses zur Anlage bringen. Hierbei darauf achten, daß der Schaltdeckel richtig auf die beiden Paßstifte geführt wird. Dabei muß im gleichen Verhältnis, wie der Schaltdeckel an die Trennfläche des Getriebegehäuses herangeführt wird, die Schaltwelle für den Rückwärtsgang wieder aus dem Deckel hervortreten.
- Schaltdeckel mit den Befestigungsschrauben gleichmäßig übers Kreuz festschrauben.

ACHTUNG: Der Schaltdeckel kann nur richtig angesetzt werden, wenn die Schaltwelle und damit der Schaltfinger (3) für den Rückwärtsgang vorher genügend weit auf der Schaltdeckelinnenseite herausgesetzt wurde (Abstand «b» im Bild 115).

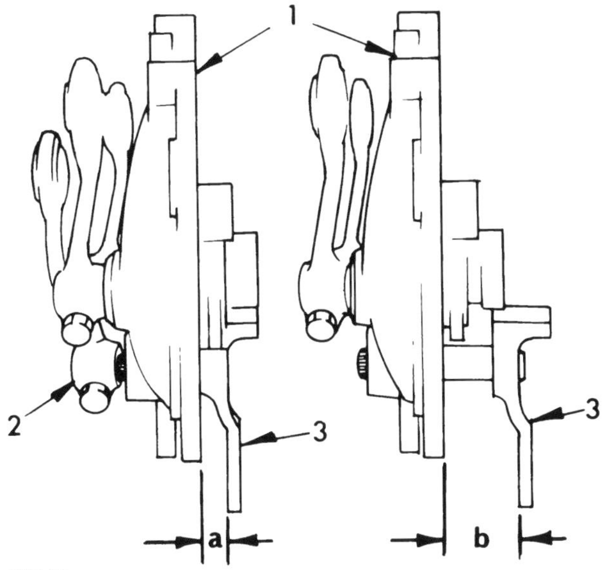

Bild 95
Einbaustellung der Schaltfinger
a 10 mm Abstand zwischen Trennfläche und Schaltfinger bei betriebsbereiten Deckel
b ca 25 mm
1 Schaltdeckel
2 Schalthebel für Rückwärtsgang
3 Schaltfinger mit Welle für Rückwärtsgang

- Scheibe auf Rückwärtsgang-Schaltwelle aufschieben und Sicherungsscheibe in die Ringnut der Welle einsetzen.
- Schalthebel für den Rückwärtsgang unter Berücksichtigung des Einstellmaßes auf die Verzahnung der Schaltwelle schieben und Klemmschraube festziehen.
- Durch Schalten aller Gänge Schaltdeckel auf Funktion prüfen.
- Getriebeöl bis zum Überlaufen an der Einfüllöffnung einfüllen.

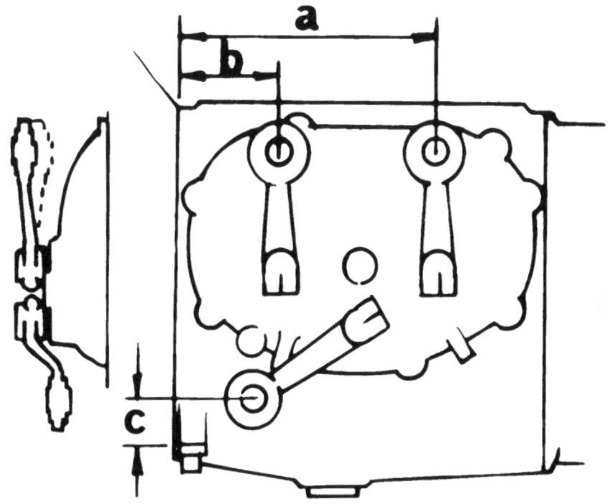

Bild 96
Hebelstellung bei Lenkradschaltung (LL)
a Schalthebel für 1./2. Gang 152 mm
b Schalthebel für 3./4. Gang 81 mm
c Schalthebel für Rückwärtsgang 26 mm

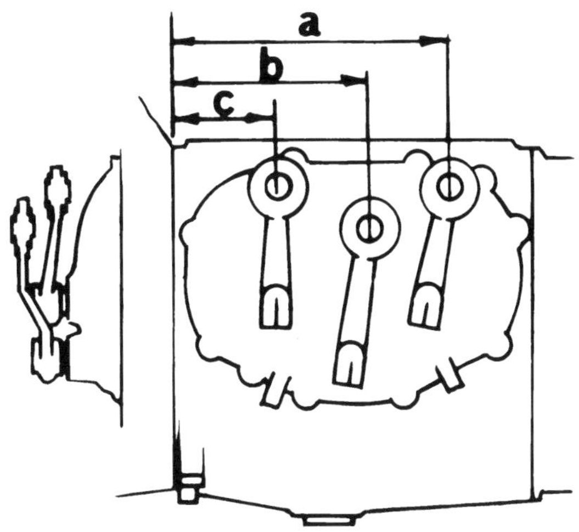

Bild 97
Hebelstellung bei Mittelschaltung (LL)
a Schalthebel für 1./2. Gang 152 mm
b Schalthebel für 3./4. Gang 111 mm
c Schalthebel für Rückwärtsgang 58 mm

Vorderen Getriebedeckel ab- und anschrauben

- Kupplungsgehäuse abnehmen.
- Befestigungsschrauben für den vorderen Getriebedeckel herausschrauben.
- Getriebedeckel abnehmen. Dabei auf die Distanzscheiben für die Antriebswelle und für die Vorgelegewelle achten.

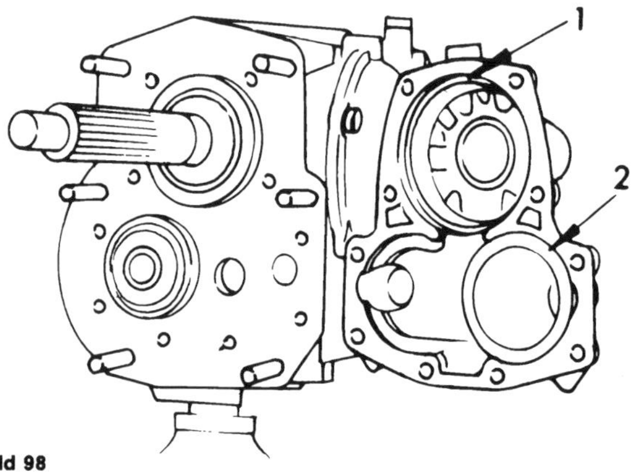

Bild 98
Vorderer Getriebedeckel abgebaut
1 Ausgleichsscheibe für Antriebswelle
2 Ausgleichsscheibe für Vorgelegewelle

- Lagerrohre abschrauben.
- Abdichtring aus dem Deckel herausnehmen.
- Getriebedeckel säubern.
- Neuen Abdichtring in den Deckel mit der Trennfläche bündig einpressen.
- Lagerrohr fingerfest aufschrauben.
- Distanzscheiben («1» und «2», Bild 98) und neue Papierdichtung («5») in den Deckel ein- bzw. auflegen und zur Montageerleichterung mit Fett festkleben.

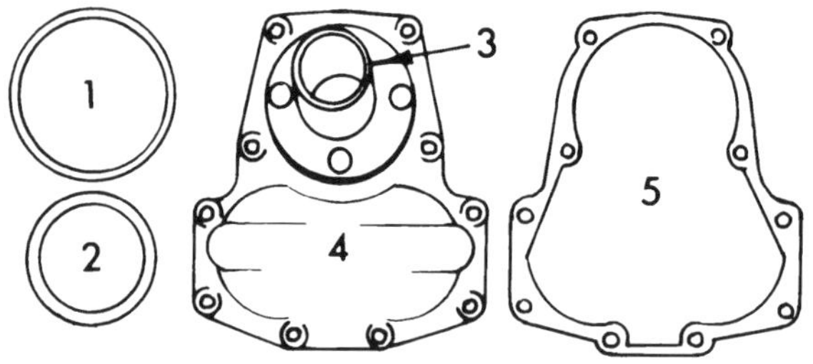

Bild 99
Ausgleichsscheiben und Dichtung des vorderen Getriebedeckels
1 Ausgleichsscheibe für Antriebswelle
2 Ausgleichsscheibe für Vorgelegewelle
3 Lagerrohr
4 vorderer Getriebedeckel
5 Dichtbeilage

- Abdichtring an der Dichtlippe und Laufstelle auf der Antriebswelle einfetten.
- Deckel vorsichtig auf die Antriebswelle schieben.
- Die Gewindebohrungen müssen fettfrei sein und die Befestigungsschrauben am Gewinde mit einer nicht härtenden Dichtmasse versehen sein.
- Befestigungsschrauben gleichmäßig übers Kreuz festziehen.
- Kupplungsgehäuse auf den Paßbund des vorderen Getriebedeckels bringen, für genaue Anlage der Trennflächen sorgen.
- Befestigungsmuttern, mit Federscheiben versehen, aufschrauben und gleichmäßig festziehen.
- Schrauben des Lagerrohres anziehen.
- Kupplungsausrücklager und Schwinge anbringen.

Hinteren Getriebedeckel ab- und anbauen

- Nutmutter zum Befestigen des Gelenkflansches entsichern und mit dem Zapfenschlüssel-Einsatz 115 589 01 07 00, unter Gegenhalten mit dem Stiftschlüssel 116 589 10 07 00, lösen und abschrauben (siehe Bild 100).
- Gelenkflansch mit dem Abzieher 116 589 19 33 00 abziehen.

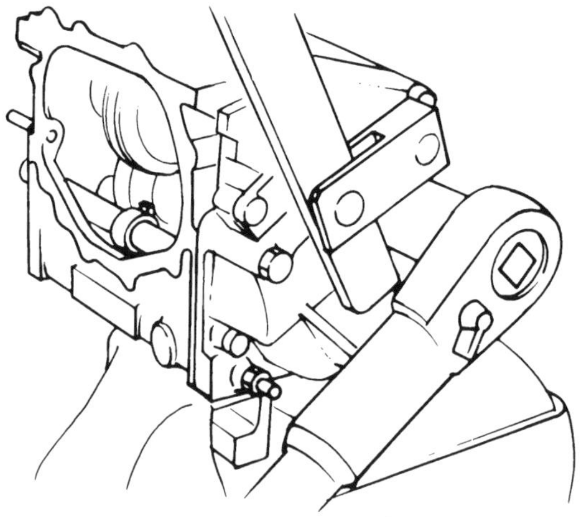

Bild 100
Abbau des hinteren Getriebedeckels

- Deckelbefestigungsschrauben entfernen und hinteren Getriebedeckel abnehmen.
- Abdichtring mit einem passenden Druckstück (ca. 52 mm Durchmesser) aus dem Deckel herausdrücken.
- Neuen Abdichtring bündig mit der Außenkante in den Deckel einpressen (Bild 101). Neue Dichtbeilage zur Montageerleichterung mit Fett auf die Trennfläche des Deckels kleben.
- Rücklaufwelle mit der Ausfräsung nach oben stellen.

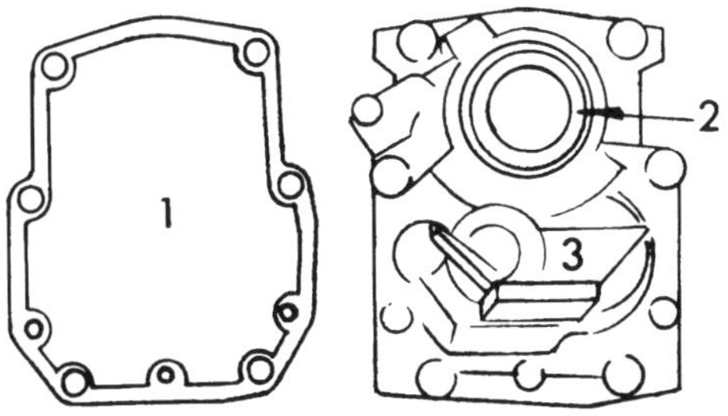

Bild 101
Ausgebauter hinterer Getriebedeckel mit Dichtung
1 Dichtbeilage
2 Radialdichtring
3 Getriebedeckel

- Deckel über die Hauptwelle schieben.
- Deckel nach Einrasten der Paßhülse zur Anlage bringen.
- Deckelbefestigungsschrauben einschrauben und gleichmäßig übers Kreuz festziehen.
- Dreiarmflansch an der Laufstelle des Abdichtringes einfetten und auf die Hauptwelle aufschieben.
- Neue Sicherungsmutter zuerst fingerfest aufschrauben, dann mit dem Zapfenschlüssel-Einsatz unter Gegenhalten mit dem Stiftschlüssel festziehen.

Rückwärtsgang aus- und einbauen

Wenn sich die Montagearbeiten ausschließlich auf den Rückwärtsgang beschränken, ist ein Getriebeausbau nicht erforderlich.

- Getriebedeckel hinten abschrauben, wie bereits beschrieben.
- Schraubenrad für den Tachometerantrieb abnehmen und Rücklaufrad von der Hauptwelle abziehen (Bild 102).
  Bei Getrieben mit Gleichlaufeinrichtung müssen Rücklaufschieberad, Gleichlaufring mit Sperrbolzen, Halteblech und die Druckfeder festgehalten werden (Bild 103).

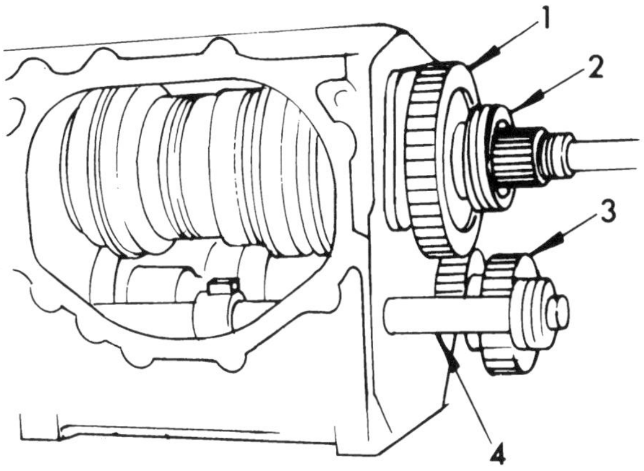

Bild 102
Tachometerantrieb abnehmen
1 Rücklaufrad der Hauptwelle
2 Tachometerschnecke
3 Rücklaufschieberad
4 Schaltstange für Rückwärtsgang

- Mutter auf der Vorgelegewelle hinten entsichern und abschrauben. Dabei den Dreiarmflansch provisorisch auf die Hauptwelle stecken und beim Lösen der Mutter mit dem Stiftschlüssel gegenhalten.
- Rücklaufrad-Vorgelege mit einem Schraubenzieher von der Vorgelegewelle abdrükken.

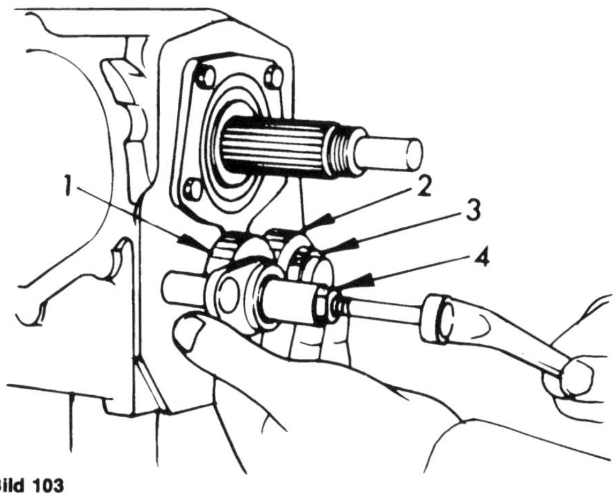

Bild 103
Abziehen der Rücklaufwelle
1 Schieberad
2 Rücklaufrad
3 Mutter
4 Rücklaufwelle

Zum Einbau:

- Rücklaufrad-Vorgelege auf die Vorgelegewelle aufschieben und mit der Mutter befestigen.

> ANMERKUNG: Die Nutmutter der Vorgelegewelle kann gegen eine der heutigen serienmäßigen Quetschbundmuttern mit Sechskant ausgetauscht werden. Mutter durch Einschlagen des Queschbundes in die hiefür vorgesehene Nut in der Vorgelegewelle sorgfältig sichern.

- Rücklaufschieberad mit seiner Ringnut in die Schaltklaue der Rückwärtsgangschaltwelle einsetzen.
- Bei Getrieben mit Gleichlaufrichtung Rücklaufschieberad zusammen mit dem Gleichlaufring, Halteblech und Druckfeder so montieren, daß die Aussparungen von Gleichlaufring und Halteblech zum Vorgelegelager zeigen.
- Das Rücklaufrad so montieren, daß die Anspitzungen der Zahnflanken zum Getriebe zeigen.
- Rücklaufwelle für das Rücklaufschieberad durch dieses in das Getriebegehäuse einschieben. Hierbei ist darauf zu achten, daß die Anfräsung an dem Wellenzapfen nach oben zeigt.
- Rücklaufrad-Hauptwelle sowie Schraubenrad für den Tachometerantrieb aufschieben. Das Schraubenrad muß hierbei mit seiner Ausdrehung nach hinten zeigen.
- Hinteren Getriebedeckel anschrauben.

Radsatz aus- und einbauen

Ausbau:

- Kupplungsgehäuse abschrauben.
- Getriebeschaltdeckel ausbauen.
- Vorderen und hinteren Getriebedeckel abschrauben.
- Rückwärtsgang ausbauen.
- Schaltgabeln herausnehmen.
- Spannhülse (3) des Mitnehmers (1) der Schaltwelle für den Rückwärtsgang herausschlagen und den Mitnehmer so weit wie möglich nach vorne versetzen (Bild 104).

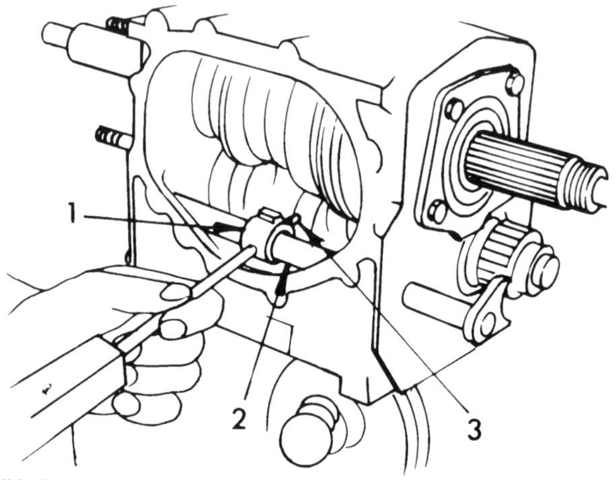

Bild 104
Schaltstange für Rückwärtsgang ausbauen
1 Mitnehmer für Rückwärtsgang
2 Schaltstange für Rückwärtsgang
3 Spannhülse

- Schaltstange aus dem Gehäuse herausziehen und gleichzeitig den Mitnehmer nach vorne abnehmen.
- Nutmutter bzw. Sechskantmutter mit Quetschbund entsichern, mit Zapfenschlüssel lösen und abschrauben (Bild 105). Beim Lösen der Mutter den Radsatz mit zwei eingelegten Gängen blockieren.

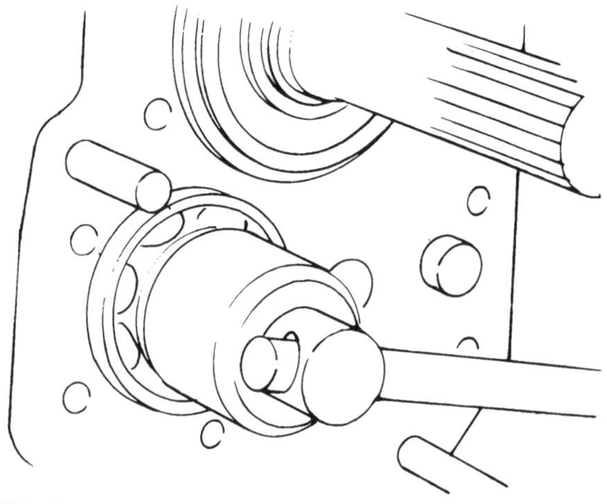

Bild 105
Lösen der Mutter unter Verwendung des Zapfenschlüssels

- Befestigungsschrauben des Halteringes (1) herausschrauben und denselben unter Berücksichtigung der Ausgleichsscheiben von dem Hauptwellenlager abnehmen (Bild 106).

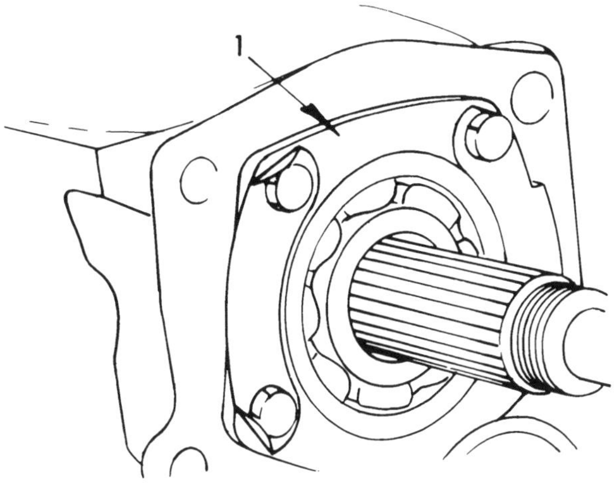

Bild 106
Der Haltering (1) am Getriebe angebracht

- Rillenkugellager der Vorgelegewelle vorn und hinten abziehen (Bild 107).
- Rillenkugellager der Hauptwelle hinten abziehen.
- Über das freie hintere Wellenende eine Montagehülse schieben und mit der Nutmutter des Gelenkflansches festziehen. Die Montagehülse verhindert ein Herunterrutschen des 1. Gangrades von seinem Nadellager, wodurch der Aus- und Einbau erschwert werden würde.

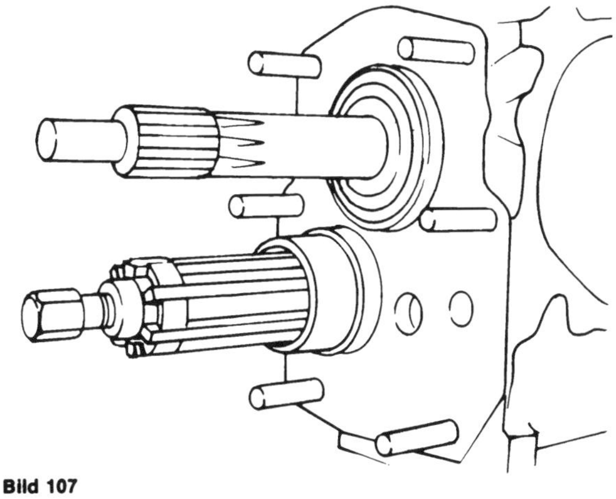

Bild 107
Abziehen des Rillenlagers der Vorlegewelle vorn

- Hauptwelle hinten anheben und Antriebswelle komplett nach vorne aus dem Gehäuse herausziehen. Dabei ist auf den freiwerdenden Synchronring des 4. Ganges und auf das Nadellager zwischen Antriebs- und Hauptwelle zu achten.
- Schiebemuffe (1) des 3. und 4. Ganges in 3.-Gangstellung bringen, Hauptwelle ganz nach hinten drücken und dann schräg nach vorne aus dem Gehäuse herausnehmen (Bild 108).

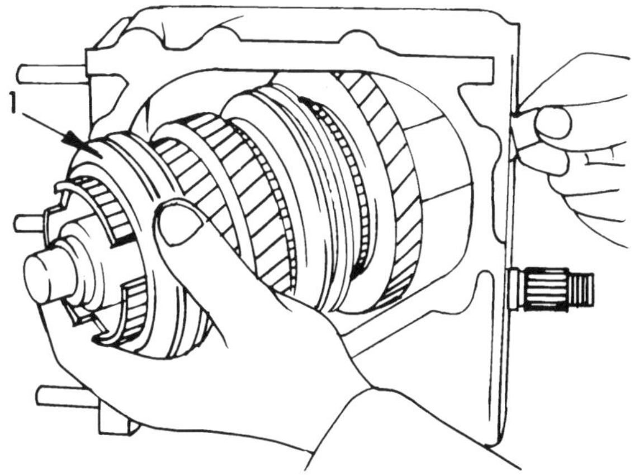

Bild 108
Ausbau der Hauptwelle
1 Schiebemuffe für 3./4. Gang

- Vorgelegewelle auf die gleiche Art wie die Hauptwelle aus dem Getriebegehäuse herausnehmen.
- Radsatzteile auf Wiederverwendbarkeit prüfen.

Einbau:

- Vorgelegewelle in das Gehäuse einführen.
- Montagehülse über das freie hintere Ende der Hauptwelle schieben und mit der Nutmutter des Dreiarmflansches festziehen.
- Schiebemuffe des 3. und 4. Ganges in 3.-Gangstellung bringen.
- Hauptwelle schräg nach hinten in das Gehäuse einführen.
- Nadellager in die Antriebswelle einsetzen.
- Synchronring für den 4. Gang auf den Konus am Antriebswellenrad aufschieben.

- Antriebswelle komplett von vorne in das Getriebegehäuse einführen. Hierbei muß die Hauptwelle so weit angehoben werden, daß der Lagerzapfen an deren vorderem Ende ohne Spannung in das Nadellager der Antriebswelle eingeführt werden kann.
- Montagehülse vom hinteren Hauptwellenende abnehmen.
- Rillenkugellager montieren. Beim Einschlagen des Lagers ist an der Antriebswelle gegenzuhalten, um ein Herausrutschen derselben zu vermeiden.
- Rillenkugellager der Vorgelegewelle vorn und hinten mit Hilfe eines Stahldorns oder Stahlhammers unter leichten Schlägen einschlagen. Hierbei muß die Vorgelegewelle angehoben werden, damit sich die Lager leicht montieren lassen.
- Radsatz durch gleichzeitiges Einlegen von zwei Gängen blockieren.
- Nutmutter an der Vorgelegewelle vorn mit dem Nutmutterschlüssel auf das vorgeschriebene Drehmoment festziehen und sichern.
- Axialspiel der Hauptwelle auf 0 bis 0,05 mm einstellen, wobei 0 anzustreben ist. Dazu Tiefe der Eindrehung im Haltering (siehe Bild 109) sowie Abstand zwischen Stirnfläche des Sprengringes am Hauptwellenlager und der Trennfläche des Getriebegehäuses mit einem Tiefenmikrometer oder Tiefenmaß messen.
- Ermittelte Ausgleichsscheiben in den Haltering einlegen und Haltering vorsichtig über das Lager der Hauptwelle schieben und festschrauben.
- Rückwärtsgang montieren.
- Hinteren Getriebedeckel anschrauben.

Bei den Getrieben der 8-Zylinder-Motoren wurde bis Getriebe-Nummer 544 auf der Vorgelegewelle vorn ein Schrägschulterlager montiert. Dieses Lager kann nicht abgezogen werden und der Ausbau des Radsatzes geht wie folgt vor sich:

- Hinteres Vorgelegewellen-Rillenkugellager abziehen.
- Nutmutter der Antriebswelle lösen.
- Rillenkugellager von Antriebswelle und Hauptwelle hinten abziehen.
- Dann, während Antriebs- und Hauptwelle angehoben werden, die Vorgelegewelle mit Schrägschulterlager nach hinten drücken, bis das Lager ganz aus der Gehäusebohrung heraustritt.
- Die Antriebswelle mit abgezogenem Rillenkugellager nach vorne aus dem Gehäuse herausziehen. Dabei auf den freiwerdenden Synchronring des 4. Ganges und auf das Nadellager zwischen Antriebs- und Hauptwelle achten.
- Schiebemuffe des 3. und 4. Ganges in die 3.-Gangstellung bringen.
- Hauptwelle ganz nach rechts drücken und dann schräg nach vorne aus dem Gehäuse nehmen.
- Vorgelegewelle mit Schrägschulterlager auf die gleiche Art wie die Hauptwelle aus dem Getriebegehäuse herausnehmen und Schrägschulterlager abdrücken. Im Reparaturfall kann auf der Vorgelegewelle vorn anstelle eines Schrägschulterlagers ein Rillenkugellager montiert werden.
- Somit kann die Antriebswelle komplett mit Lager, wie beschrieben, eingebaut werden.
- Die Nutmutter auf der Antriebswelle mit vorgetriebenem Drehmoment anziehen und sichern.

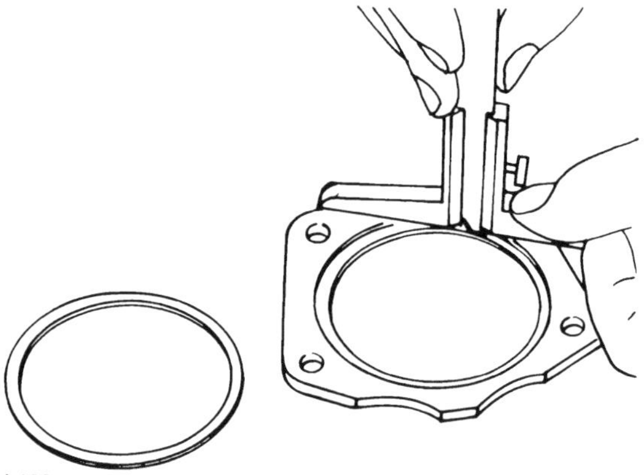

Bild 109
Axialspiel der Hauptwelle ermessen

- Axialspiel der Antriebswelle auf 0 bis 0,05 mm einstellen, wobei auch hier 0 anzustreben ist. Dazu Tiefe der Eindrehung im vorderen Getriebedeckel, bei aufgelegter Dichtung sowie Abstand zwischen Stirnfläche des Sprengringes am Antriebswellenlager und Trennfläche des Getriebegehäuses (Bild 110) mit einem Tiefenmaß messen. Distanzscheiben von den Stärken 0,1, 0,2 und 0,3 mm können vom Ersatzteillager bezogen werden.

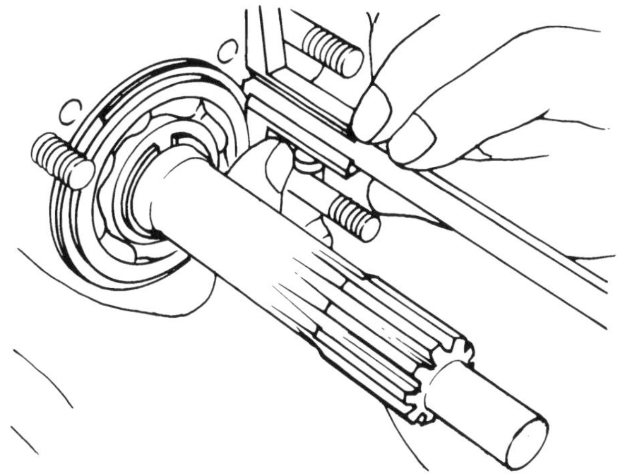

Bild 110
Axialspiel der Antriebswelle ermitteln

- Das Axialspiel der Vorgelegewelle soll auf 0,15 bis 0,2 mm eingestellt werden. Dazu Tiefe der Eindrehung im vorderen Getriebedeckel (Bild 111) bei aufgelegter Dichtung sowie Abstand zwischen Stirnfläche des Lageraußenringes und Trennfläche des Getriebegehäuses mit einem Tiefenmaß messen. Hierzu muß die Vorgelegewelle satt im hinteren Getriebedeckel anliegen.

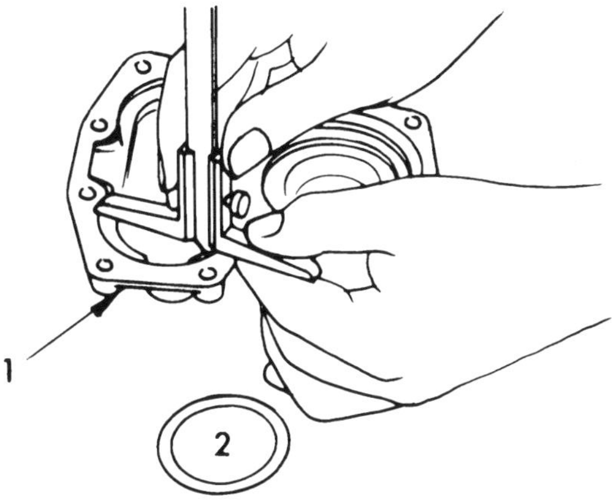

Bild 111
Axialspiel der Vorgelegewelle ausmessen
1 Dichtbeilage
2 Distanzscheibe

- Die Stärke der ermittelten Distanzscheiben in den vorderen Getriebedeckel einlegen und Deckel vorn anschrauben.
- Getriebeschaltdeckel einbauen.
- Kupplungsgehäuse anschrauben.

Hauptwelle zerlegen und zusammenbauen

- Radsatz ausbauen.
- Hauptwelle mittels Dreiarmflansch in den Schraubstock spannen und Mutter auf der Hauptwelle vorn lösen.

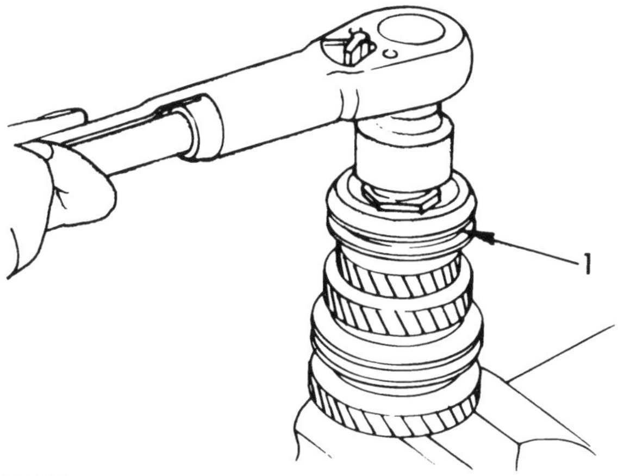

Bild 112
Lösen der Mutter von Hauptwelle
1 Gleichlaufkörper

- Der Reihe nach Gleichlaufkörper für den 3. und 4. Gang, Anlaufscheibe mit Innenverzahnung, Schraubenrad für 3. Gang und Nadelkäfig von der Welle abnehmen.
- Hauptwelle umdrehen und mittels Antriebswelle und eingesetztem Nadelkäfig in den Schraubstock spannen. Um die Antriebswelle vor Beschädigung zu bewahren, Aluminiumbacken verwenden.

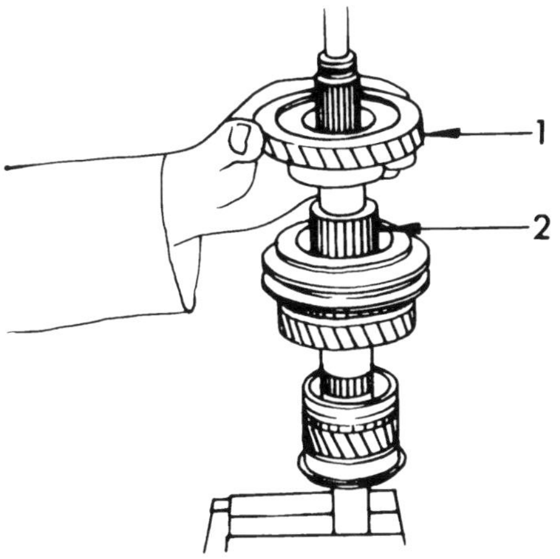

Bild 113
Hauptwelle mit Schraubenrad und Nadelkäfig für 1. Gang
1 Gangrad des 1. Ganges
2 Nadelkäfig für 1. Gangrad

- Anlaufscheibe und Schraubenrad für 1. Gang sowie Nadelkäfig von der Hauptwelle abnehmen (Bild 113).
- Laufring der 1.-Gangrad-Lagerung von Welle abnehmen.
- Anlaufscheibe, Synchronring, Gleichlaufkörper und Anlaufscheibe entfernen.
- Schraubenrad mit Synchronring für den 2. Gang und Nadelkäfig von Hauptwelle abnehmen (Bild 114).

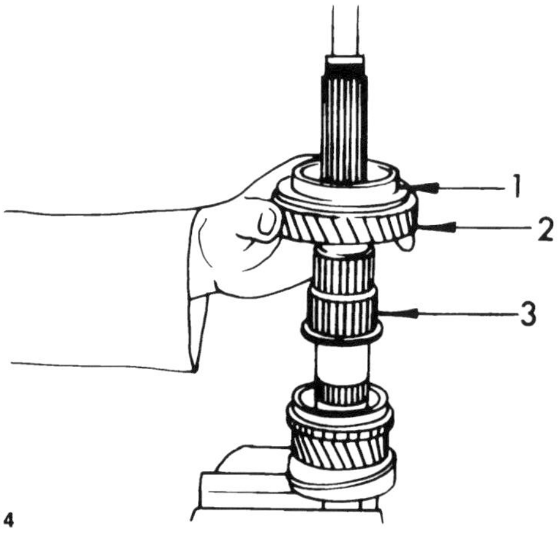

Bild 114
Abbau des 2. Ganges
1 Synchronring 2. Gang
2 Schraubenrad 2. Gang
3 Nadelkäfig

Sämtliche Teile auf Abnützung und Verschleiß prüfen. Alle Synchronringe auf den jeweiligen Schraubenradkonus aufsetzen und mit einer Fühlerlehre den Abstand zwischen Kurzverzahnung Synchronring und Schraubenrad messen (Bild 115).

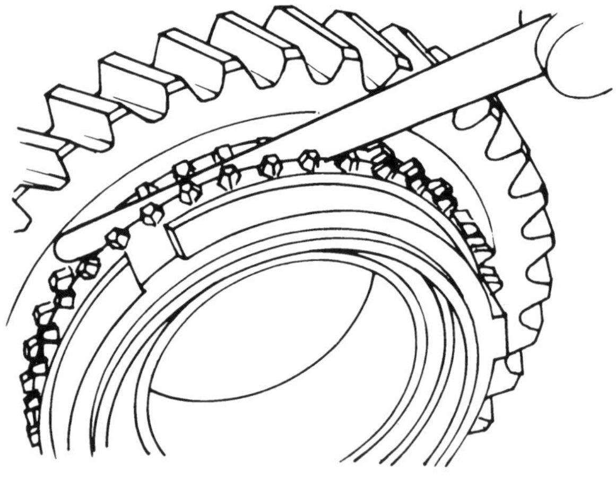

Bild 115
Verschleissgrenze des Synchronringes prüfen

Die Verschleißgrenze ist bei einem Abstand von 0,5 mm erreicht und in diesem Falle muß der Synchronring erneuert werden.

ACHTUNG: Wird im Reparaturfall ein Getriebe mit Schraubenfedersynchronisierung auf Ringfedersynchronisierung umgebaut, fällt bei Erneuerung des Gleichlaufkörpers des 3./4. Ganges die Anlaufscheibe weg und bei Erneuerung des Gleichlaufkörpers 1./2. Gang die zwei Anlaufscheiben, als Folge der entsprechenden Nabenverbreiterungen.

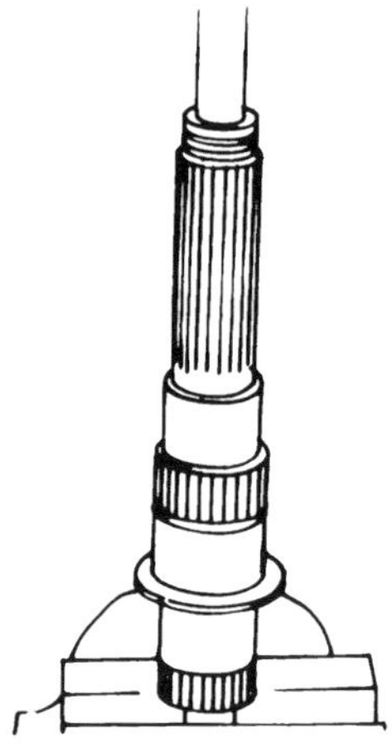

Bild 116
Hauptwelle zum Zusammenbau eingespannt

Beim Zusammenbau:

- Hauptwelle unter Verwendung von Aluminiumbacken in den Schraubstock einspannen.
- Eingeölten Nadelkäfig, Schraubenrad mit Synchronring für den 2. Gang und Stahlanlaufscheibe auf die Hauptwelle aufsetzen.
- Gleichlaufkörper des 1. und 2. Ganges so auf die Hauptwelle aufsetzen, daß der Bund (Pfeil) zum 1.-Gangrad zeigt (Bild 117).
- Synchronring und Anlaufscheibe auflegen.

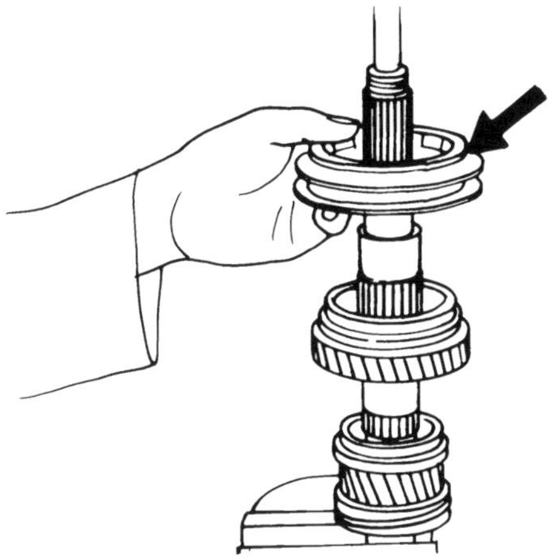

Bild 117
Gleichkörper des 1. und 2. Ganges aufsetzen

- Hauptwelle auf eine feste Unterlage setzen und den erwärmten Laufring der 1.-Gangradlagerung mit einem passenden Rohrstück aufschlagen (Bild 118).
- Nadelkäfig und Schraubenrad für 1. Gang aufsetzen (Bild 113).
- Stahl-Anlaufscheibe auf das 1.-Gangrad auflegen.
- Montagehülse auf Hauptwelle schieben und mit der Mutter von Hand festziehen.

Bild 118
Laufring der 1. Gangradlagerung aufschlagen

- Hauptwelle umdrehen und vorsichtig an der Montagehülse in den Schraubstock einspannen.
- Den eingeölten Nadelkäfig mit dem Schraubenrad auf die Welle aufsetzen.
- Messing-Anlaufscheibe mit Innenverzahnung und Synchronring ein- bzw. auflegen.

- Gleichlaufkörper für den 3. und 4. Gang so auf die Welle aufsetzen, daß die Seite mit der eingedrehten Nut (Pfeil) zum 3. Gang hinzeigt (Bild 119).

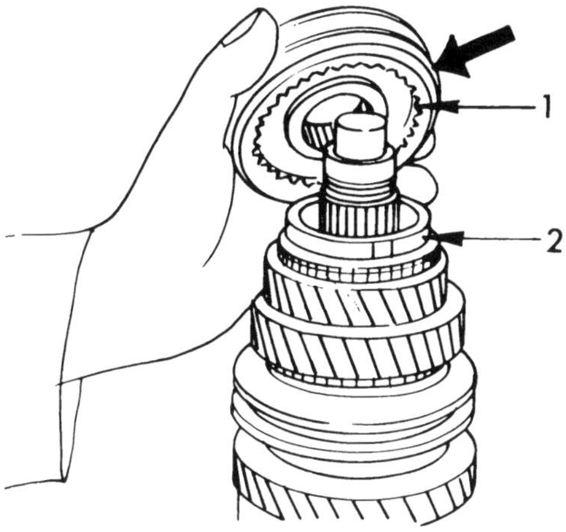

Bild 119
Gleichlaufkörper für 3. und 4. Gang auf Welle aufsetzen
1 Gleichlaufkörper 3./4. Gang
2 Synchronring 3. Gang

- Mutter mit Quetschbund auf der Hauptwelle vorn mit dem Zapfenschlüssel auf das vorgeschriebene Drehmoment anziehen. Dazu mittels Dreiarmflansch in den Schraubstock spannen.

Gleichlaufkörper (Synchronisierkörper) zerlegen und zusammenbauen

Zum Zerlegen Gleichlaufkörper in ein Tuch hüllen und Körper einschließlich der Mitnehmer aus der Schiebemuffe herausdrücken. Alle Einzelteile auf Abnützung und Verschleiß kontrollieren. Zum Einbau Federn und Mitnehmer in den Gleichlaufkörper einsetzen und den Gleichlaufkörper in die Schiebemuffe einführen (siehe Bild 120).
Jeweils einen Mitnehmer nach vorne drücken, eine Kugel einsetzen und den Mitnehmer wieder zurückschieben. Zur besseren Unterscheidung sind die Mitnehmer des Gleichlaufkörpers für den 1. und 2. Gang mit einer Fase gekennzeichnet. Die Mitnehmer müssen so montiert werden, daß die Anfräsung zur 2.-Gangradseite zeigt.

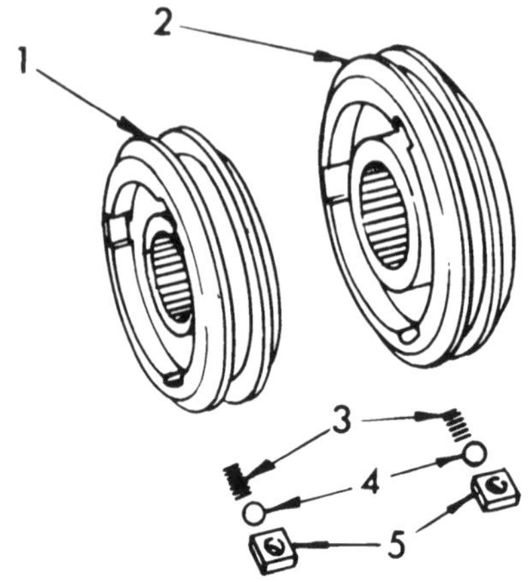

Bild 120
Synchronisierkörper (Schraubenfeder)
1 Für 3./4. Gang
2 Für 1./2. Gang
3 Synchronfeder
4 Stahlkugel
5 Mitnehmer

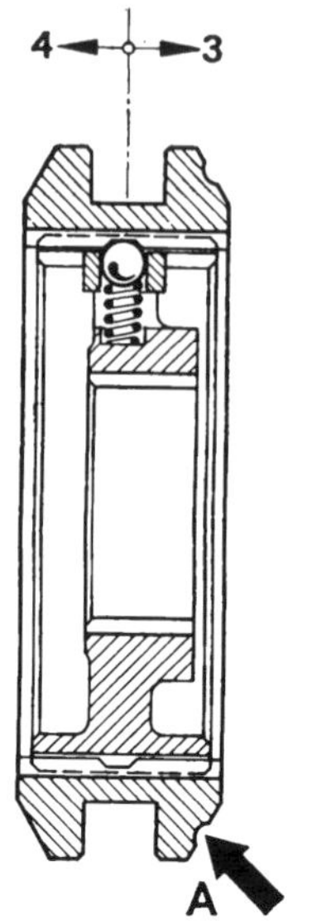

Bild 122
Schnittansicht von Gleichlaufkörper 3. und 4. Gang (Schraubenfedersynchronisierung).

Gleichlaufkörper für den 1. und 2. Gang so montieren, daß die kürzere Nabenseite und der Bund an der Schiebemuffe (Pfeile) dem 1. Gang zugekehrt sind (Bild 121).

Den Gleichlaufkörper für den 3. und 4. Gang so montieren, daß die breite Nabenseite und die eingedrehte Rille der Schiebemuffe (Pfeil) auf derselben Seite liegen (Bild 122).

Das Zerlegen der Gleichlaufkörper mit Ringfeder-Synchronisierung ist gleich. Nach dem Herausdrücken des Körpers aus der Schiebemuffe, Mitnehmer und Ringfeder aus dem Gleichlaufkörper herausnehmen. Einzelteile dann auf Abnützung und Verschleiß prüfen. Die Ringfedern unterscheiden sich entsprechend den unterschiedlichen Durchmessern der Gleichlaufkörper (siehe Bild 123). Beim Zusammenbau den Gleichlaufkörper für den 1. und 2. Gang so montieren, daß die kürzere Nabenseite und der Bund an der Schiebemuffe (Pfeile) dem 1. Gang zugekehrt sind (Bild 124).

Gleichlaufkörper für den 3. und 4. Gang so montieren, daß die breite Nabenseite und die eingedrehte Rille der Schiebemuffe (Pfeil) auf derselben Seite liegen (Bild 125). Das abgewinkelte

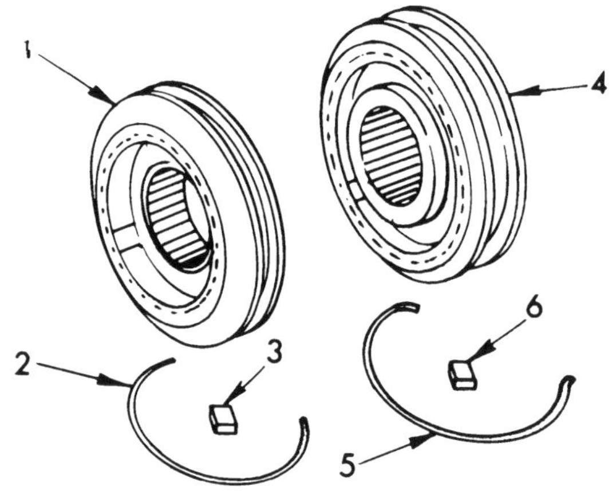

Bild 123
Einzelteile der Gleichlaufkörper mit Ringfeder-Synchronisierung
1 Gleichlaufkörper 3./4. Gang
2 Ringfeder
3 Mitnehmer
4 Gleichlaufkörper 1./2. Gang
5 Ringfeder
6 Mitnehmer

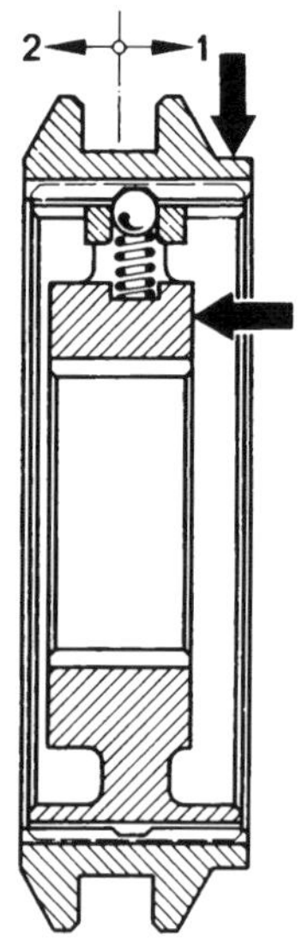

Bild 121
Schnittansicht der Gleichlaufkörper für 1. und 2. Gang (Schraubenfedersynchronisierung).

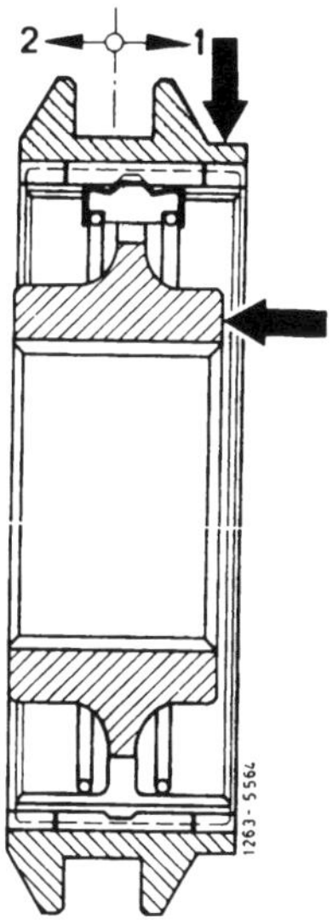

Bild 124
Schnittansicht des Gleichlaufkörpers mit Ringfeder-Synchronisierung, 1./2. Gang.

Ende der einen Feder und das freie Ende der anderen Feder müssen am selben Mitnehmer anliegen. Mitnehmer nacheinander auf die Ringfedern aufsetzen und die Schiebemuffe über den Gleichlaufkörper und die Mitnehmer schieben.

Vorgelegewelle zerlegen und zusammenbauen

- Vorgelegewelle mit geeigneter Unterlage am 3. Gang entsprechend auflegen.
- Welle mit einer Presse auspressen.

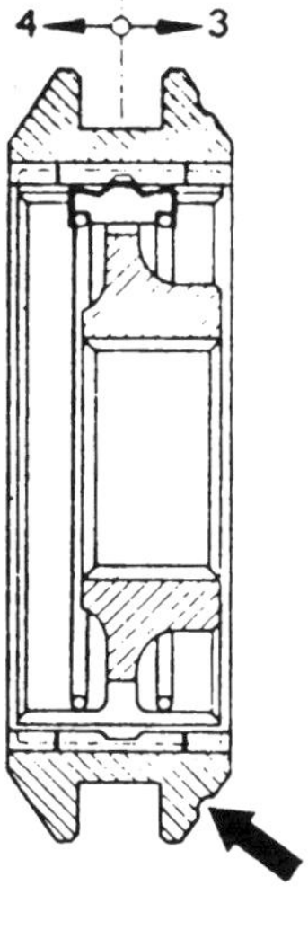

Bild 125
Schnittansicht des Gleichlaufkörpers mit Ringfeder-Synchronisierung, 3./4. Gang.

- Paßfeder mit Hilfe eines Schraubenziehers aus der Welle herausdrücken.
- Alle Teile auf Verschleiß und Abnützung kontrollieren.

Der Zusammenbau geschieht in umgekehrter Reihenfolge.

- Paßfeder in die Welle einschlagen.
- Vorgelegewelle an der Schraubverzahnung für den 2. Gang auflegen.
- Das 3.-Gangrad mit dem hohen Bund nach oben aufpressen.
- Vorgelegeschraubenrad konstant mit dem hohen Bund nach unten aufpressen. Beim Aufpressen darauf achten, daß kein Material von der Paßfeder abgeschoben wird. Die Stirnflächen der Bunde müssen sauber sein.

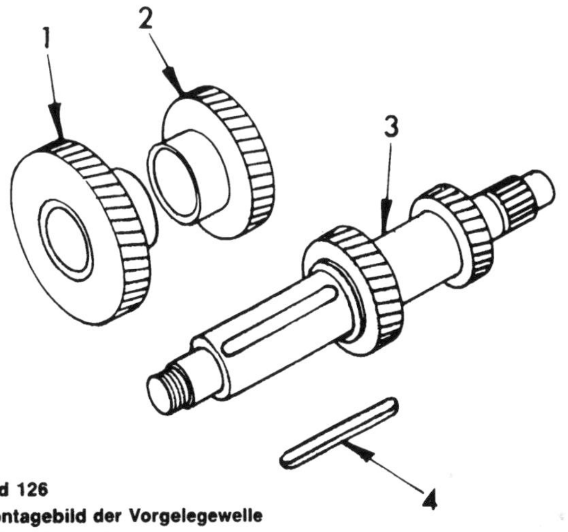

Bild 126
Montagebild der Vorgelegewelle
1 Vorgelegerad
2 Vorgelegerad 3. Gang
3 Vorgelegewelle mit 1. und 2. Gangrad
4 Passfeder

Einstellung der Mittelschaltung

- Schaltstangen an den Hebeln des Lagerbocks der Mittelschaltung nach Entfernen der Sicherungen aushängen.
- Die drei Schaltzwischenhebel unten am Schaltbock durch Einschieben des Fixierbolzens in die hiefür vorgesehenen Bohrungen fixieren.
- Getriebe in Leerlaufstellung bringen.
- Stellung der Schalthebel am Schaltdeckel auf die angegebenen Maße prüfen, wenn nötig einstellen.

- Schaltstangenlänge einstellen und die Stangenköpfe ohne Spannung auf die Bolzen der Schaltzwischenhebel drücken und mit den Sicherungen sichern. Die Schalthebel am Getriebeschaltdeckel dürfen sich dabei nicht aus ihrer Mittelstellung bewegen.
- Fixierbolzen herausnehmen und Schaltung auf Funktion kontrollieren.

Einstellung der Lenkradschaltung

Die Einstellung erfolgt so, wie die der Mittelschaltung, nur daß die Hebel am unteren Ende des Schaltrohres angeordnet sind. Sollte beim Schalten des 1. und 2. Ganges das Rückfahrlicht aufleuchten, kann der Dichtring unter dem Rückfahrlichtschalter entfernt werden.

Das automatische Getriebe

Die Fahrzeugtypen 280S/SE werden auf Wunsch mit dem automatischen Getriebe W4 B025 ausgerüstet. Es handelt sich hierbei um ein 4-Gang-Getriebe mit 3 Planetenradsätzen und einem Drehmomentwandler. Der Typ 350 SE wird auf Wunsch mit dem automatischen Getriebe W3 A040, ausgerüstet. Es ist ein 3-Gang-Getriebe mit 2 Planetenradsätzen und einem Drehmomentwandler. Der 450 SE ist serienmäßig mit dem automatischen Getriebe W3 B050 ausgerüstet. Es ist ein 3-Gang-Getriebe mit 2 Planetenradsätzen und einem Wandler.

Zusammenbau und Einstellung des automatischen Getriebes ist eine Arbeit für die Spezialwerkstatt, die mit den vorschriftsmäßigen Werkzeugen und Geräten ausgerüstet ist, und wird aus diesem Grund in dieser Beschreibung nicht behandelt.

Aus- und Einbau des automatischen Getriebes

Bei Fahrzeugen mit automatischem Getriebe kann das Getriebe getrennt ausgebaut werden. Beim Ausbau des Motors ist es angebracht, das Getriebe mit auszubauen. Dazu ist den Anweisungen auf Seite 5 zu folgen. Es ist daran zu denken, daß das Getriebe sehr schwer ist, so daß geeignete Möglichkeiten vorhanden sein müssen, das Getriebe sicher von unten abzustützen. Das Getriebe wird mit dem Drehmomentwandler ausgebaut. Beim Einbau des Drehmomentwandlers ist das Getriebe senkrecht zu stellen und dann vorsichtig auf die Antriebsvelle zu setzen. Bei eingebautem Getriebe wird der Wandler mit den Befestigungsschrauben gegen die Mitnehmerscheibe gezogen und kann am Kupplungsgehäuse nicht mehr streifen.

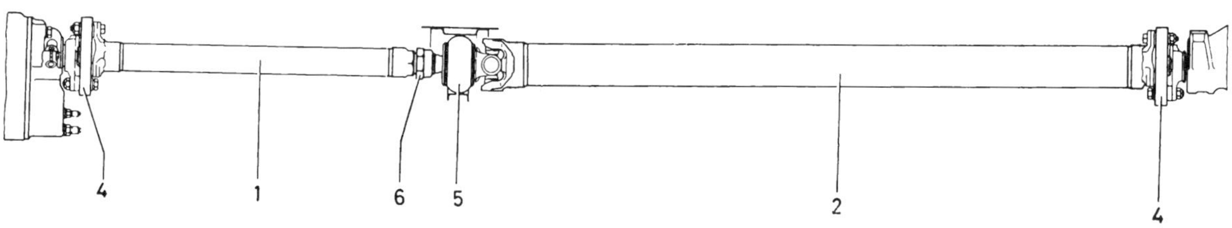

Bild 127
Ansicht der Gelenkwelle
1 Vordere Gelenkwelle
2 Hintere Gelenkwelle
4 Gelenkscheibe
5 Gelenkwellenzwischenlager
6 Klemm-Mutter

Die Gelenkwelle

Aus- und Einbau der Gelenkwelle

Beim Ausbau ist zu beachten, daß die Gelenkwellen während der Herstellung genau ausgewuchtet worden sind und somit vorsichtig behandelt werden müssen. Ist eine Trennung der Gelenkwelle erforderlich, müssen die Teile zueinander gezeichnet werden, um sie wieder in die gleiche Lage einbauen zu können, damit keine Unwucht der komplett gewuchteten Welle entsteht.

- Fahrzeug entweder auf geeignete Böcke stellen oder über eine Hebebühne oder eine Montagegrube fahren.
- Auspuffanlage ausbauen und Abdeckblech abschrauben.
- Getriebe von unten abstützen.
- Klemmutter der Gelenkwelle um zwei Umdrehungen lösen, ohne die Gummimanschetten zurückzuschieben.
- Hinterer Motorträger oder Tunnelschließblech sowie hinteres Gummilager abschrauben.
- Gelenkwelle am Getriebe und an der Hinterachse lösen.
- Befestigungsschrauben des Gelenkwellenzwischenlagers vom Rahmenboden abschrauben.
- Gelenkwelle vom Zentrierzapfen der Hinterachse abdrücken und nach hinten abnehmen. Darauf achten, daß keine Trennung der Gelenkwelle erfolgt.
- Alle Teile auf Verschleiß oder Beschädigung überprüfen und wenn notwendig erneuern.

Zum Einbau

- Hohlräume der beiden Zentrierhülsen mit Molykote Longterm 2 einfetten.
- Gelenkwelle komplett mit Gelenkscheiben auf die Zentrierzapfen am Getriebe und der Hinterachse aufschieben.

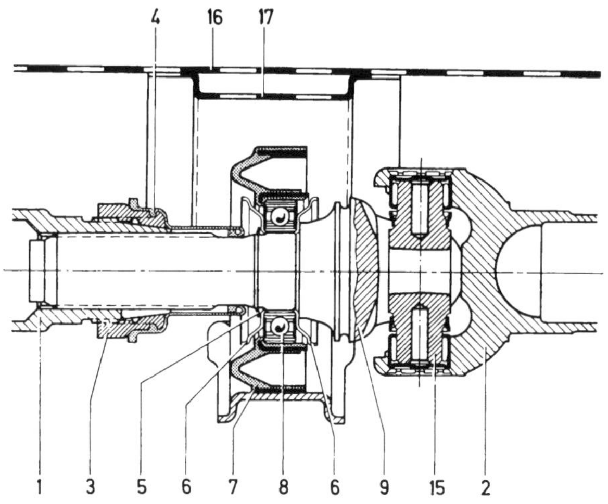

Bild 128
Schnittansicht des Zwischenlagers
1 Vordere Gelenkwelle
2 Hintere Gelenkwelle
3 Klemm-Mutter
4 Gummimanschette
5 Sicherungsring
6 Schutzkappe
7 Gelenkwellenzwischenlager
8 Rillenkugellager
9 Gelenkgabel
15 Kreuzgelenkstern mit Nadellager und Büchsen
16 Rahmenboden
17 Gelenkwellentunnel

- Gelenkwellenzwischenlager am Rahmenboden leicht befestigen.
- Gelenkwelle am Getriebe und der Hinterachse anflanschen.
- Hinteren Motorträger oder Tunnelschließblech am Rahmenboden befestigen.
- Getriebeabstütze abnehmen und hinteres Gummilager in Position anschrauben.
- Wagen im fahrfertigen Zustand einige Male hin- und herschieben, dann erst die Klemm-Mutter an der Gelenkwelle und die Befestigungsschrauben des Gelenkwellenzwischenlagers anziehen. Anzugsdrehmomente siehe Maß- und Einstelltabelle, Seite 147.
- Abschirmblech und Auspuffanlage einbauen.

Gelenkwellenzwischenlager aus- und einbauen

- Die einzelnen Wellenteile zueinander zeichnen und dann erst die vordere und hintere Gelenkwelle an der Klemmverbindung trennen.

- Gummimanschette über die Verzahnung abziehen (siehe Bild 128).
- Sicherungsring aus der Nut entfernen.
- Vordere Schutzkappe abnehmen.
- Das V-Faltenlager und Rillenkugellager mit einem Abzieher von der Gelenkgabel abziehen und das Rillenkugellager aus V-Faltenlager auspressen.
- Teile auf Verschleiß überprüfen und gegebenenfalls erneuern.

Zum Einbau

- Rillenkugellager in den gummierten Lagersitz langsam einpressen und dabei auf guten Sitz des Lagers achten.
- Hintere Schutzkappe einlegen.
- V-Faltenlager mit dem eingepreßten Rillenkugellager auf die Gelenkgabel aufpressen. Es ist darauf zu achten, daß die V-Falte des Gummilagers in Fahrtrichtung zeigt.
- Vordere Schutzkappe aufstecken.
- Den axialfedernden Sicherungsring so in die Nut der Gelenkgabel einsetzen, daß die Schutzkappe fest am Lagerinnenring anliegt.
- Gummimanschette über die Keilverzahnung der Gelenkgabel ziehen. Darauf achten, daß die Manschetten am kleinen Durchmesser richtig sitzt.
- Keilwellenprofil mit Molykote Longterm 2 bestreichen.
- Vordere Gelenkwelle mit der hinteren, wie gezeichnet, zusammenstecken.

Die Servo-Lenkung

Bevor die Lenkung oder die Hochdruck-Ölpumpe bei auftretenden Störungen ausgebaut werden, sollte die Anlage zuerst im Fahrzeug überprüft werden. Es wird geraten, daß diese Arbeit bei einer Vertragswerkstatt ausgeführt wird, da diese im Besitz der benötigten Spezialgeräte ist.

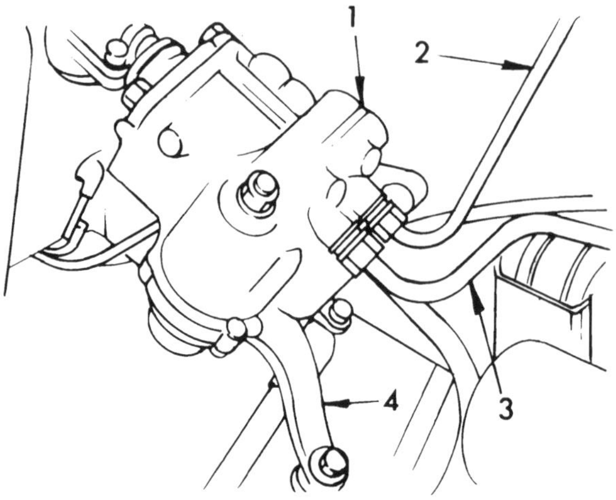

Bild 129
Die Servo-Lenkung und ihre Anschlüsse
1 Lenkung
2 Hochdruck-Dehnschlauch
3 Rücklaufschlauch
4 Lenkstockhebel

Aus- und Einbau der Servo-Lenkung

- Öl aus dem Vorratsbehälter der Lenkhelfpumpe mit einer Spritze absaugen.
- Hochdruck-Dehnschlauch und Anschlußrohr für den Rücklaufschlauch an der Lenkung lösen. Dabei Anschlußstücke an der Lenkung gegenhalten.
- Ölschläuche und Anschlußstellen an der Lenkung mit Blindstopfen verschließen.
- Untere Imbusschrauben aus der Lenkungskupplung herausschrauben.
- Lenkspindel ausbauen. Dabei Gummiabdeckung für den Kombi-Schalter vom Mantelrohr abnehmen, Schalter abschrauben und etwas herausziehen.
- Kabel der Kontaktkohle am Kombi-Schalter abschließen, nachdem die Polsterplatte vom Signalträger nach oben abgezogen, die Sechskantmutter für Lenkradbefestigung abgeschraubt und das Lenkrad von der Lenkspindel abgenommen wurde.
- Die Innensechskantschrauben aus dem Mantelrohr herausschrauben.
- Lenkspindel samt Lagerkörper soweit nach oben ziehen, bis die Lenkungskupplung nicht mehr in die Lenkschnecke eingreift.
- Lenk- und Spurstange vom Lenkstockhebel lösen.

- Sicherungsschrauben zur Befestigung der Lenkung am Längsträger des Rahmenbodens herausschrauben.
- Lenkung nach unten herausnehmen.

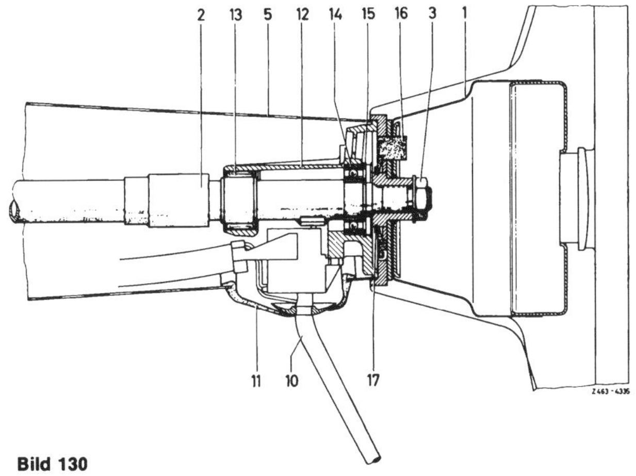

Bild 130
Schnittansicht von Befestigung des Lenkrads

1 Lenkrad	12 Lagerkörper
2 Lenkspindel	13 Nadellager
3 Sechskantmutter mit Federscheibe	14 Rillenkugellager
5 Mantelrohr	15 Sicherungsring
10 Kombi-Schalter	16 Schleifring
11 Gummi-Abdeckung	17 Sicherungsring

Der Einbau erfolgt in umgekehrter Reihenfolge wie der Ausbau, unter Verwendung von Mittelstellungs-Kontrollschraube 116 589 06 21 00 für die Lenkung sowie dem Montagestift (Selbstanfertigung, siehe Bild 131) zum Prüfen der Länge der Lenkspindel beim Einbau.

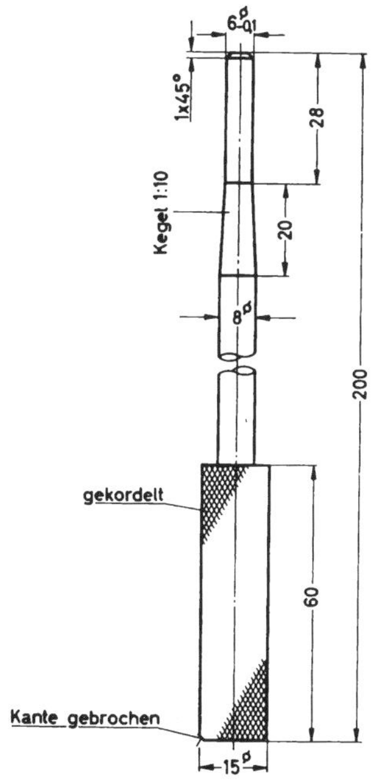

Bild 131
Montagestift zum Prüfen der Einbaulage der Lenkspindel

Die Sicherungsschrauben der Lenkungsbefestigung müssen grundsätzlich erneuert werden. Auf einwandfreie Schlauchverlegung achten, denn schon geringe Scheuerstellen können in kurzer Zeit zu Ölverlust und damit zum Ausfall der hydraulischen Unterstützung führen. Vorratsbehälter der Lenkhelfpumpe mit der vorgeschriebenen Ölsorte auffüllen, Motor laufenlassen und Lenkung mehrmals nach links und rechts einschlagen und dabei Öl nachfüllen. Die Lenkung entlüftet sich von selbst. Zuletzt die Radeinstellwerte der Vorderachse überprüfen.

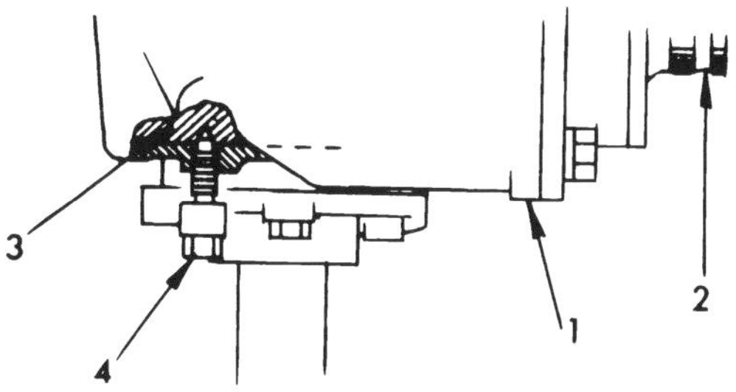

Bild 132
Mittelstellungs-Kontrollschraube an Lenkung

1 Lenkung	3 Arbeitskolben
2 Lenkschnecke	4 Mittelstellungs-Kontrollschraube

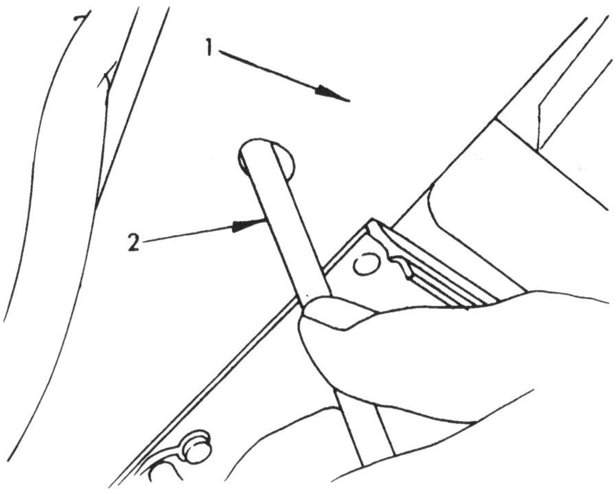

Bild 133
Montagestift in Kontrollbohrung der Lenkspindel einsetzen
1 Mantelrohr
2 Montagestift

Lenkhelfpumpe ausbauen

- Flügelmutter vom Vorratsbehälter abschrauben.
- Verschlußdeckel, Druckfeder und Beruhigungsplatte abnehmen (siehe Bild 134).

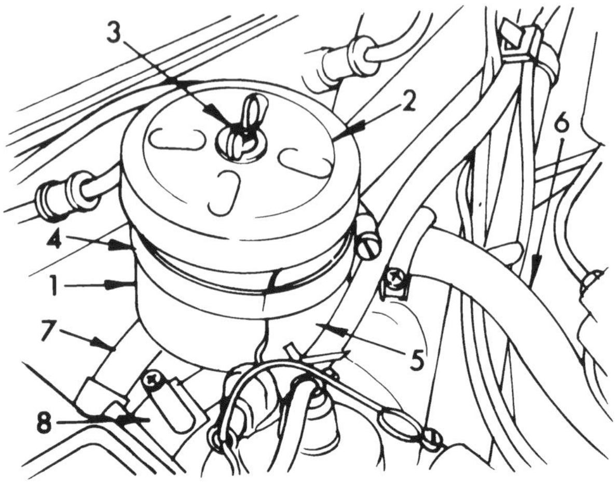

Bild 134
Ölvorratsbehälter der Lenkhelfpumpe

1 Vorratsbehälter
2 Verschlussdeckel
3 Flügelmutter
4 Spannschiene
5 Halter für Vorratsbehälter
6 Rücklaufschlauch
7 Hochdruck-Dehnschlauch
8 Verbindungsschlauch

- Öl aus dem Behälter absaugen.
- Hochdruck-Dehnschlauch an der Lenkhelfpumpe lösen, Anschluß an der Pumpe und Schlauch mit Blindstopfen verschließen, ebenso den Rücklaufschlauch.
- Bei den Typen 280S/SE Kühlerzarge lösen.
- Innensechskantschrauben bzw. Sechskantschrauben der Pumpenbefestigung lösen und Lenkhelfpumpe zum Motor drücken.
- Keilriemen abnehmen.
- Beim Typ 280S/SE Sechskantmutter von der Antriebswelle abschrauben und Riemenscheibe mit Abziehvorrichtung 108 589 02-33 00 abdrücken.

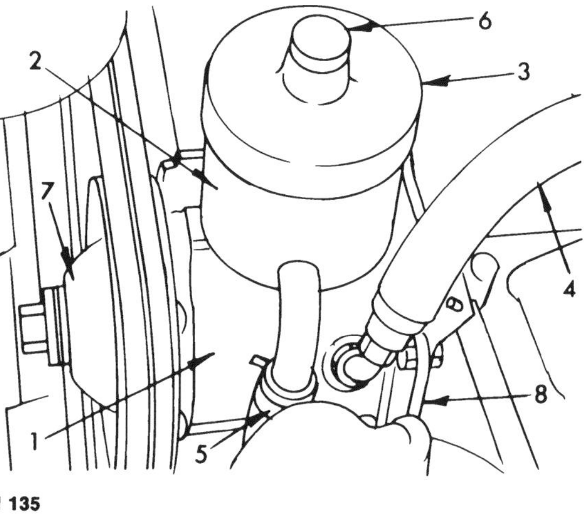

Bild 135
Anordnung der Vickers-Lenkhelfpumpe VT27 bei den Typen 350 SE/450 SE

1 Lenkhelfpumpe
2 Vorratsbehälter
3 Verschlussdeckel
4 Hochdruck-Dehnschlauch
5 Rücklaufschlauch
6 Rändelmutter
7 Riemenscheibe
8 Träger

- Sechskantschrauben herausschrauben und Lenkhelfpumpe, bei den Typen 350 SE / 450 SE samt Träger, abnehmen.

Der Einbau geschieht in umgekehrter Reihenfolge wie der Ausbau. Keilriemen auf die vorgeschriebene Eindrucktiefe einstellen. Dann wie vorhin beschrieben, mit Öl auffüllen und auf Funktion und Dichtheit prüfen.

Die Vorderachse

Vorderen Stoßdämpfer ein- und ausbauen

Da die vorderen Stoßdämpfer gleichzeitig als Ausfederungsanschlag dienen, dürfen sie nur gelöst werden, wenn das Fahrzeug auf den Rädern steht oder der untere Querlenker abgestützt ist.

Ausbau

- Die Sechskantmuttern der oberen Stoßdämpferaufhängung abschrauben.
- Teller und Gummiring abnehmen.
- Fahrzeug aufbocken.
- Stoßdämpferkolbenstange eindrücken.
- Stoßdämpfer zum unteren Querlenker senkrecht stellen.
- Nach Herausschrauben der unteren Befestigungsinnensechskantschrauben am unteren Querlenker Stoßdämpfer herausnehmen.

Einbau

Aufhängungsteile prüfen und Gummiteile auf Verschleiß kontrollieren. Stoßdämpfer am unteren Querlenker befestigen und in den Dom am Rahmenboden einführen. Fahrzeug abbocken und obere Aufhängung montieren.

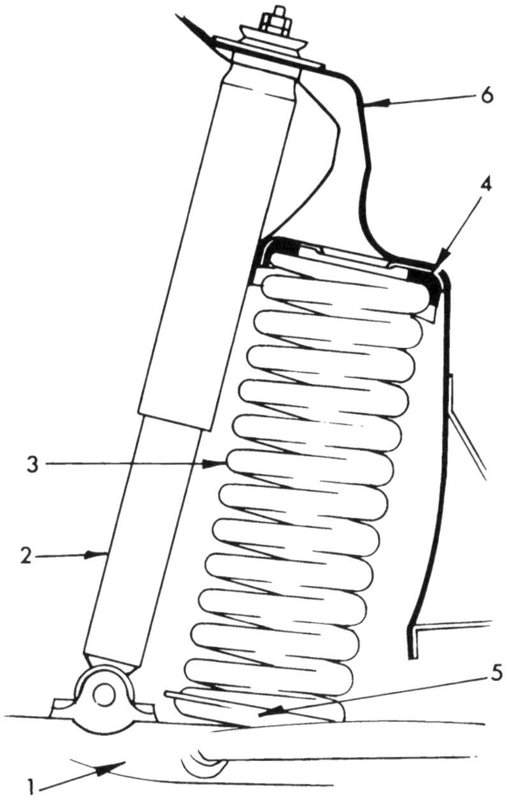

Bild 136
Vorfeder und Stossdämpfer

1 Unterer Querlenker
2 Vorderer Stossdämpfer
3 Vorderfeder
4 Gummilager für Vorderfeder
5 Teller für Vorderfeder
6 Vorbau

Vorderfeder aus- und einbauen

- Nach Lösen der oberen Stoßdämpferaufhängung das Fahrzeug vorne hoch bocken und Vorderrad abnehmen.
- Vorderfeder mit Spannvorrichtung 116 589-01 31 00 spannen. Die Spannschraube wird durch den Dom im Radlauf vom Motorraum her eingesetzt.
- Vorderfeder mit Gummilager herausnehmen und im Schraubstock entspannen.

Der Einbau geschieht in umgekehrter Reihenfolge, wobei auf richtigen Sitz des Gummilagers im Rahmenboden und des Windungsauslaufs der Feder im Federteller zu achten ist (siehe Bild 136). Zuzüglich Fahrzeugniveau an der Vorderachse kontrollieren und Scheinwerfereinstellung prüfen.

Vorderachshälfte aus- und einbauen

Ausbau

- Vorderen Stoßdämpfer ausbauen.
- Wagen vorne aufbocken.
- Vorderrad abnehmen.
- Vorderfeder ausbauen.
- Bremsleitung am Vorbau abschließen.
- Spurstange am Lenkspurhebel lösen und abdrücken.
- Die Stellung Lagerung des unteren Querlenker-Exzenterbolzen zum Rahmenboden bzw. Querjoch markieren (siehe Bild 137).

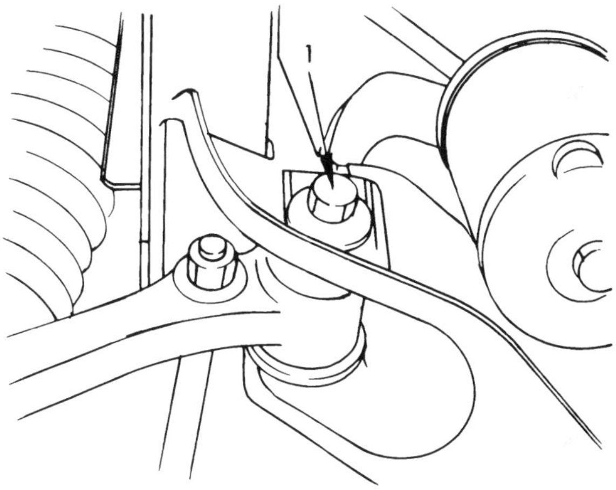

Bild 137
Vorderer Exzenterbolzen (Sturzverstellung)
1 Exzenterbolzen

- Abschirmblech am Querjoch abschrauben und Vorderachshälfte abstützen.
- Nach dem Lösen der Exzenterbolzen der vorderen und hinteren Lagerung des unteren Querlenkers diese herausschlagen.
- Sechskantschraube der Querjochlagerung lösen und herausnehmen und Querjoch etwas nach unten ziehen (Bild 138).
- Obere Querlenkerabstützung am Drehstab lösen.
- Lagerung des oberen Querlenkers am Vorbau vom Motorraum her lösen und herausnehmen.
- Vorderachshälfte abnehmen.

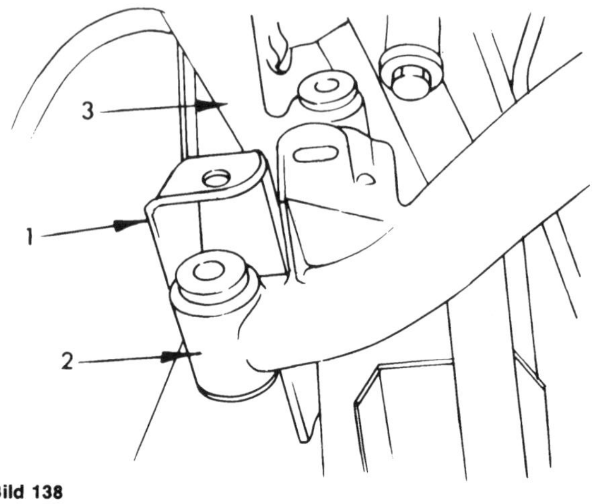

Bild 138
Querjochlagerung
1 Rahmenlängsträger
2 Querjoch
3 Unterer Querlenker

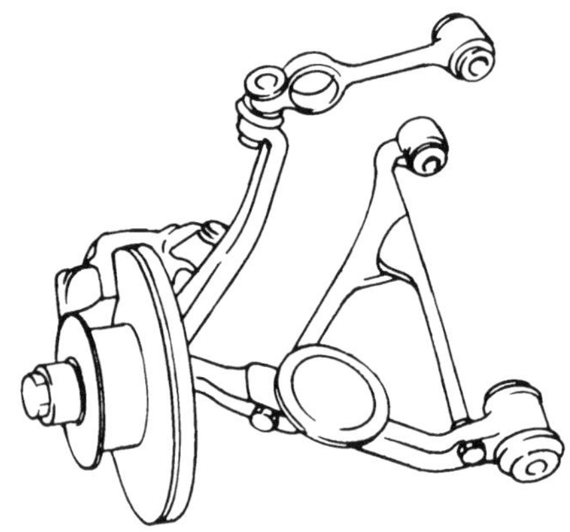

Bild 139
Vorderachshälfte

Einbau

Vor dem Einbau alle Gummilager prüfen und falls notwendig erneuern.

- Nach dem Einführen der Vorderachshälfte den oberen Querlenker am Vorbau und am Drehstab montieren, die Schrauben jedoch nicht festziehen. Gegenüberliegende Vorderachshälfte kann entsprechend angehoben werden, um eine günstigere Stellung des Drehstabes zu erhalten.
- Vordere Lagerung des unteren Querlenkers am Rahmen-Querträger montieren.
- Querjoch am Rahmen-Längsträger befestigen.
- Vorderfeder einbauen.
- Stoßdämpfer montieren.
- Bremsleitung anschließen und Bremse entlüften.
- Spurstange montieren.
- Vorderrad montieren und Wagen abbocken.
- Sturz- und Nachlauf-Exzenterbolzen auf Markierungen stellen und festziehen.
- Obere Querlenkerlagerung-Sechskantschraube am Vorbau festziehen und Abstützung am Drehstab montieren.
- Fahrzeugniveau an der Vorderachse kontrollieren und Einstellung der Vorderräder prüfen, wenn notwendig korrigieren.

Radlager-Axialspiel einstellen

- Fahrzeug aufbocken und Vorderrad abnehmen.
- Nabenkappe mit Vorrichtung 000 589 91 33 00 abziehen (siehe Bild 140).
- Kontaktfeder für Radioentstörung entfernen.
- Bremsklötze von der Bremsscheibe wegdrücken.
- Innensechskantschraube der Klemm-Mutter lösen und Klemm-Mutter unter gleichzeitigem Drehen der Nabe so fest anziehen, daß sich diese nur noch stramm durchdrehen läßt. Mutter wieder ca. $^1/_3$ Umdrehung zurückdrehen und die Spannung durch einen Schlag auf den Achsschenkelzapfen lösen.

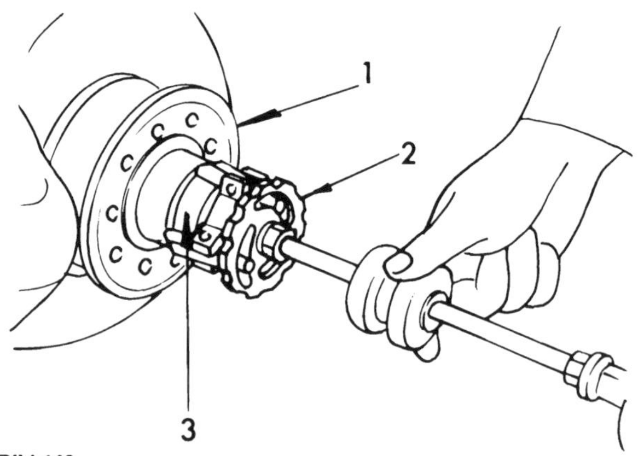

Bild 140
Nabenkappe abziehen
1 Vorderradnabe
2 Abzieh-und Andrückvorrichtung
3 Nabenkappe

- Halter 116 589 12 21 00 für Meßuhr auf Vorderradnabe aufsetzen und Meßuhr auf ca. 2 mm Vorspannung einstellen.
- Axialspiel der Radnabe durch kräftiges Ziehen und Drücken am Flansch kontrollieren. Vor jedem Messen die Radnabe einige Male durchdrehen. Bei richtig eingestelltem Radlager-Axialspiel muß sich die zwischen dem äußeren Kegelrollenlager und der Klemmmutter angeordnete Scheibe mit dem Finger gerade noch drehen lassen. Das Radlagerspiel muß aber grundsätzlich mit der Meßuhr eingestellt werden, wie es Bild 141 zeigt.

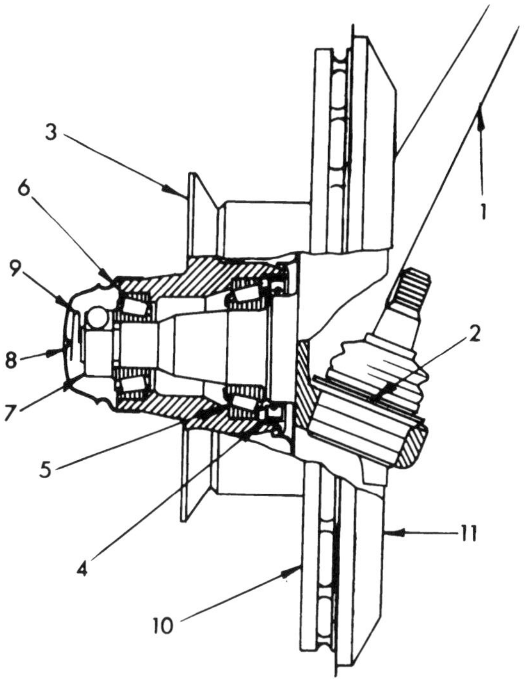

Bild 142
Schnittansicht der Vorderradnabe
1 Achsschenkel
2 Traggelenk
3 Vorderradnabe
4 Radialdichtring
5 Kegelrollenlager innen
6 Kegelrollenlager aussen
7 Klemm-Mutter
8 Nabenkappe
9 Kontaktfeder
10 Bremsscheibe
11 Abdeckblech

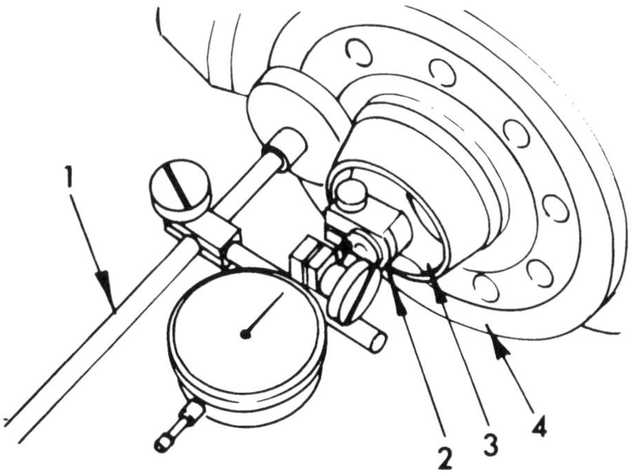

Bild 141
Axialspiel ausmessen
1 Messuhrhalter
2 Klemm-Mutter
3 Scheibe
4 Vorderradnabe

- Kontaktfeder für Radioentstörung einsetzen.
- Nabenkappe etwa bis zum Bördelrand mit vorgeschriebenem Fett füllen und mit Vorrichtung aufdrücken.
- Vorderrad montieren und Fahrzeug abbocken.

Radlager der Vorderradnabe erneuern

- Fahrzeug aufbocken und Vorderrad abnehmen.
- Bremszange ausbauen.
- Nabenkappe abziehen.
- Radioentstörungs-Kontaktfeder entfernen.
- Klemm-Mutter abschrauben und Scheibe abnehmen.
- Vorderradnabe, wenn notwendig, mit Abzieher 116 589 17 33 00 abziehen.
- Achsschenkelzapfen-Lauffläche für den Radialdichtring und Lagersitze am Zapfen kontrollieren.
- Innenring mit Rollenkäfig des äußeren Kegelrollenlagers aus der Nabe herausnehmen.
- Radialdichtring ausbauen.
- Innenring mit Rollenkäfig des inneren Kegelrollenlagers aus der Nabe herausnehmen.
- Außenring des inneren Kegelrollenlagers mit der Vorrichtung 116 589 11 43 00 aus der Nabe herausziehen.
- Außenring des äußeren Kegelrollenlagers mit einem geeigneten Messing- oder Aluminiumdorn gleichmäßig und vorsichtig herausschlagen.
- Vorderradnabe von der Bremsscheibe trennen.

- Flansch der Vorderradnabe auf Schlag prüfen.
- Gewindelöcher für Radbefestigung, Kegelrollenlager und Lagersitze in der Nabe kontrollieren.

Zusammenbau

- Außenringe der Kegelrollenlager einzeln in die Vorderradnabe mit der Vorrichtung einpressen.
- Vorgeschriebene Fettmenge von ca. 50 g für Lager und Nabe abwiegen. Rollenkäfig des inneren Kegelrollenlagers gut mit Fett ausfüllen.
- Innenring mit Rollenkäfig in die Nabe einsetzen und Stirnflächen der Rollen mit Fett versehen.
- Radialdichtring zwischen Dichtlippe und Staublippe mit Fett füllen und mit der Vorrichtung einpressen.
- Vorderradnabe mit dem restlichen Fett füllen.
- Bremsscheibe montieren.
- Radnabe auf den Achsschenkelzapfen drükken.
- Innenring mit Rollenkäfig des äußeren Kegelrollenlagers einsetzen.
- Scheibe aufsetzen und Klemm-Mutter aufschrauben und, wie schon vorhin beschrieben, das Radlager-Axialspiel einstellen.
- Bremszange mit neuem Sicherungsblech am Achsschenkel befestigen.

Achsschenkel aus- und einbauen

- Wagen hochbocken und Unterstellböcke außen an den unteren Querlenkern anbringen.
- Lenkspurhebel vom Achsschenkel abschrauben.
- Bremszange ausbauen, ebenso den Halter des Bremsschlauches.
- Vorderradnabe ausbauen.
- Sechskantmutter am Führungsgelenk abschrauben.
- Gelenk mit Vorrichtung 116 589 16 33 00 abdrücken.
- Sechskantmutter des Traggelenkes lösen.
- Achsschenkel oben etwas nach außen schwenken und Traggelenk vom unteren Querlenker mit Abdrückvorrichtung 116 589-09 33 00 abdrücken und Achsschenkel abnehmen.
- Je nach Bedarf das Abdeckblech vom Achsschenkel abschrauben.

Traggelenk im Achsschenkel kontrollieren. Das Traggelenk und Führungsgelenk der Achsschenkellagerung sind in Kunststoffschalen gelagerte Kugelgelenke. Das Gehäuse des Traggelenkes ist in den Achsschenkel eingepreßt,

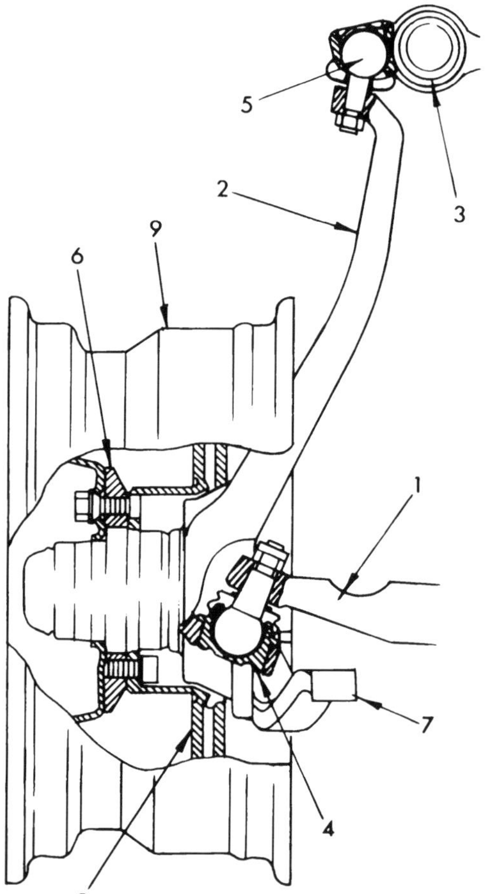

Bild 143
Schnittansicht des Achsschenkels und Lagerung
1 Unterer Querlenker
2 Achsschenkel
3 Oberer Querlenker
4 Traggelenk
5 Führungsgelenk
6 Vorderradnabe
7 Lenkspurhebel
8 Bremsscheibe
9 Scheibenrad

während das Führungsgelenk im oberen Querlenker angebracht ist. Die Kugelgelenke sind mit einer Schmiermittelfüllung auf Lebenszeit versehen und sind somit wartungsfrei. Bei einem solch wartungsfreien Gelenk ist die Abdichtung gegen Eindringen von Schmutz und Sand für die Lebensdauer des Gelenkes von entscheidender Bedeutung. Aus diesem Grund ist es notwendig, die Gelenke von Zeit zu Zeit zu überprüfen. Beschädigte Gummimanschetten müssen deshalb sofort erneuert werden. Ein bereits mit einer undichten Manschette gelaufenes Gelenk ist grundsätzlich zu erneuern. Bei einem defekten Führungsgelenk muß grundsätzlich der komplette obere Querlenker ersetzt werden. Der Kegelbolzen wird geprüft, indem ein ca. 150 mm langes Rohr darüber gesteckt und gleichmäßig hin- und herbewegt wird. Bei zu großem Spiel, nur ruckartiger Bewegungsmöglichkeit oder Knarrgeräuschen, ist das Gelenk zu erneuern.
Achsschenkel wieder einbauen, indem der obere und untere Querlenker an ihm befestigt wird. Darauf achten, daß die Sitze der Kugelbolzen für das Trag- und Führungsgelenk fettfrei gehalten werden. Falls sich beim Anziehen der Sechskantmutter der Kugelbolzen am Führungs- oder Traggelenk mitdreht, Distanzplatte einsetzen und durch Anziehen der Sechskantmutter den Konus des Kugelbolzens in den Achsschenkel einziehen (siehe Bild 144).

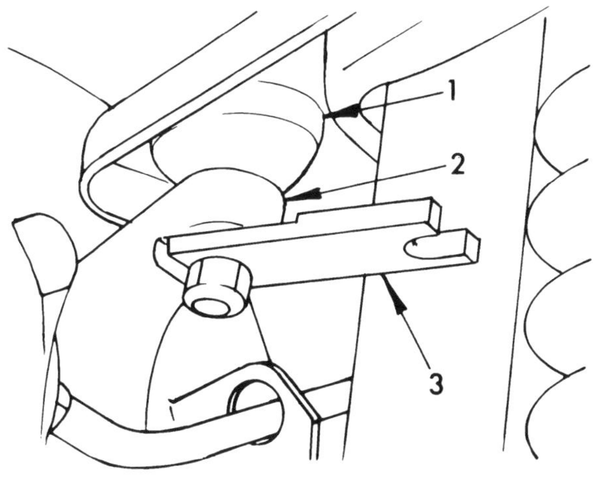

Bild 144
Befestigen der Kugelbolzen mit Hilfe der Distanzplatte
1 Führungsgelenk
2 Achsschenkel
3 Distanzplatte

Anschließend Mutter lösen, Distanzplatte herausnehmen und Sechskantmutter mit dem vorgeschriebenen Anzugsdrehmoment festziehen. Halter für Bremsschlauch am Abdeckblech befestigen und Vorderradnabe montieren sowie Radlager-Axialspiel einstellen. Bremszange einbauen und Lenkspurhebel mit neuem Sicherungsblech am Achsschenkel montieren und sichern. Vorderrad montieren, Wagen abbocken, Radeinstellung an der Vorderachse kontrollieren und wenn notwendig korrigieren sowie die Einstellung der Scheinwerfer überprüfen.

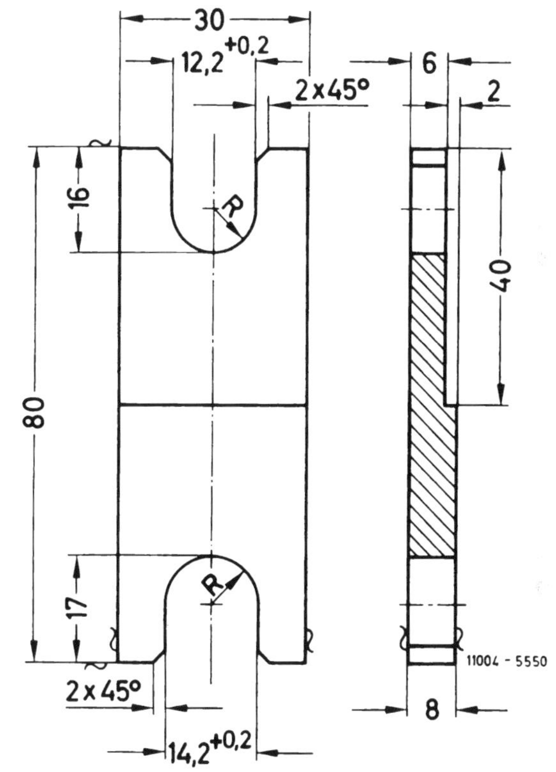

Bild 145
Skizze mit Massen zur Selbstanfertigung der Distanzplatte

Vorderradeinstellung

Die Daten für die Einstellung der Räder sind der Maß- und Einstelltabelle (Seite 135) zu entnehmen. Vor dem Ausmessen oder Einstellen ist es wichtig, daß Lenkung, Radaufhängung und Rad-

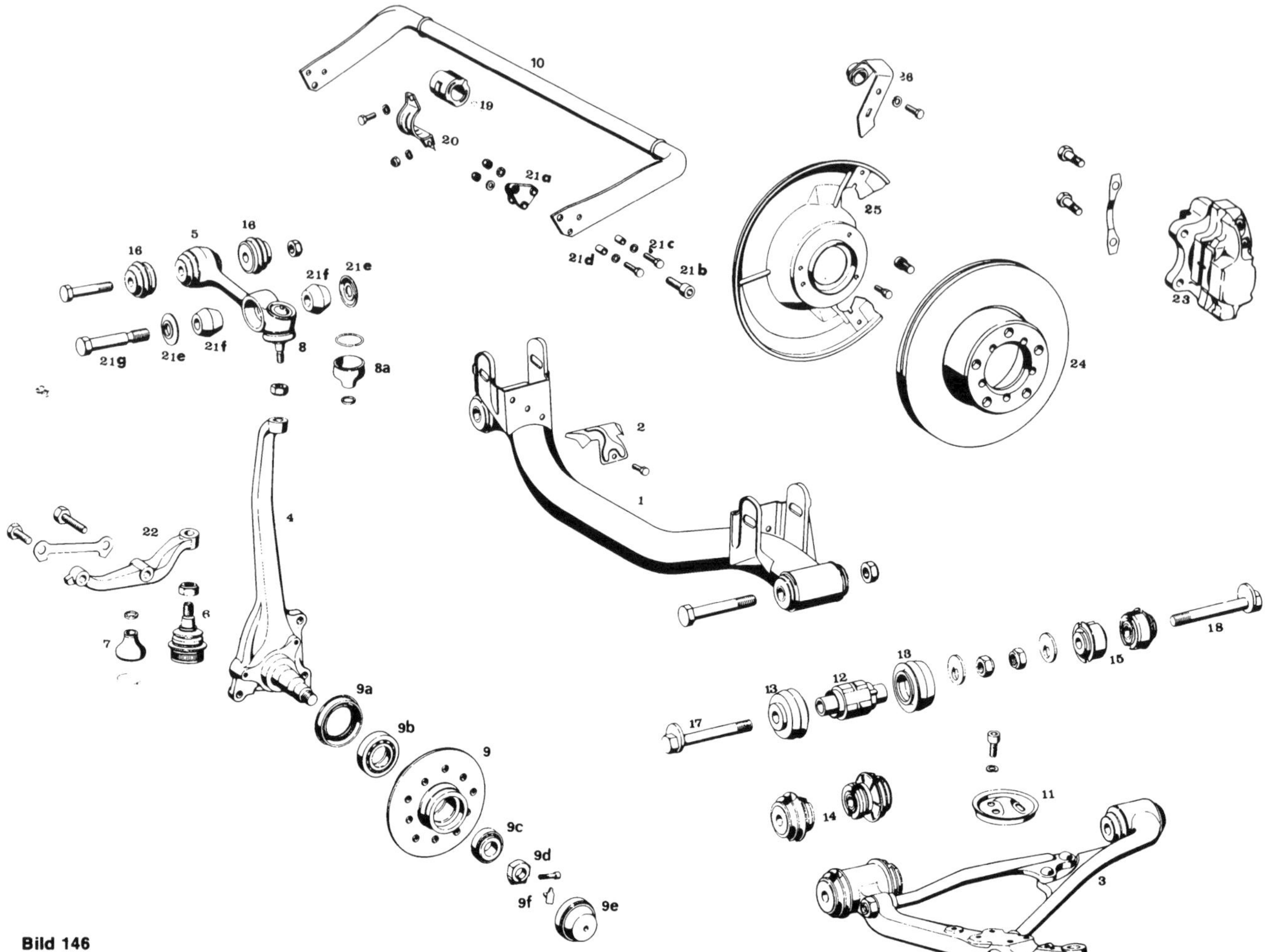

Bild 146
Bildtafel Vorderachse

1 Querjoch
2 Abschirmblech
3 Unterer Querlenker
4 Achsschenkel
5 Oberer Querlenker
6 Traggelenk
7 Manschette mit Flachdraht-Spannring und Spannring
8 Führungsgelenk
8a Manschette mit Flachdraht-Spannring und Spannring
9 Vorderradnabe
9a Radialdichtring
9b Kegelrollenlager innen
9c Kegelrollenlager aussen
9d Klemm-Mutter
9e Nabenkappe
9f Kontaktfeder
10 Drehstab
11 Teller für Vorderfeder
12 Radial-Torsionslager für die vordere Lagerung des unteren Querlenkers (2. Ausf.)
13 Axial-Gleitlager für die vordere Lagerung des unteren Querlenkers (2. Ausf.)
14 Gummilager für vordere Lagerung des unteren Querlenkers (1. Ausf.)
15 Gummilager für die hintere Lagerung des unteren Querlenkers
16 Gummilager für oberen Querlenker
17 Exzenterbolzen mit Exzenterscheiben und Sechskantmuttern für vordere Lagerung
18 Exzenterbolzen mit Exzenterscheiben und Sechskantmuttern für hintere Lagerung
19 Gummilager für die Lagerung des Drehstabes am Vorbau
20 Haltebügel
21a Klemmstück
21b Innensechskant-Klemmschraube
21c Sechskantschrauben mit Scheiben und selbstsichernden Muttern
21d Federspannhülsen
21e Tellerscheiben
21f Gummilager
21g Sechskantschraube
22 Lenkspurhebel
23 Bremszange
24 Bremsscheibe
25 Abdeckblech
26 Halter für Bremsschlauch

lager vorschriftsmäßig montiert wurden und vollkommen ohne Spiel sind. Das Fahrzeug muß auf ebenem Boden stehen und die Reifen müssen mit dem vorgeschriebenen Luftdruck gefüllt sein. Zum Kontrollieren muß ein richtiges Meßgerät benützt werden.

Einstellen der Vorspur

Zur Messung muß sich die Lenkung in Mittelstellung befinden. Arbeitskolben durch Einsetzen der Mittelstellungs-Kontrollschraube fixie-

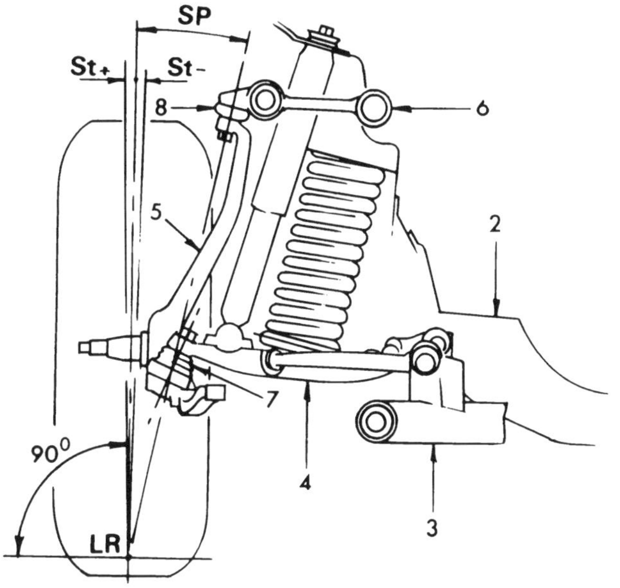

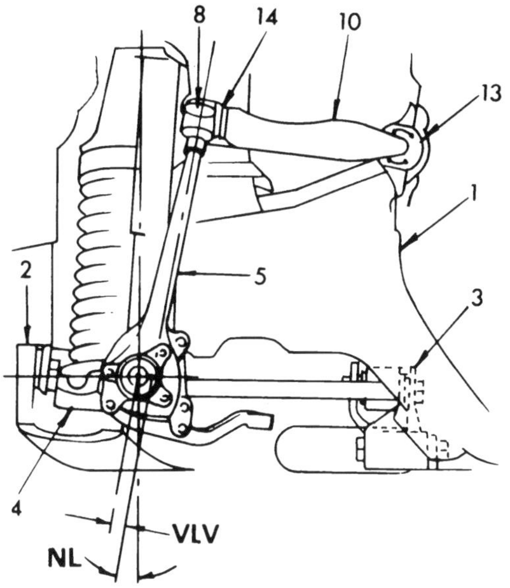

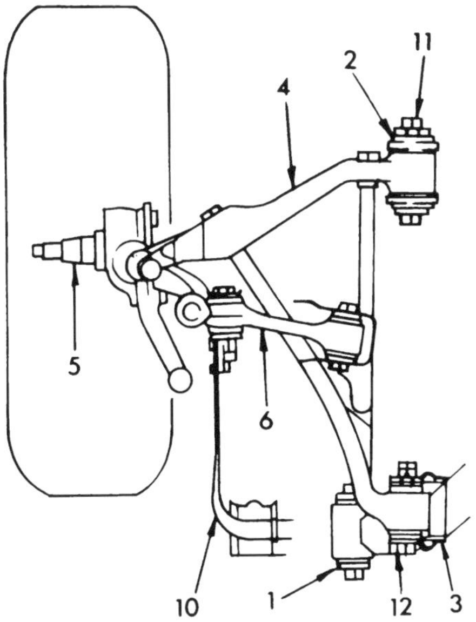

Bild 147
Zur Vorderrad-Einstellung
ST Sturz
NL Nachlauf
SP Spreizung
LR Lenkrollradius
VLV Vorlaufversatz

1 Rahmen-Längstrager
2 Rahmen-Quertrager
3 Querjoch
4 Unterer Querlenker
5 Achsschenkel
6 Oberer Querlenker
7 Traggelenk
8 Führungsgelenk
10 Drehstab
11 Exzenterbolzen der vorderen Lagerung (Sturzeinstellung)
12 Exzenterbolzen der hinteren Lagerung (Nachlaufeinstellung)
13 Lagerung des Drehstabes am Vorbau
14 Abstützung des oberen Querlenkers am Drehstab

ren. Darauf achten, daß die Lenkung bereits vor dem Lösen der Verschlußschraube (unten am Lenkgehäuse) annähernd in Mittelstellung ist, wegen Ölaustritt. Die Vorspur ist richtig eingestellt, wenn bei in Mittelstellung fixierter Lenkung an beiden Vorderrädern je der halbe Vorspurwert angezeigt wird.

Sturz- und Nachlaufeinstellung

Sturz und Nachlauf können nur zusammen eingestellt werden. Die Einstellung erfolgt an den inneren Lagerungen der unteren Querlenker durch Exzenterbolzen. Am vorderen Exzenter wird vorwiegend der Sturz, am hinteren Exzenter vorwiegend der Nachlauf verändert.

Zum Messen wird als Hilfsmittel ein Diagramm, bzw. eine Sturz-Nachlaufscheibe benötigt. Eine Sturzverstellung um 0° 10' nach Plus am vorderen Exzenter, ergibt eine Nachlaufverstellung von ca. 0° 10' nach Plus. Die gleiche Verstellung ergibt sich bei einer Minusveränderung. Eine Sturzverstellung um 0° 10' nach Plus ergibt eine Nachlaufveränderung um ca. 0° 30' nach Minus. Sturzverstellung 0° 10' nach Minus ergibt eine Nachlaufverstellung von ca. 0° 30' nach Plus.

Spurdifferenzwinkel

Das kurveninnere Rad 20° einschlagen und am kurvenäußeren Rad Differenzwinkel ablesen. Meßung bei Links- und Rechtseinschlag ablesen. Bei größeren Abweichungen zwischen Links- und Rechtseinschlag können folgende Ursachen sein:

— Vorspur nicht in Mittelstellung der Lenkung eingestellt.
— Lenkstockhebel auf Lenkwelle falsch montiert.
— Lenkspur-, Lenkstock- oder Lenkzwischenhebel verbogen.

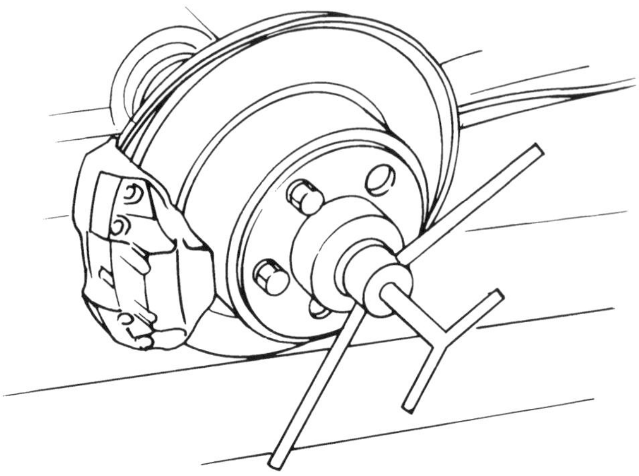

Bild 148
Montagevorrichtung

- Klemm-Mutter der Gelenkwelle lösen und Gelenkzwischenlager am Rahmenboden abschrauben. Bei der dreiteiligen Gelenkwelle nur die vordere Klemm-Mutter lösen.
- Gelenkwelle an der Hinterachse abflanschen und aus der Zentrierung nach vorne schieben.
- Hinterachsgehäuse mit einem Wagenheber oder Grubenlift unterstützen.

Die Hinterachse

Hinterachsmittelstück (Differential) mit Hinterachswellen

Ausbau

- Öl aus der Hinterachse ablassen.
- Bremszange auf der rechten Seite abschrauben und mit einem Haken aufhängen.
- Beiderseits Sechskantschraube zur Befestigung der Hinterachswelle am Hinterachswellenflansch herausschrauben.
- Hinterachswelle mit der Vorrichtung 115 589-09 61 00 aus dem Hinterachswellenflansch drücken (siehe Bild 148).
- Falls erforderlich, rechten hinteren Stoßdämpfer an der oberen Aufhängung lösen und Schräglenker bis zum Ausfederungsanschlag ablassen, wenn notwendig auch Auspuffanlage ausbauen.

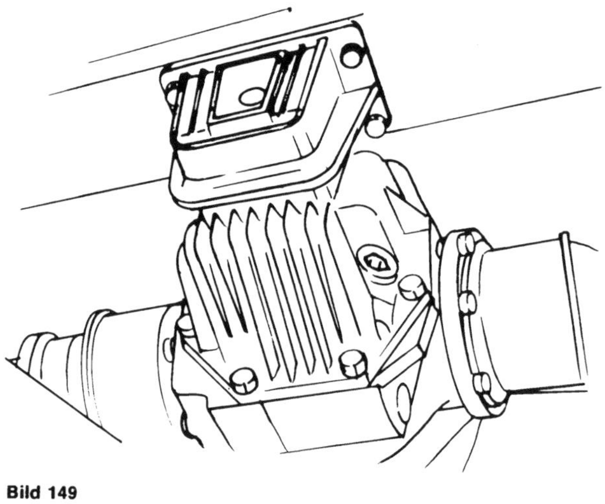

Bild 149
Hinterachsmittelstück 1. Ausführung

- Hinteres Gummilager am Rahmenboden abschrauben (Bild 149).
- Hinterachsmittelstück vom Hinterachsträger abschrauben.
- Hinterachsmittelstück ablassen und zusammen mit den Hinterachswellen abnehmen.

Beim Transport des Hinterachsmittelstückes mit Hinterachswellen ist darauf zu achten, daß die Hinterachswellen nicht herunterfallen. Die Gehäuse der beiden inneren Gleichlaufgelenke werden sonst beschädigt und undicht.

- Gummilager vom Hinterachsmittelstück abschrauben, prüfen und, falls erforderlich, erneuern.

Einbau

- Gummilager am Hinterachsmittelstück befestigen.
- Mittelstück mit den Hinterachswellen auf den Wagenheber auflegen und in Einbaulage bringen.
- Hinterachsmittelstück an den Hinterachsträger montieren.
- Beide Hinterachswellen mit der Vorrichtung jeweils in den Hinterachswellenflansch einziehen und mit den Sechskantschrauben festziehen.
- Hinterachsmittelstück bis zum Rahmenboden anheben und Gummilager am Rahmenboden befestigen.
- Gelenkwelle anflanschen und Zwischenlager leicht befestigen.
- Bremszange mit neuem Sicherungsblech montieren und festziehen.
- Öl in die Hinterachse bis zur Höhe der Einfüllöffnung einfüllen.
- Wagen im fahrfertigen Zustand einige Male hin- und herschieben und anschließend Klemm-Mutter an der Gelenkwelle anziehen.
- Gelenkwellenzwischenlager festziehen und Auspuffanlage einbauen.

Reparatur des Hinterachsmittelstücks

Von den Werkstätten wird eine Reparatur dies Differentials kaum mehr durchgeführt, da die Kosten der notwendigen Lehren und Werkzeuge zu hoch sind. Bei einer notwendigen Reparatur wird heutzutage ein Austauschteil eingebaut. Der Vorteil hier ist unter anderem nicht nur, daß die Standzeit des überholungsbedürftigen Fahrzeuges verkürzt wird, sondern auch die Garantie, die wie bei einem Neuteil ist. Infolgedessen werden hier nur diese Reparaturen beschrieben die ohne die Aufwendigen Lehren ausgeführt werden können.

Abdichtring am Antriebskegelrad wechseln

- Klemm-Mutter lösen und Gelenkwellenzwischenlager am Rahmenboden abschrauben. Bei der dreiteiligen Gelenkwelle nur die vordere Klemm-Mutter lösen.
- Gelenkwelle an der Hinterachse abflanschen und von der Zentrierung nach vorne schieben.
- Reibmoment des gesamten Hinterachsantriebes messen und notieren (siehe Bild 150). Beim Messen des Reibmoments ist darauf zu achten, daß die Hinterachswellen waagrecht liegen und weder die Bremsklötze an den Bremsscheiben noch die Bremsbacken der Feststellbremse an der Trommel streifen. Zum Messen ist der Reibmomentschlüssel 001 589 49 21 00, der Nutmutterschlüssel 115-589 01 07 00 und Reduzierstück 100 589 02-59 00 zu verwenden.

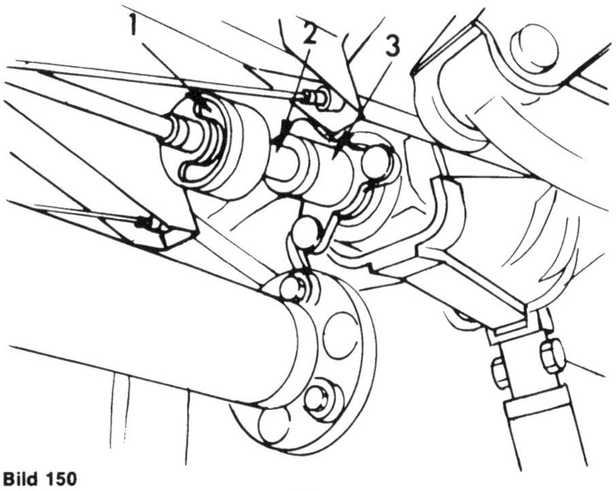

Bild 150
Reibmoment des Hinterachsantriebs messen.
1 Reibmomentschlüssel
2 Reduzierstück
3 Nutmutternschlüssel

- Halteschlüssel 115 589 00 07 00 auf den Gelenkflansch aufstecken und Nutmutter mit dem Nutmutterschlüssel lösen.
- Gelenkflansch gegebenenfalls mit einem geeigneten Abzieher vom Antriebskegelrad abziehen.
- Abdichtring mit einem Schraubenzieher aus dem Hinterachsgehäuse drücken.
- Lauffläche für den Abdichtring am Gelenkflansch kontrollieren und bei eingelaufener Lauffläche Gelenkflansch erneuern.

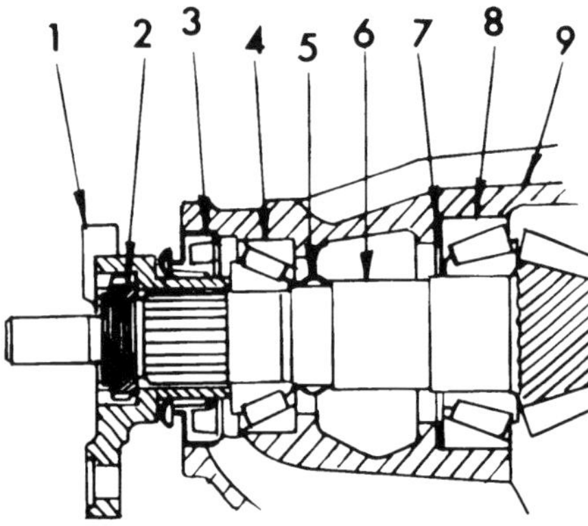

Bild 151
Schnittansicht von Antriebskegelrad

1 Gelenkflansch
2 Selbstsichernde Mutter
3 Abdichtung
4 Kegelrollenlager
5 Abstandhülse
6 Antriebskegelrad
7 Ausgleichscheibe
8 Kegelrollenlager
9 Hinterachsgehäuse

Einbau:

- Neuen Abdichtring am Außendurchmesser mit Dichtungsmasse bestreichen und mit dem Druckstück 116 589 12 61 00 bis zum Anschlag in das Hinterachsgehäuse einschlagen (Bild 152).

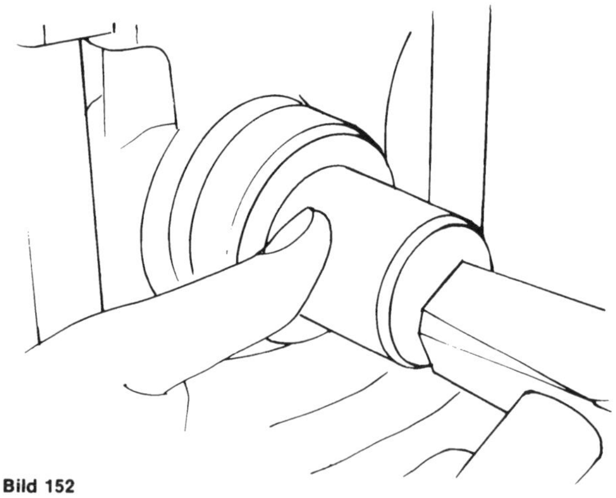

Bild 152
Erneuern des Abdichtringes von Antriebskegelrad

- Gelenkflansch aufstecken und selbstsichernde Nutmutter vorsichtig anziehen, bis das gemessene und notierte Reibmoment erreicht ist.
- Gelenkwelle anflanschen.
- Gelenkwellenzwischenlager leicht befestigen.
- Hinterachsgehäuse bis zur Höhe der Einfüllöffnung mit Öl füllen.
- Wagen im fahrfertigen Zustand einige Male hin- und herschieben.
- Klemm-Mutter an der Gelenkwelle anziehen und Gelenkwellenzwischenlager festziehen.

Lagerdeckel-Abdichtringe des Hinterachsgehäuses wechseln

Ausbau:

- Hinterachsgehäuse im Bereich des Lagerdeckels gründlich reinigen.
- Hinterachswelle auf der betreffenden Seite komplett ausbauen.
- Abdichtring mit Hilfe eines Schraubenziehers aus dem Lagerdeckel herausdrücken (siehe Bild 153).
- Lauffläche für den Abdichtring auf dem inneren Gelenkstern kontrollieren und, falls nötig, die Hinterachswelle erneuern.

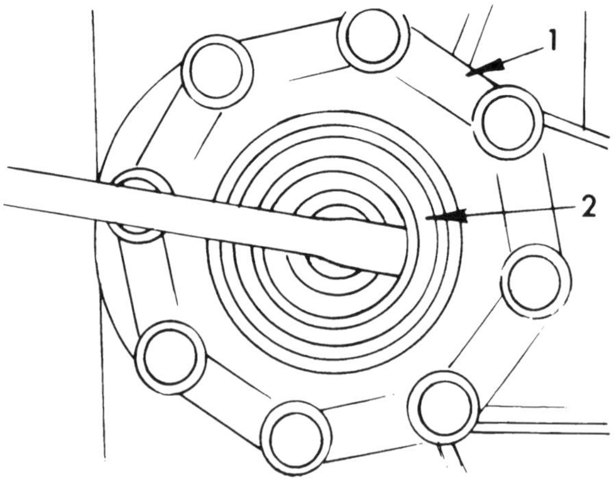

Bild 153
Abdichtring herausdrücken

1 Lagerdeckel
2 Abdichtring

Einbau

Die Abdichtringe sind mit einem Ölrückförderdrall versehen, der je nach Einbauseite unterschiedlich ist. Der Abdichtring für die linke Seite hat eine rote Kennzeichnung und für die rechte Seite eine grüne Kennzeichnung. Die Abdichtringe dürfen unter keinen Umständen verwechselt werden, da sonst eine Saugwirkung entsteht.

- Neuen Dichtring mit Dichtungsmasse am Außendurchmesser bestreichen und mit dem Einrückdorn 116 589 05 43 00 einschlagen, bis er mit dem Lagerdeckel bündig ist.
- Hinterachswelle komplett mit Abstandring einbauen und einen neuen Sicherungsring zwischen Gelenkstern und Hinterachswellenrad verwenden.
- Axialspiel zwischen innerem Gelenkstern und Ausgleichgetriebegehäuse prüfen. Es darf kein spürbares Axialspiel vorhanden sein. Der Sicherungsring soll sich aber noch in der Nute drehen lassen. Im Bedarfsfall entsprechend dickeren oder dünneren Abstandring montieren.
- Hinterachse bis zur Höhe der Einfüllöffnung mit Öl füllen.

- Hinterachsgehäuse mit Grubenlift oder Wagenheber unterstützen.
- Hinteres Gummilager am Rahmenboden abschrauben.
- Mittelstück ablassen.
- Hinterachsgehäuse reinigen.
- Sechskantschrauben zur Befestigung des Deckels am Hinterachsgehäuse herausschrauben und Deckel abnehmen.
- Sicherungsring zwischen innerem Gleichlaufgelenk und Hinterachswellenrad mit einer Zange oder einem Haken abziehen und aus dem Gehäuse nehmen (Bild 154).

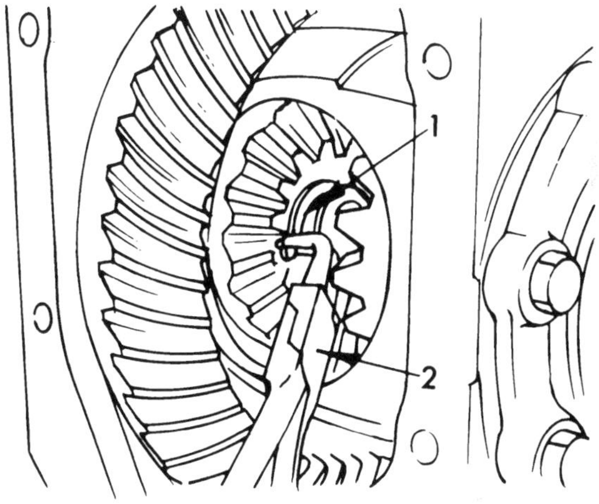

Bild 154
Abnehmen des Sicherungsringes
1 Zange abgebogen
2 Sicherungsring

Hinterachswelle komplett aus- und einbauen

Ausbau

- Öl aus der Hinterachse ablassen.
- Bremszange auf der entsprechenden Seite abschrauben und mit einem Haken aufhängen.
- Sechskantschraube zur Befestigung der Hinterachswelle am Hinterachswellenflansch herausschrauben und Hinterachswelle mit der Vorrichtung (siehe Seite 86) aus dem Hinterachswellenflansch drücken.
- Falls erforderlich, Stoßdämpfer an der oberen Aufhängung lösen und Schräglenker bis zum Ausfederungsanschlag ablassen.
- Hinterachswelle aus dem Hinterachswellenrad ziehen und mit dem Abstandsring abnehmen. Die Hinterachswelle ist in den beiden Gleichlaufgelenken schwimmend und axial verschiebbar gelagert. Sie läßt sich in Konstruktionslage um ca. 15 bis 20 mm zusammenschieben, bei voll ausgefederten Schräglenkern ca. 30 mm.

Bei Fahrzeugen mit Anfahrmoment-Ausgleich ist genauso, wie beschrieben, vorzugehen, nur daß der jeweilige Bremsschlauch abgeschraubt wird. Bremsseilzug aushängen, Halter am Radträger abschrauben, Gummitülle abnehmen und Hülle zurückschieben.

Einbau

Wegen des Ölrückförderdralls auf dem inneren Gelenkstern ist darauf zu achten, daß die richtige komplette Hinterachswelle auf der entsprechenden Seite des Hinterachsmittelstücks montiert wird. Zur Kennzeichnung ist auf der Stirnseite des Gelenksterns innen ein «R» (rechts) bzw. «L» (links) eingeschlagen (Bild 155).

Bild 155
Kennzeichnung der Hinterachswelle

Wird eine neue Hinterachswelle eingebaut, dann den zuvor ausgebauten Abstandring (1) auf das innere Gleichlaufgelenk aufstecken (Bild 156).

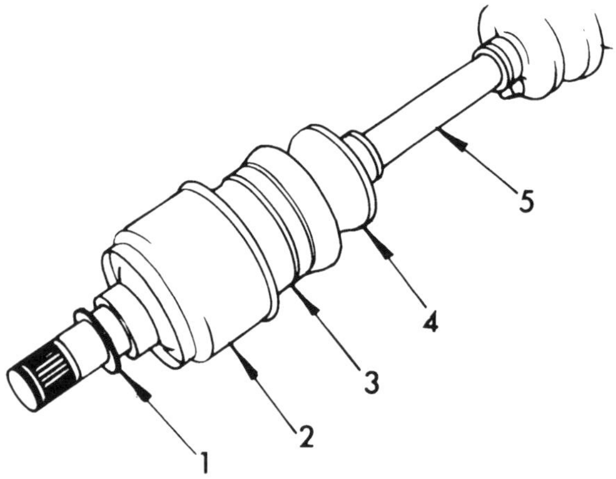

Bild 156
Die Hinterchswelle

1 Abstandsring
2 Schutzhülse
3 Anschlaghülse
4 Gummimanschette
5 Hinterachswelle

- Komplette Hinterachswelle in das Hinterachswellenrad einführen.
- Neuen Sicherungsring in die Nute des inneren Gleichlaufgelenkes eindrücken.
- Axialspiel zwischen innerem Gelenkstern und Ausgleichsgetriebegehäuse prüfen. Wie schon erwähnt, darf kein spürbares Axialspiel vorhanden sein.
- Hinterachswelle ganz zusammenschieben und mit der Vorrichtung in den Hinterachswellenflansch einziehen.
- Sechskantschraube zur Befestigung der Hinterachswelle am Hinterachswellenflansch einschrauben und festziehen.

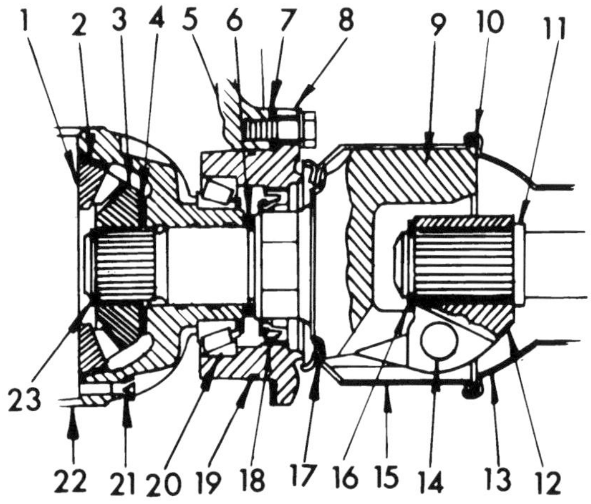

Bild 157
Schnittansicht der Hinterachswellenverbindung

1 Ausgleichskegelrad
2 Kugelscheibe
3 Hinterachswellenrad
4 Anlaufscheibe
5 Hinterachsgehäuse
6 Abstandring
7 Ausgleichscheibe
8 Lagerdeckel
9 Innerer Gelenkstern
10 Dichtring
11 Hinterachswelle
12 Sterngelenknabe
13 Anschlaghülse
14 Kugel
15 Schutzhülse
16 Sicherungsring
17 Dichtring
18 Radialdichtring
19 Dichtring
20 Kegelrollenlager
21 Spannhülse
22 Ausgleichsbolzen
23 Sicherungsring

- Abschlußdeckel mit Dichtungsmasse montieren und Befestigungsschrauben anziehen.
- Hinterachsgehäuse anheben und Gummilager am Rahmenboden anschrauben und festziehen.
- Wagenheber oder Grubenlift ablassen.
- Bremszange mit einem neuen Sicherungsblech montieren.
- Bei Fahrzeugen mit Anfahrmoment-Ausgleich den Halter für den Bremsseilzug montieren, Hülle und Gummitülle aufschieben. Seilzug einhängen und Feststellbremse einstellen. Bremsschlauch montieren und Bremsanlage entlüften.

- Hinterachsgehäuse bis zur Höhe der Einfüllöffnung mit Öl füllen.

Hinterachswellenflansch aus- und einbauen und Lagerung einstellen

Arbeiten an der Lagerung des Hinterachswellenflansches können auch bei eingebauter Hinterachse vorgenommen werden.

Ausbau

- Befestigungsschraube der Hinterachswelle herausschrauben und Welle mit Vorrichtung aus dem Hinterachswellenflansch drücken.
- Bei eingebauter Hinterachse bindet man die Hinterachswelle zweckmäßigerweise mit einem Draht am Drehstab an, damit ein weiteres störungsfreies Arbeiten möglich ist.
- Bremszange und Bremsscheibe ausbauen, gegebenenfalls die Bremsbacken der Feststellbremse ausbauen.
- Nutmutter am Hinterachswellenflansch entsichern.
- Montageplatte 136 589 05 31 00 mit Verlängerung am Hinterachswellenflansch befestigen.
- Nutmutter mit dem Nutmutterschlüssel 115-589 02 07 00 lösen (Bild 158).
- Dichtungslaufring abnehmen.
- Inneren Abdichtring mit einem Schraubenzieher aus dem Radträger entfernen.
- Hinterachswellenflansch mit der Vorrichtung 100 589 02 33 00 aus dem Radträger schlagen.
- Lagerinnenring mit Abstandshülse abnehmen.
- Äußeren Abdichtring vom Radträger abdrükken.
- Lageraußenring des äußeren Kegelrollenlagers mit der Vorrichtung 115 589 00 33 00 aus dem Radträger ziehen.
- Lageraußenring des inneren Kegelrollenlagers mit dem Dorn 115 589 02 43 00 aus dem Radträger schlagen.
- Äußeren Lagerinnenring vom Hinterachswellenflansch abdrücken.
- Sämtliche Einzelteile auf Wiederverwendbarkeit prüfen. Besonders auf die Laufflächen für die Abdichtringe am Hinterachswellenflansch und am Dichtungslaufring achten. Eingelaufene Teile müssen erneuert werden. Den Hinterachswellenflansch auf Höhen- und Seitenschlag kontrollieren.

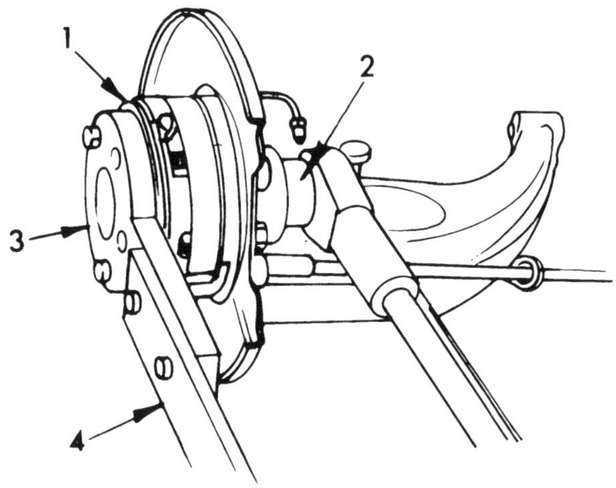

Bild 158
Nutmutter des Hinterachswellenflansch lösen.
1 Hinterachswellenflansch
2 Nutmutternschlüssel
3 Montageplatte
4 Verlängerung zum Gegenhalten

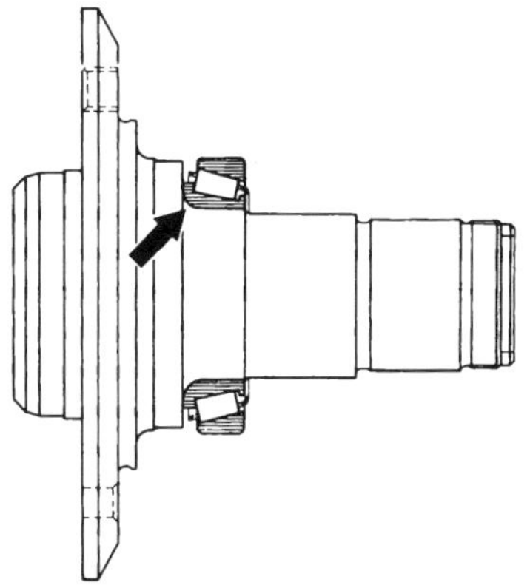

Bild 159
Schnittansicht des Hinterachswellenflansch.

Einbau

- Lagerinnenring des äußeren Kegelrollenlagers mit einem passenden Rohr auf den Hinterachswellenflansch aufpressen.
- Beide Lageraußenringe in den Radträger mit dem Einziehwerkzeug 116 589 11 61 00 einziehen.
- Sitz für den äußeren Abdichtring am Radträge mit Dichtungsmasse bestreichen und neuen Abdichtring mit dem Einziehwerkzeug aufziehen. Den Abdichtring vorsichtig aufziehen, denn er soll an der Fase am Radträger unten gerade anliegen.
- Hohlraum zwischen den beiden Lageraußenringen im Radträger mit 50 g Mehrzweckfett füllen.
- Eine neue Abstandshülse auf den Hinterachswellenflansch aufstecken und Hinterachswellenflansch in den Radträger einführen.
- Den Lagerinnenring für das innere Kegelrollenlager auf den Hinterachswellenflansch aufstecken.
- Neuen Abdichtring zwischen den beiden Dichtlippen mit Wälzlagerfett füllen und am Außendurchmesser mit Dichtungsmasse bestreichen.
- Lagerinnenring und Abdichtring zusammen mit der Montagevorrichtung auf, bzw. einpressen.
- Dichtungslaufring aufstecken und eine neue Nutmutter aufschrauben.

Lagerung einstellen

- Montageplatte mit Verlängerung am Hinterachswellenflansch befestigen (Bild 158).
- Nutmutter mit dem Nutmutterschlüssel solange vorsichtig anziehen, bis das Axialspiel von 0,04 bis 0,06 mm erreicht ist.
- Meßuhrhalter am Radträger befestigen.
- Axialspiel des Hinterachswellenflansches prüfen, indem der Hinterachswellenflansch unter gleichzeitiger Drehbewegung nach rechts und links axial hin- und herbewegen. Wenn durch ein zu starkes Anziehen der Nutmutter kein Axialspiel mehr vorhanden ist, muß eine neue Abstandshülse eingebaut werden. Durch Lösen der Nutmutter kann das Spiel nicht korrigiert werden.
- Nutmutter durch Umbiegen an zwei Stellen in die entsprechenden Nuten im Hinterachswellenflansch sichern (Bild 160).

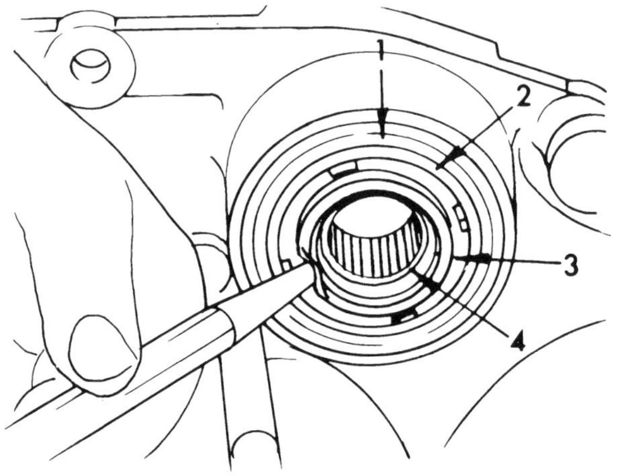

Bild 160
Sichern der Nutmutter im Hinterachswellenflansch.

- Sechskantschraube zur Befestigung der Hinterachswelle am Hinterachswellenflansch festziehen.
- Bremsbacken der Feststellbremse, sofern ausgebaut, wieder einbauen.
- Bremsscheibe und Bremszange montieren und Bremsanlage entlüften.

Hinteren Stoßdämpfer aus- und einbauen

Die hinteren Stoßdämpfer dienen gleichzeitig als Ausfederungsanschlag für die Hinterräder. Deshalb die Stoßdämpferaufhängung nur lösen, wenn das Fahrzeug auf den Rädern steht oder der Schräglenker abgestützt ist.

Ausbau

- Fondsitz und Rückenlehne herausnehmen.
- Deckel aus Heckwand abnehmen.
- Nach Lösen der oberen Aufhängungs-Sechskantschrauben Scheibe und Gummiring abnehmen.
- Sechskantschrauben der unteren Aufhängung lösen.
- Stoßdämpfer nach unten herausnehmen.
- Vor dem Einbau Aufhängungsteile überprüfen. Der Haltebügel der unteren Stoßdämpferaufhängung muß fest im Gummilager sitzen. Das Gummilager darf im Aufhängungsauge nicht drehbar sein.

Einbau

- Stoßdämpfer einführen.
- Obere Aufhängung montieren, dabei beachten, daß alle Teile richtig sitzen.
- Untere Aufhängung am Schräglenker montieren.
- Deckel in Heckwand einsetzen, dann Rükkenlehne und Fondsitz montieren.

Fahrkeugniveau an der Hinterachse

Gemessen wird die Lage der Schräglenker. Das Sonderwerkzeug auf inneren Lagerbolzen des Schräglenkers aufsetzen und unter dem Gehäuse des Gleichlaufgelenkes, zur Anlage bringen. Auf der Skala kann dann der Wert in mm abgelesen werden. Zur Korrektur gibt es Gummilager in verschiedenen Stärken (9,5, 14 und 19 mm). Eine 5-mm-Änderung am Gummilager ergeben ca. 7 mm an der Querlenkerstellung.

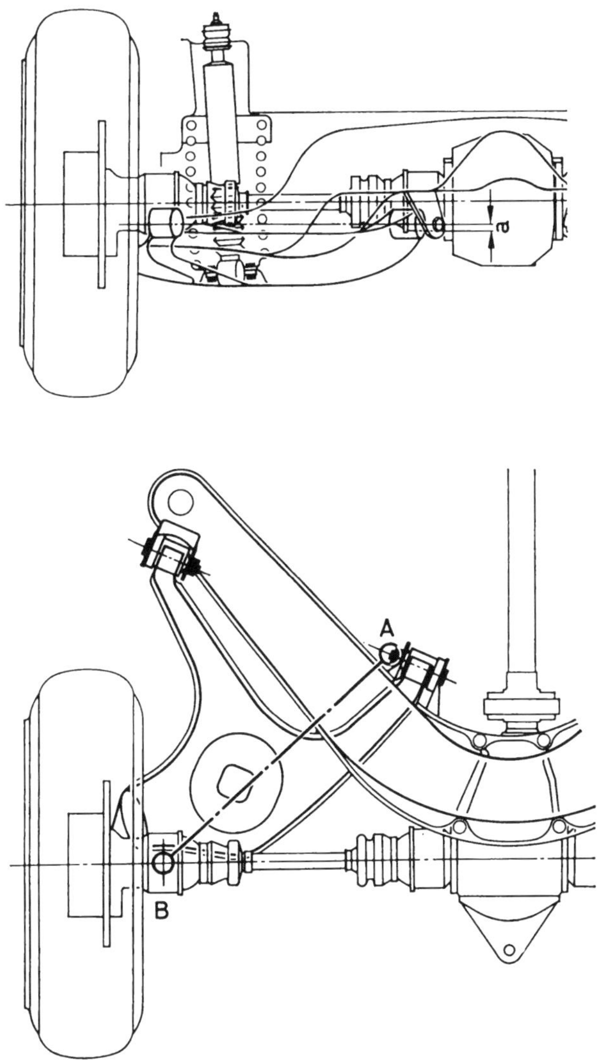

Bild 161
Zur Einstellung der Hinterräder
a Schräglenkerstellung (Höhenunterschied Achse hintere Schräglenkerlagerung (A) - Unterkante Topf für äusseres Gleichlaufgelenk (B).

Die Bremsen

Das Zweikreis-Bremssystem mit optischer Warneinrichtung besteht aus der hydraulisch auf alle vier Räder werkenden Fußbremse mit Servounterstützung. Sowohl die Vorderräder als auch die Hinterräder sind mit Scheibenbremsen ausgerüstet und haben einen in sich geschlossenen Bremskreis. Fällt ein Bremskreis infolge einer undichten Stelle aus, bleibt der andere trotzdem voll funktionsfähig. Die mechanische fußbetätigte Feststellbremse wirkt auf die Hinterräder. Zum Lösen dieser muß ein Knopf am Armaturenbrett betätigt werden.

Bremsklötze erneuern

Die Bremsklötze sollten erneuert werden, wenn die Stärke des Belagmaterials bis auf 2 mm abgenutzt ist.

- Fahrzeug aufbocken und die Räder vollkommen entfernen.
- Schacht-Abdeckblech an der vorderen Bremszange ausbauen, den oberen Haltestift mit einem Durchschlag geeigneter Größe herausschlagen, die Kreuzfeder entfernen und den unteren Stift herausschlagen.
- Falls die Bremsklötze wieder verwendet werden sollen, sind sie in der Einbaulage zu kennzeichnen und danach herauszuziehen. Falls sie erneuert werden, können sie sofort herausgezogen werden.
- Die Aufnahmeschlitze der Bremszangen oder Bremssättel gründlich reinigen und prüfen, daß die Staubschutzabdichtungen der Zylinder nicht beschädigt sind.
- Falls die Bremsklötze sehr abgenutzt waren, wird es erforderlich, die Kolben in die Zylinder zurückzudrücken. Dabei ist darauf zu achten, daß keine Bremsflüssigkeit aus dem Vorratsbehälter herausgedrückt wird. Falls erforderlich, etwas Flüssigkeit absaugen.

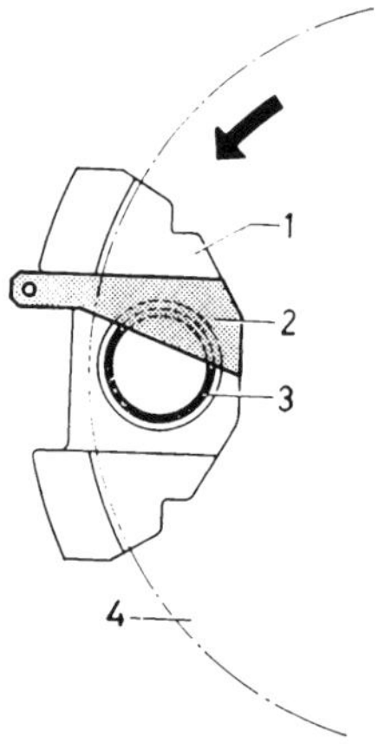

Bild 162
Lehre zur Kolbenüberprüfung (Vorderbremse)
1 Bremssattel
2 Kolbenlehre
3 Kolben
4 Bremsscheibe

- Außerdem ist zu kontrollieren, daß der Einschnitt der Kolben im Verhältnis zur Führungsfläche des Bremsklotzes steht. Der Kolben wird mit einer Lehre geprüft (Bild 162), und wenn richtig eingesetzt, muß die Erhöhung am Kolben der vorderen Bremszangen nach unten und bei den hinteren Bremszangen nach oben zeigen.

Einbau der Bremsklötze:

- Belagrückenplatte an den mit Pfeilen im Bild 163 bezeichneten Stellen leicht mit Molykote-Paste «U» oder Liqui-Moly-Paste 36 einreiben.
- Die neuen Klötze einsetzen.
- Bei der Teves-Bremszange die Kreuzfeder, bei der Bendix-Bremszange die Belaghaltefedern auflegen und die Haltestifte einschlagen.
- Einen der Haltestifte einschlagen.
- Spannfeder anbringen.
- Zweiten Stift einschlagen, während die Feder nach innen gedrückt wird.
- An den vorderen Bremszangen Schacht-Abdeckbleche montieren.
- Kontrollieren, ob sich die Bremsklötze einwandfrei bewegen können.
- Bremspedal einige Male durchtreten, um die Bremsklötze in die richtige Lage zu bringen.
- Räder anbringen und Fahrzeug ablassen.

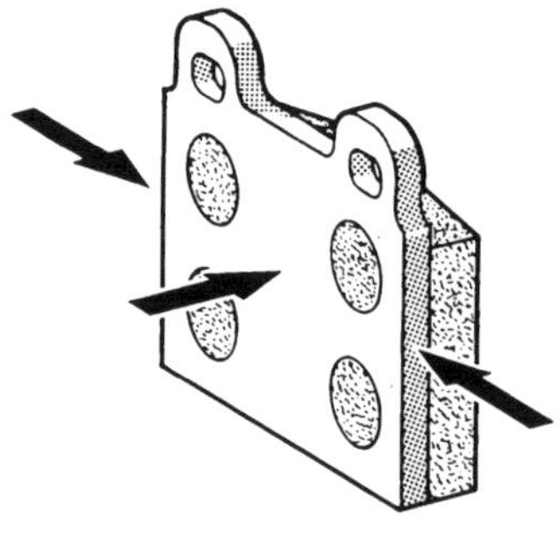

Bild 163
Zum Einbau der Bremsklötze

Vorderradbremsen

Vordere Bremszangen ausbauen

- Fahrzeug vorne aufbocken und Räder abnehmen.
- Bremsflüssigkeit aus dem vorderen Bremskreis über eine geöffnete Entlüfterschraube herauspumpen.
- Bremsschlauch an der Bremsleitung lösen und sofort mit geeigneter Kappe verschliessen.
- Bremsschlauch an der Bremszange lösen, vom Halter abnehmen und wie schon erwähnt, die Anschlüsse verschließen.
- Sicherungsblech aufbiegen und beide Befestigungsschrauben lösen.
- Bremszange abnehmen.

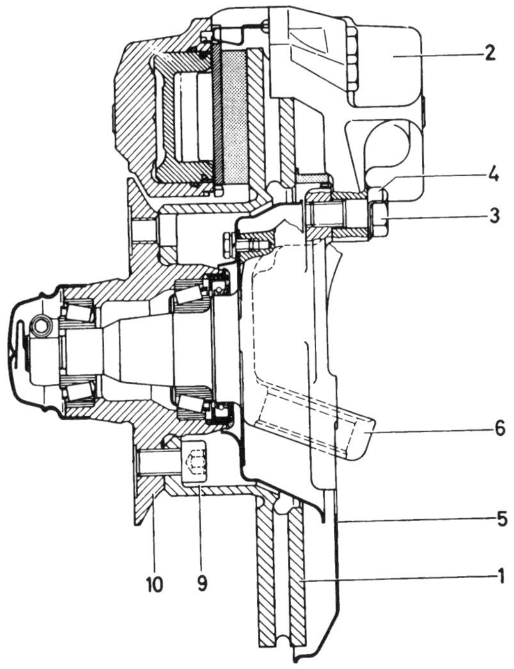

Bild 164
Schnittansicht der Bremsscheibe-Kolben und Bremszange
1 Bremsscheibe
2 Bremszange
3 Befestigungsschraube
4 Sicherungsblech
5 Abdeckblech
6 Achsschenkel
9 Innensechskantschraube
10 Vorderradnabe

Bremszange zerlegen

- Bremsklötze ausbauen, wie es beschrieben wurde.
- Staubkappe mit einem Schraubenzieher vom Gehäuse entfernen.
- Mit der Kolbenrücksetzzange 111 589 07 37-00 einen Kolben in der Bremszange festhalten und den gegenüberliegenden Kolben dann mit Preßluft herauspressen (Bild 165).
- Spannvorrichtung (Selbstanfertigung) in der Bremszange so ansetzen, daß die Gummiplatte die Bohrung abdichtet (Bild 166).

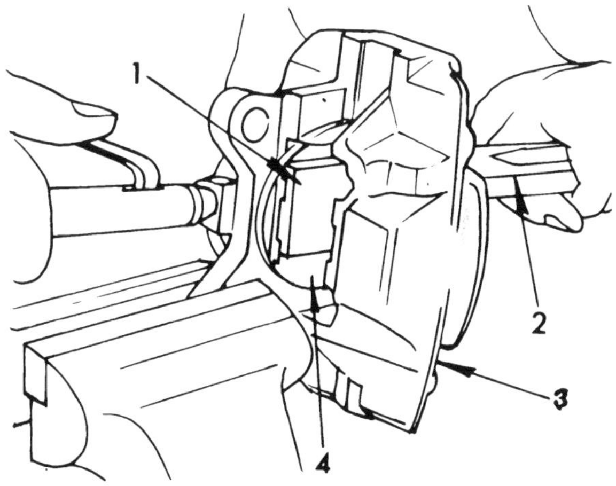

Bild 165
Ausbau des Kolbens aus der Bremszange
1 Gummiplatte an Rücksetzzange
2 Rücksetzzange
3 Bremszange
4 Kolben

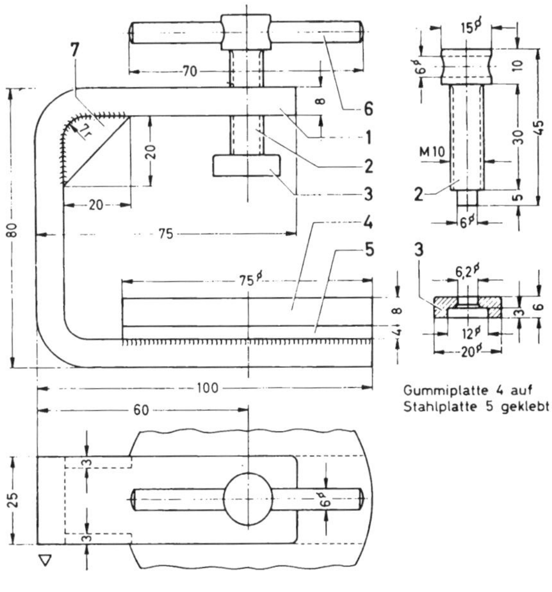

Bild 166
Masse der Spannvorrichtung zur Selbstanfertigung

- Den zweiten Kolben aus der Bremszange herauspressen.
- Kolbendichtung aus den Nuten der Zylinderbohrungen herausnehmen.
- Teile auf Beschädigungen kontrollieren.

HINWEIS: Die beiden Hälften der Bremszange dürfen nicht voneinander getrennt werden, da die Befestigungsschrauben vom Herstellerwerk mit einem bestimmten Drehmoment angezogen sind.

Vordere Bremszangen zusammenbauen

- Neue Kolbendichtung leicht mit ATE Bremszylinderpaste einreiben und in die Nut der Zylinderbohrung einsetzen (Bild 167).

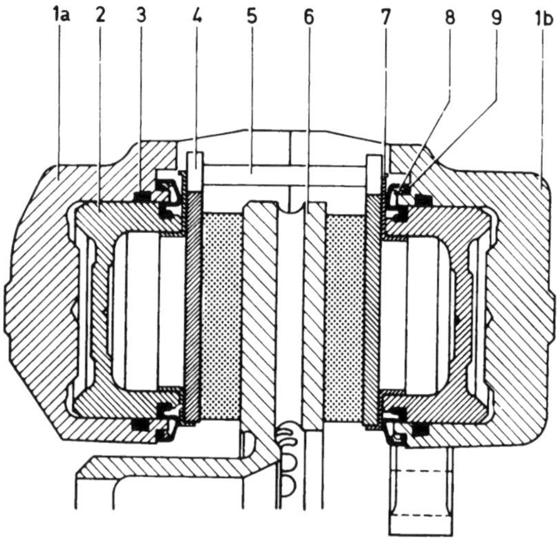

Bild 167
Schnittansicht der äusseren und inneren Bremszangenhälfte
1a Äussere Bremszangenhälfte
1b Innere Bremszangenhälfte
2 Kolben
3 Kolbendichtring
4 Bremsklotz
5 Haltestift
6 Bremsscheibe
7 Wärmeabschirmblech
8 Klemmring
9 Staubkappe

- Kolben in die Bohrung einschieben.
- Mit der Kolbenlehre 001 589 30 21 00 Stellung des Kolbens in der Bremszange prüfen (Bild 168).

- Staubkappe am Bund der Bremszange ansetzen und unter Verwendung von einem geeigneten Druckteller sowie einer Handpresse mit ca. 30 kp Druck auf den Bund der Bremszange aufdrücken.
- Wärmeabschirmblech so in den Kolben einsetzen, daß die Aussparung im Blech genau in die Erhöhung des Kolbens paßt.
- Vorrichtung 000 589 49 63 00 in die Bremszange einsetzen und Wärmeabschirmblech in den Kolben einpressen. Die Erhöhung am Kolben muß mindestens 0,1 mm über das Wärmeabschirmblech hinausragen. Die Abschirmbleche für den inneren und äußeren Kolben sind verschieden.
- Bremsklötze einbauen, wie es bereits beschrieben wurde.

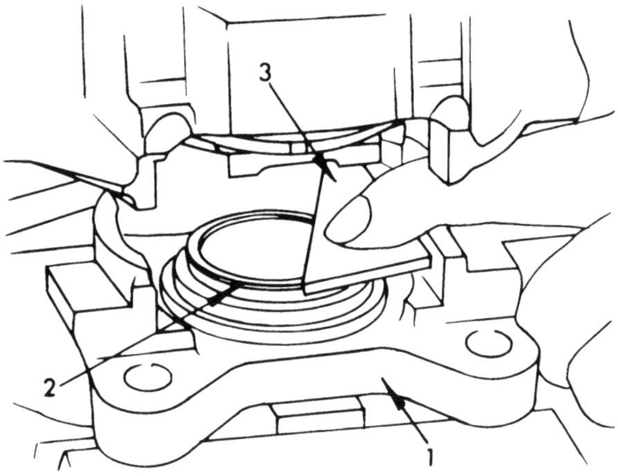

Bild 168
Lehre zur Überprüfung der Kolbenstellung.
1 Bremszange
2 Kolben
3 Kolbenlehre

Vordere Bremszangen einbauen

Die Bremszangen einer Achse müssen den gleichen Kolbendurchmesser haben. Ferner sollten an einer Achse nur Bremszangen eines Herstellers eingebaut werden. Bremszange in die richtige Lage bringen und unter Verwendung eines neuen Sicherungsbleches mit den Sechskant-Paßschrauben am Achsschenkel befestigen. Die verbleibenden Arbeiten sind in umgekehrter Reihenfolge wie beim Ausbau vorzunehmen. Darauf achten, daß der Bremsschlauch nicht verdreht wird und beim Einschlagen der Lenkung nirgends anliegt. Abschließend ist die Bremsanlage zu entlüften und vor Beginn der Fahrt Bremsfußhebel mehrere Male kräftig betätigen.

Bremsscheibe aus- und einbauen

- Die betreffende Bremszange, wie schon beschrieben sowie die Vorderradnabe ausbauen.
- Drei Sechskantschrauben M12 x 1,5 in die Vorderradnabe einschrauben und dann unter Verwendung von Aluminium-Backen in einen Schraubstock spannen (Bild 169).

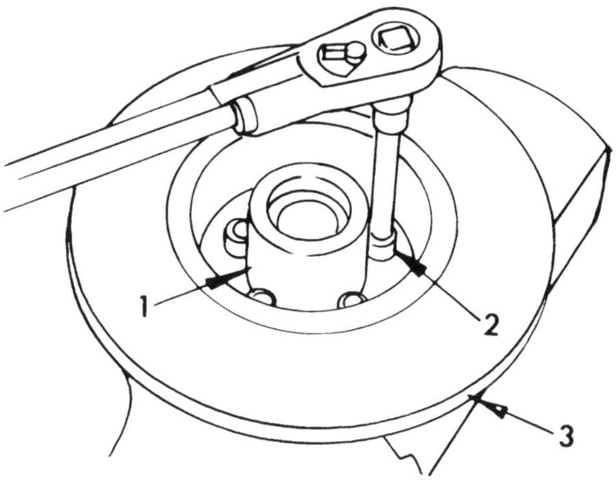

Bild 169
Zum Ausbauen der Bremsscheibe
1 Radnabe
2 Steckschlüssel
3 Bremsscheibe

- Selbstsichernde Innensechskantschrauben, mit denen die Bremsscheibe an der Vorderradnabe befestigt ist, herausschrauben.
- Bremsscheibe auf Verschleiß prüfen und bei Riefenbildung von etwa 0,5 mm tief oder Rissen erneuern.

Der Einbau der Bremsscheibe geschieht in umgekehrter Reihenfolge wie der Ausbau, unter Verwendung von neuen selbstsichernden Befestigungsschrauben der Bremsscheibe zur Nabe. Vorderradnabe einbauen und danach Seitenschlag der Bremsscheibe am äußeren Durchmesser messen. Wenn ein zu großer Schlag gemessen wird, Bremsscheibe dann auf der Vorderradnabe versetzen. Bremszange einbauen und wenn notwendig Bremsanlage entlüften.

Die Hinterradbremsen

Hintere Bremszangen ausbauen

- Fahrzeug hinten aufbocken und Räder abnehmen.
- Bremsflüssigkeit aus dem hinteren Bremskreis über eine geöffnete Entlüfterschraube herauspumpen.
- Bremsschlauch am Halter des Rahmenbodens lösen und aus der Bremszange herausschrauben und sofort mit geeignetem Stopfen oder Kappe verschließen.
- Sicherungsblech aufbiegen.
- Die beiden Befestigungsschrauben lösen und Bremszange abnehmen.

Hintere Bremszangen zerlegen und zusammenbauen

Das Zerlegen und der Zusammenbau der Bremszangen geschieht in gleicher Weise, wie es für die vorderen Bremszangen beschrieben wurde.

Hintere Bremszangen einbauen

Der Einbau geschieht in umgekehrter Reihenfolge wie der Ausbau. Abschließend die Bremsanlage entlüften und vor Beginn der Fahrt den Bremsfußhebel mehrere Male betätigen.

Bremsscheibe aus- und einbauen
aus- und einbauen

Die betreffende Bremszange, wie schon beschrieben, ausbauen und samt Bremsschlauch abnehmen. Bremsscheibe dann vom Hinterachswellenflansch abnehmen. Der Einbau geschieht in umgekehrter Reihenfolge wie der Ausbau. Um den Seitenschlag der Bremsscheibe zu messen, Bremsscheibe mit den Kugelbundschrauben an der Radnabe befestigen. Da die Bremsleitung nicht abgeschlossen war braucht nicht entlüftet zu werden.

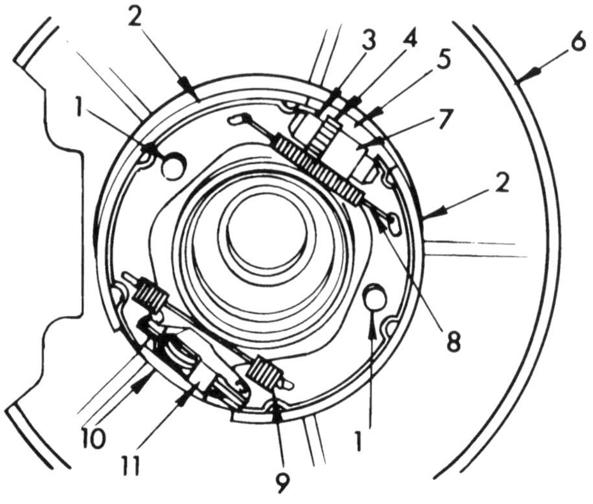

Bild 170
Zum Aus- und Einbau der Bremsbacken.

1 Andrückfeder
2 Bremsbacken
3 Druckstück
4 Stellrad
5 Bremsträgerplatte
6 Abdeckblech
7 Druckhülse
8 Obere Rückzugsfeder
9 Untere Rückzugsfeder
10 Abstützsteg
11 Spreizschloss

Die Feststellbremse

Die Feststellbremse ist als Duo-Servo-Bremse ausgebildet. Duo kennzeichnet, daß die Bremswirkung in beiden Drehrichtungen der Bremsscheibe gleich ist, und Servo weist auf die Wirkung der einen Bremsbacke auf die andere hin.

Bremsbacken der Feststellbremse
aus- und einbauen

- Bremszange samt Bremsschlauch ausbauen.
- Bremsscheibe ausbauen.
- Untere Rückzugsfeder aushängen.
- Hinterachswellenflansch so drehen, daß ein Gewindeloch auf die Feder (1) zeigt (siehe Bild 170).
- Feder etwas zusammendrücken, mit dem Einbauwerkzeug 112 589 09 61 00, ca. 90° drehen und Feder aus dem Abdeckblech aushängen und abnehmen.
- Feder am anderen Bremsbacken ebenso ausbauen.
- Beide Bremsbacken unten so weit auseinander ziehen, daß sie über den Hinterachswellenflansch abgenommen werden können.
- Obere Rückzugsfeder aus dem Bremsbacken aushängen und Nachstellvorrichtung abnehmen.
- Stift vom Spreizschloß herausdrücken.
- Spreizschloß vom Bremsseilzug abnehmen (Bild 172).

Einbau:

- Sämtliche Lager- und Gleitflächen am Spreizschloß mit Molykote-Paste einreiben.
- Bremsseilzug mit dem Stift am Spreizschloß befestigen.
- Spreizschloß zum Abdeckblech drücken.
- Gewinde des Druckstückes und zylindrischer Teil des Stellrades mit einem Langzeitschmiermittel einreiben.
- Nachstellvorrichtung zusammenbauen und ganz zurückdrehen.
- Nachstellvorrichtung so in beide Bremsbacken einsetzen, daß das Stellrad nach vorne zeigt.
- Obere Rückzugsfeder von vorne in die Bremsbacken einhängen.

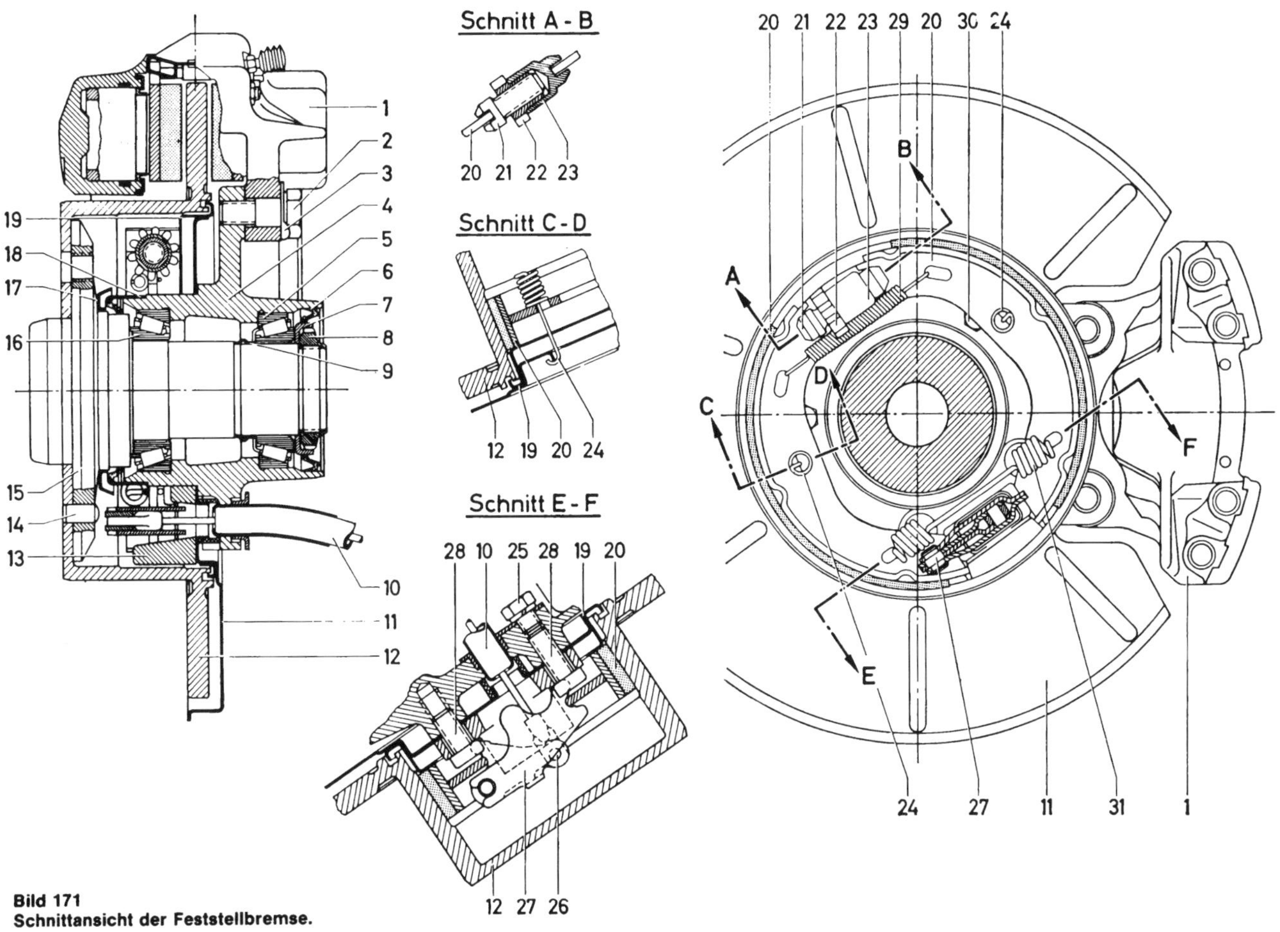

Bild 171
Schnittansicht der Feststellbremse.

1 Bremszange
2 Sechskantschrauben
3 Sicherungsblech
4 Radträger
5 Inneres Kugelrollenlager
6 Abdichtring innen
7 Dichtungslaufring
8 Nutmutter
9 Abstandshülse
10 Bremsseilzug
11 Abdeckblech
12 Bremsscheibe
13 Abstützsteg
14 Passstift
15 Hinterachswellenflansch
16 Äusseres Kegelrollenlager
17 Staubkappe
18 Abdichtring aussen
19 Bremsträger
20 Bremsbacken
21 Druckstück
22 Stellrad
23 Druckhülse
24 Andrückfeder
25 Sechskantschraube mit Federring
26 Stift
27 Spreizschloss
28 Innensechskantschraube mit Federring
29 Obere Rückzugfeder
30 Sechskantschraube mit Federring
31 Untere Rückzugsfeder

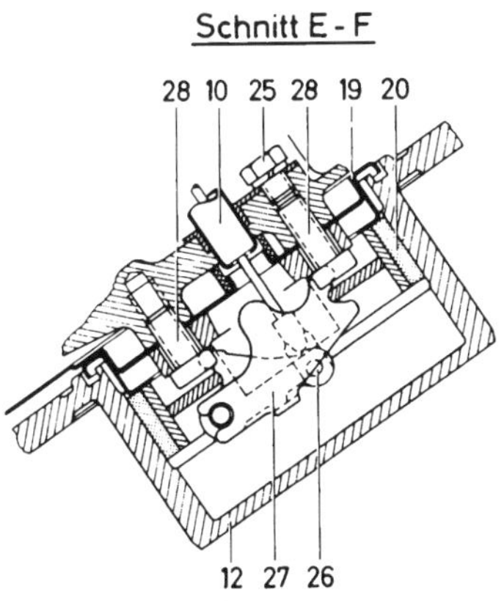

Bild 172
Schnittansicht vom Spreizschloss.
(Legende siehe Bild 171)

- Bremsbacken unten auseinanderziehen, über den Hinterachswellenflansch einfahren und in das Spreizschloß einhängen.
- Druckfeder von der Seite in den Bremsbacken einsetzen.
- Einbauwerkzeug durch ein Gewindeloch des Hinterachswellenflansches einfahren, Feder etwas zusammendrücken, um 90° drehen und in das Abdeckblech einhängen.
- Untere Feder mit der kleinen Öse in den Bremsbacken einhängen.
- Aus- und Einbauwerkzeug 116 589 01 62 00 in die große Öse der Rückzugfeder einhängen, danach Rückzugfeder in den anderen Bremsbacken einhängen.
- Bremsscheibe und Bremszange einbauen.
- Feststellbremse einstellen.

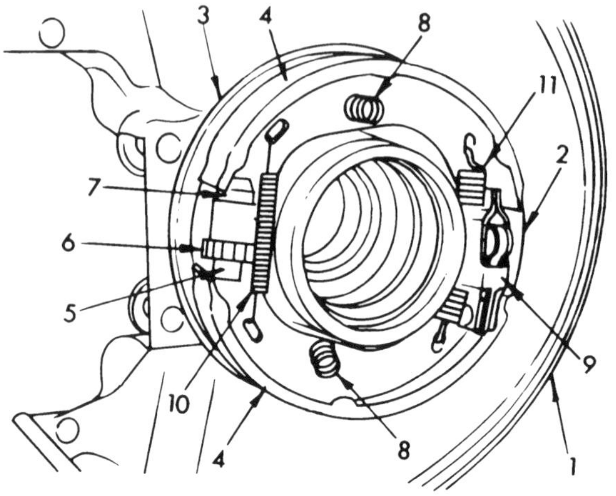

Bild 173
Bremsbackenanordnung Diagonal-Pendelachse mit Anfahrmoment-Ausgleich.

1 Abdeckblech
2 Abstützsteg
3 Bremsträger
4 Bremsbacken
5 Druckstück
6 Stellrad
7 Druckhülse
8 Andrückfeder
9 Spreizschloss
10 Rückzugfeder
11 Rückzugfeder

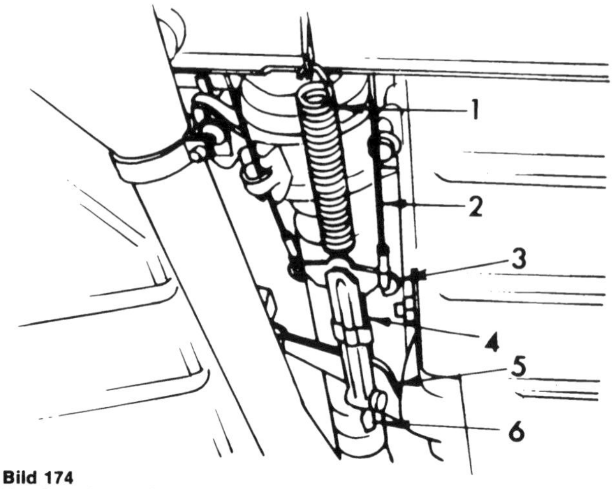

Bild 174
Zur Grundeinstellung der Feststellbremse.

1 Rückzugfeder
2 Hinterer Bremsseilzug
3 Ausgleichshebel
4 Stellbügel
5 Zwischenhebel
6 Einstellschraube

Einstellen der Feststellbremse

Die Feststellbremse muß nachgestellt werden, wenn sich der Fußhebel bei mittlerem Kraftaufwand mehr als 2 Rasten (von insgesamt 7) hineintreten läßt, ohne daß sich eine Bremswirkung zeigt.

Grundeinstellung

Die Grundeinstellung muß vorgenommen werden, wenn z. B. einer der Bremsseilzüge oder die Hinterachse erneuert wurde.

- Einstellschraube am Stellbügel ganz lösen (Bild 174).
- Bremsbacken der Feststellbremse einstellen.
- Einstellschraube dann so weit in den Stellbügel hineinschrauben, bis sich der Fußhebel der Feststellbremse bei mittlerer Kraftaufwendung ca. 3 bis 4 Zähne hineintreten läßt.

Nachstellung:

- An der Hinterachse links und rechts je eine Kugelbundschraube herausschrauben.
- Wagen aufbocken.
- Ein Rad so drehen, daß das Schraubenloch, aus dem die Kugelbundschraube herausgeschraubt wurde, ca. 45° nach vorne oben zeigt (Bild 175).
- Mit einem passenden Schraubenzieher durch das Loch des Scheibenrades der Bremsscheibe und des Hinterachswellenflansches in das Stellrad der Nachstellvorrichtung eingreifen und Stellrad durch entsprechende Bewegungen so verdrehen, bis sich das Rad gerade nicht mehr drehen läßt.

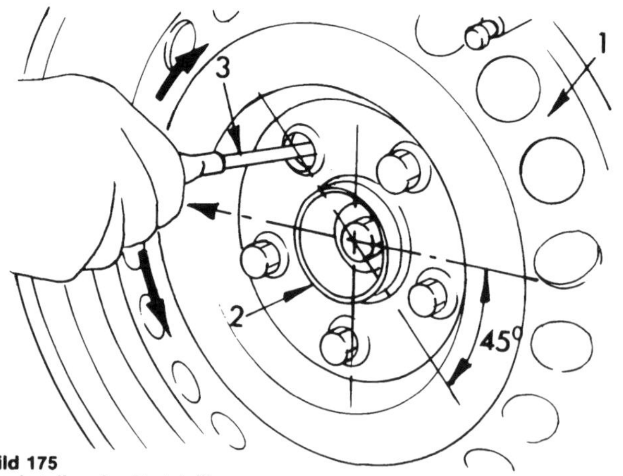

Bild 175
Nachstellen der Feststellbremse.

1 Scheibenrad
2 Achswellenflansch
3 Schraubenzieher
Pfeil — Fahrtrichtung

- Stellrad ca. 2 bis 3 Zähne zurückdrehen, d. h. soviel, bis sich das Rad vollkommen frei drehen läßt. Linke Seite von unten nach oben drehen und rechte Seite von oben nach unten drehen.
- Nach der Einstellung ist der Fußhebel der Feststellbremse bis zur 1. Raste einzudrükken. In dieser Stellung müssen die Bremsbacken der Feststellbremse dann leicht angelegt sein.

Der Tandem-Hauptbremszylinder

Hauptbremszylinder ausbauen

- Bremsflüssigkeit über eine geöffnete Entlüfterschraube des Vorderrad- und Hinterrad-Bremskreises herauspumpen.
- Steckverbindungen an den Kontakteinsätzen der Warnvorrichtung lösen. Dazu die Haltenasen mit einem kleinen Schraubenzieher abheben.

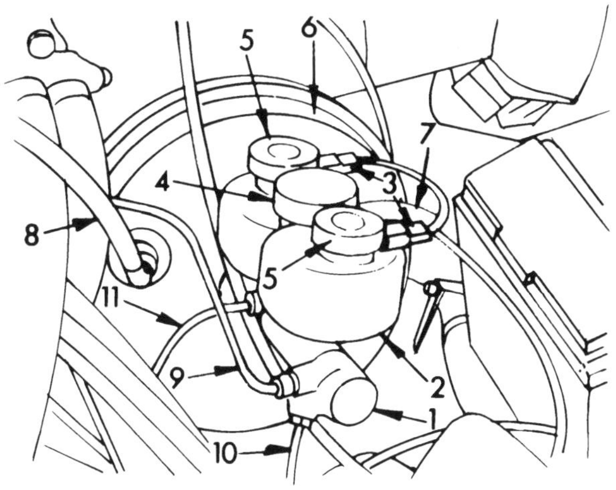

Bild 176
Tandem Hauptbremszylinder eingebaut.
1 Tandem-Hauptbremszylinder
2 Ausgleichsbehälter
3 Steckverbindung
4 Verschlussdeckel
5 Abschlussdeckel
6 Bremsgerät
7 Verbindungsschlauch
8 Unterdruckleitung
9 Bremsleitung zur rechten Vorderradbremse
10 Bremsleitung zur linken Vorderradbremse
11 Bremsleitung zur Hinterradbremse

- Beide Bremsleitungen zur Vorderradbremse und Bremsleitung zur Hinterradbremse am Tandem-Hauptzylinder abschließen (siehe Bild 176).
- Sofort alle Leitungen und Anschlüsse am Hauptzylinder mit Blindstopfen verschließen.
- Befestigungsmuttern lösen und Hauptbremszylinder vom Bremsgerät abnehmen.

Hauptbremszylinder zerlegen

Der Arbeitsverlauf für die Überholung der Tandem-Hauptbremszylinder von Teves oder Bendix ist gleich. Es ist zu beachten, daß der blau gespritzte Bendix-Tandem-Hauptzylinder nicht überholt oder instandgesetzt werden kann.

- Ausgleichbehälter aus den Behälterstopfen herausziehen.
- Verschlußdeckel abnehmen.
- Sieb und Spritzschutz herausnehmen.
- Beide Abschlußdeckel abschrauben.
- Kontakteinsätze herausnehmen und O-Ringe von den Kontakteinsätzen abnehmen (siehe Bild 177).
- Mit einem Dorn den Kolben etwas hineindrücken, dann Anschlagschraube aus dem Gehäuse herausschrauben und mit dem Dichtring abnehmen.
- Sicherungsring aus dem Gehäuse herausnehmen, dabei mit dem Dorn den Kolben leicht hineindrücken.
- Kolben zusammen mit der Anschlagschraube, den beiden Unterdruckdichtungen, dem Zwischenring und dem Lagerring aus dem Gehäuse herausziehen.
- Durch leichte Schläge des Gehäuses auf eine Holzunterlage kompletten Zwischenkolben herausklopfen.
- Verbindungsschraube aus dem Kolben herausschrauben.
- Druckfeder, Federteller und Federstützteller abnehmen.

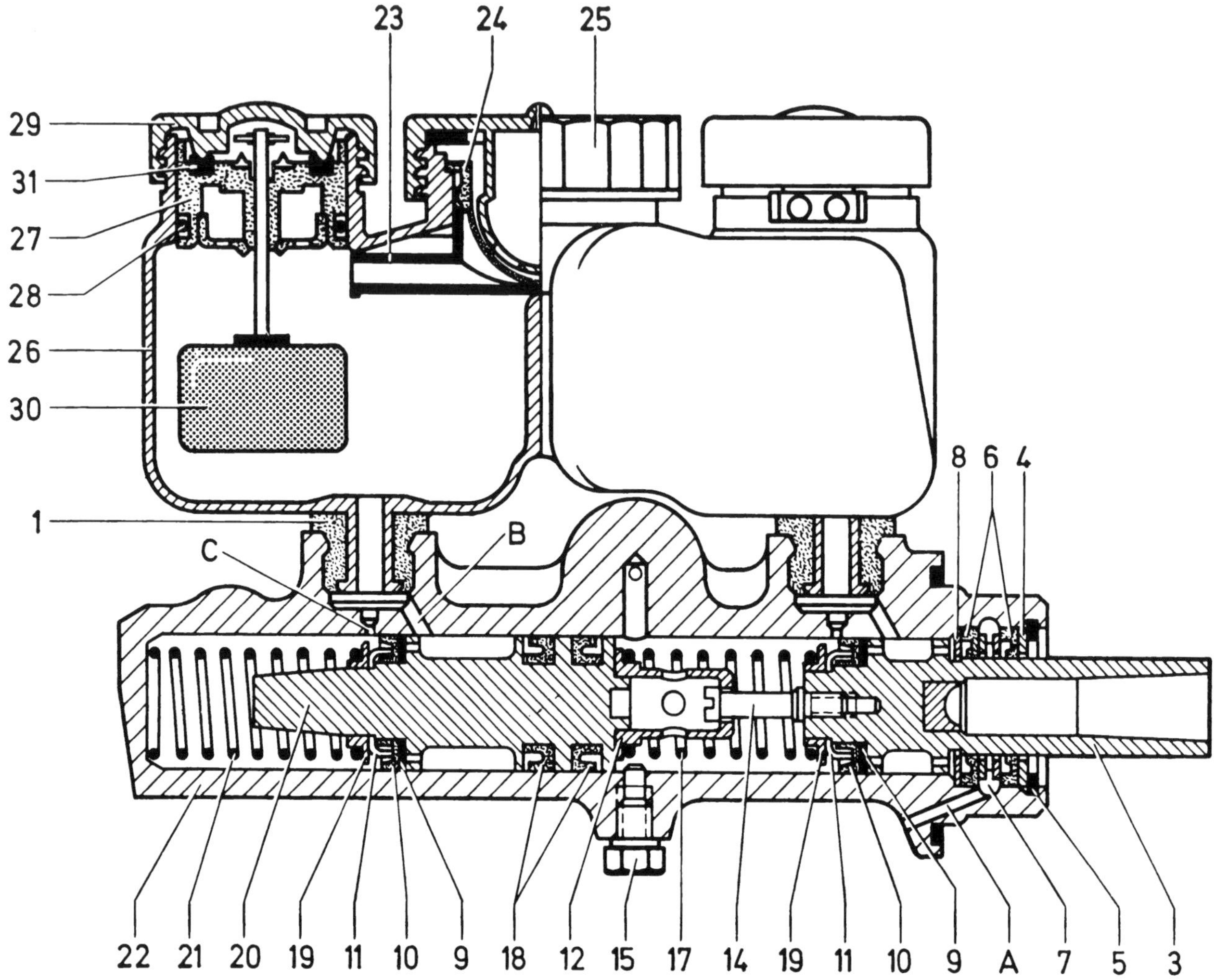

Bild 177
Schnitt durch den Tandem-Hauptbremszylinder.

1 Behälterstopfen
3 Kolben (Druckstangenkreis)
4 Anschlagscheibe
5 Sicherungsring
6 Unterdruckdichtung
7 Zwischenring
8 Lagerring
9 Füllscheibe
10 Primärmanschette
11 Stützring
12 Federstützteller
14 Verbindungsschraube
15 Anschlagschraube
17 Druckfeder
18 Riangmanschette
19 Federteller
20 Kolben (Zwischenkolben)
21 Druckfeder
22 Gehäuse
23 Spritzschutz
24 Sieb
25 Verschlussdeckel
26 Ausgleichbehälter
27 Kontakteinsatz
28 O-Ring
29 Abschlussdeckel
30 Schwimmer
31 Dichtring
A Füllbohrung
B Füllbohrung
C Ausgleichbohrung

Prüfen und zusammenbauen

- Sämtliche Teile gründlich mit Spiritus reinigen.
- Bohrung im Gehäuse auf Riefen- und Roststellen prüfen. Leichte Roststellen dürfen mit Polierleinwand entfernt werden. Riefige und stärker angerostete Gehäuse dürfen nicht bearbeitet werden.
- Gehäuse so in den Schraubstock einspannen, daß die Bohrung schräg nach unten zeigt.
- Montagehülse (Selbstanfertigung) in das Gehäuse einsetzen (siehe Bild 178).
- Auf den Kolben Füllscheibe, Primärmanschette, Stützring, Federteller samt Druckfeder und Federstützteller auflegen und Verbindungsschraube in den Kolben einschrauben.
- Auf den Zwischenkolben Füllscheibe, Primärmanschette, Stützring und Federteller samt Druckfeder auflegen.
- Sämtliche Kolben und deren Manschetten leicht mit ATE-Bremszylinderpaste einreiben.
- Kompletten Zwischenkolben in das Gehäuse einschieben. Keine Gewalt anwenden, da sonst die Manschetten beschädigt werden können. Ist keine Montagehülse zur Verfügung, muß der Zwischenkolben sehr vorsich-

tig eingebaut werden (Kreisende Bewegung mit dem Kolbenende ausführen).

- Hauptzylinder mit der Bohrung nach oben in den Schraubstock einspannen.
- Mit dem Dorn den Zwischenkolben bis zum Anschlag in das Gehäuse eindrücken.
- Anschlagschraube unter Verwendung eines neuen Kupferringes in das Gehäuse einschrauben.
- Schaft des Kolbens leicht mit Siliconfett einreiben.

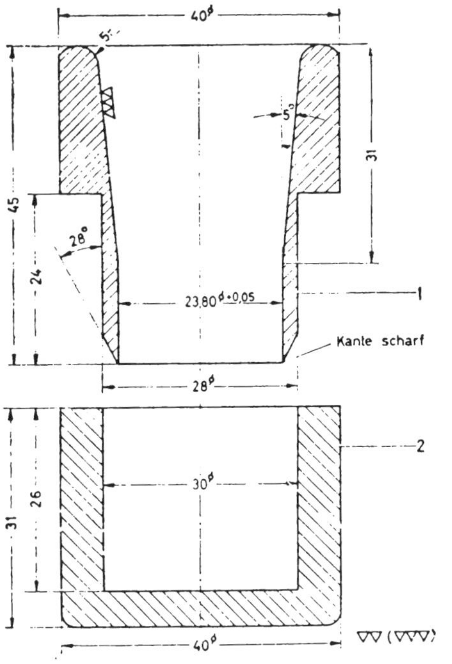

Bild 178
Masse der Montage- und Schutzhülse zur Selbstanfertigung (Leichtmetall).
1 Montagehülse
2 Schutzhülse

- Den kompletten Kolben in das Gehäuse einsetzen.
- Lagerring, Unterdruckdichtung, Zwischenring, zweite Unterdruckdichtung, Anschlagscheibe und Sicherungsring in der richtigen Reihenfolge in das Gehäuse hineindrücken. Die Dichtlippen der Unterdruckdichtungen müssen in Richtung Primärmanschette zeigen.
- Behälterstopfen in das Gehäuse und Ausgleichbehälter in die Behälterstopfen einsetzen.
- Neue O-Ringe auf die Kontakteinsätze auflegen und in den Ausgleichbehälter einsetzen.
- Abschlußdeckel aufschrauben.
- Spritzschutz und Sieb in den Ausgleichbehälter einsetzen.
- Tandem-Hauptzylinder nach dem Einbau einer Druckprobe unterziehen.
- O-Ring in die Nut des Tandem-Hauptzylinders einlegen und diesen am Bremsgerät befestigen.
- Bremsleitungen anschließen und Bremsflüssigkeit in Ausgleichsbehälter füllen.
- Steckverbindungen an den Kontakteinsätzen der Warnvorrichtung anschließen.
- Bremsen entlüften und auf Dichtheit prüfen.

Bremsgerät — Aus- und Einbau

- Hauptbremszylinder, wie schon beschrieben, ausbauen.
- Unterdruckleitung am Bremsgerät lösen.
- Kolbenstange des Bremsgerätes am Bremsfußhebel nach Abbau der Abdeckung und des Luftkanals, unterhalb der Instrumententafel im Fußraum, lösen (Bild 180).
- Sechskantmuttern, mit denen das Bremsgerät am Vorbau und am Träger befestigt ist, herausschrauben.
- Bremsgerät abnehmen.

Vor dem Einbau eines neuen Gerätes prüfen, ob das separate Rückschlagventil in Ordnung ist, im Zweifelsfall mitsamt der Kunststoffleitung erneuern. Der Einbau geschieht in umgekehrter Reihenfolge wie der Ausbau.

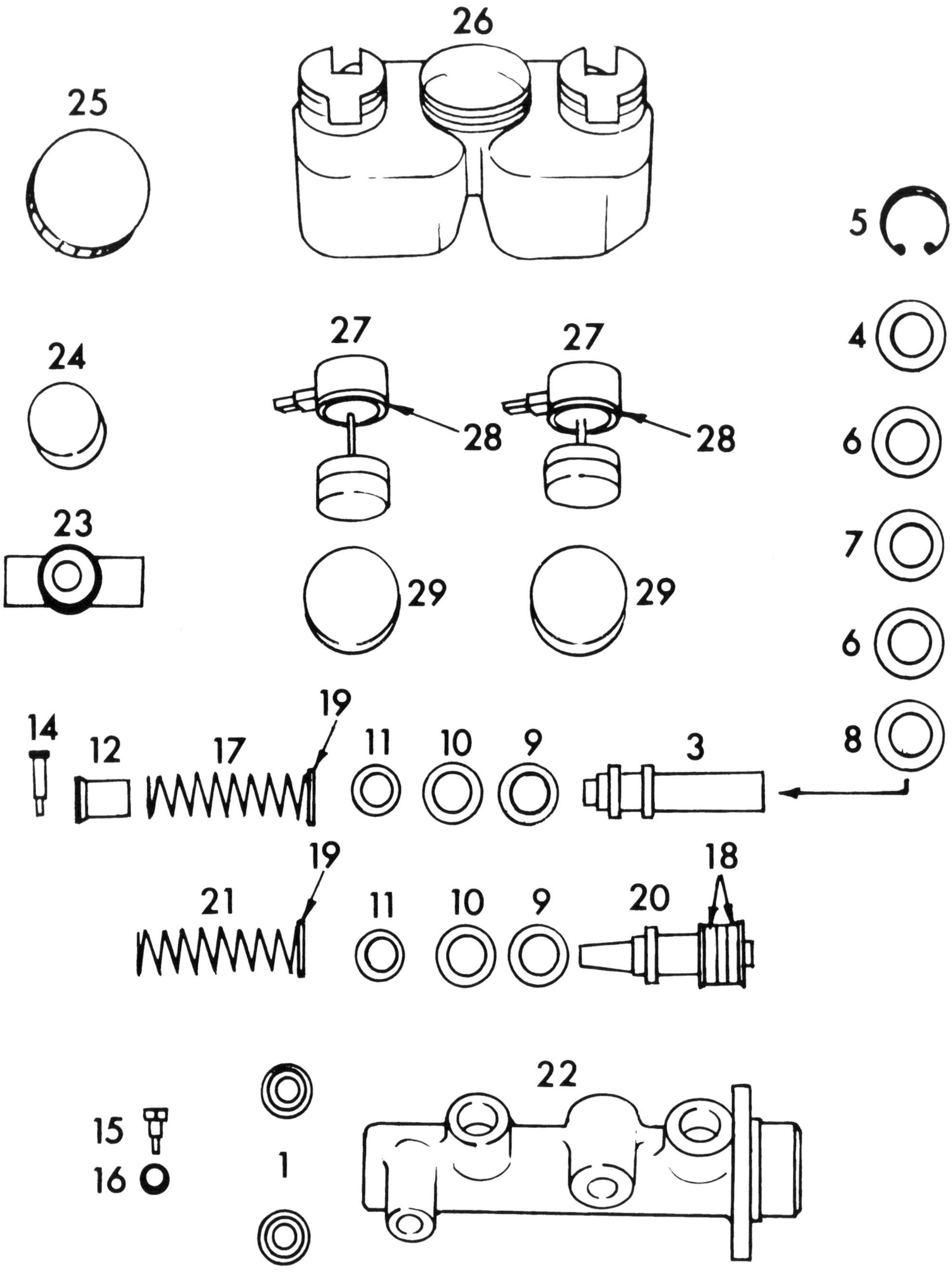

Bild 179
Einzelteile des Tandem-Hauptbremszylinder.

1 Behälterstopfen
3 Kolben (Druckstangenkreis)
4 Anschlagscheibe
5 Sicherungsring
6 Unterdruckdichtung
7 Zwischenring
8 Lagerring
9 Füllscheibe
10 Primärmanschetten
11 Stützring
12 Federstützteller
14 Verbindungsschraube
15 Anlschlagschraube
16 Dichtring (Kupfer)
17 Druckfeder
18 Ringmanschette
19 Federteller
20 Kolben (Zwischenkolben)
21 Druckfeder
22 Gehäuse
23 Spritzschutz
24 Sieb
25 Verschlussdeckel
26 Ausgleichbehälter
27 Kontakteinsatz
28 O-Ring
29 Abschlussdeckel

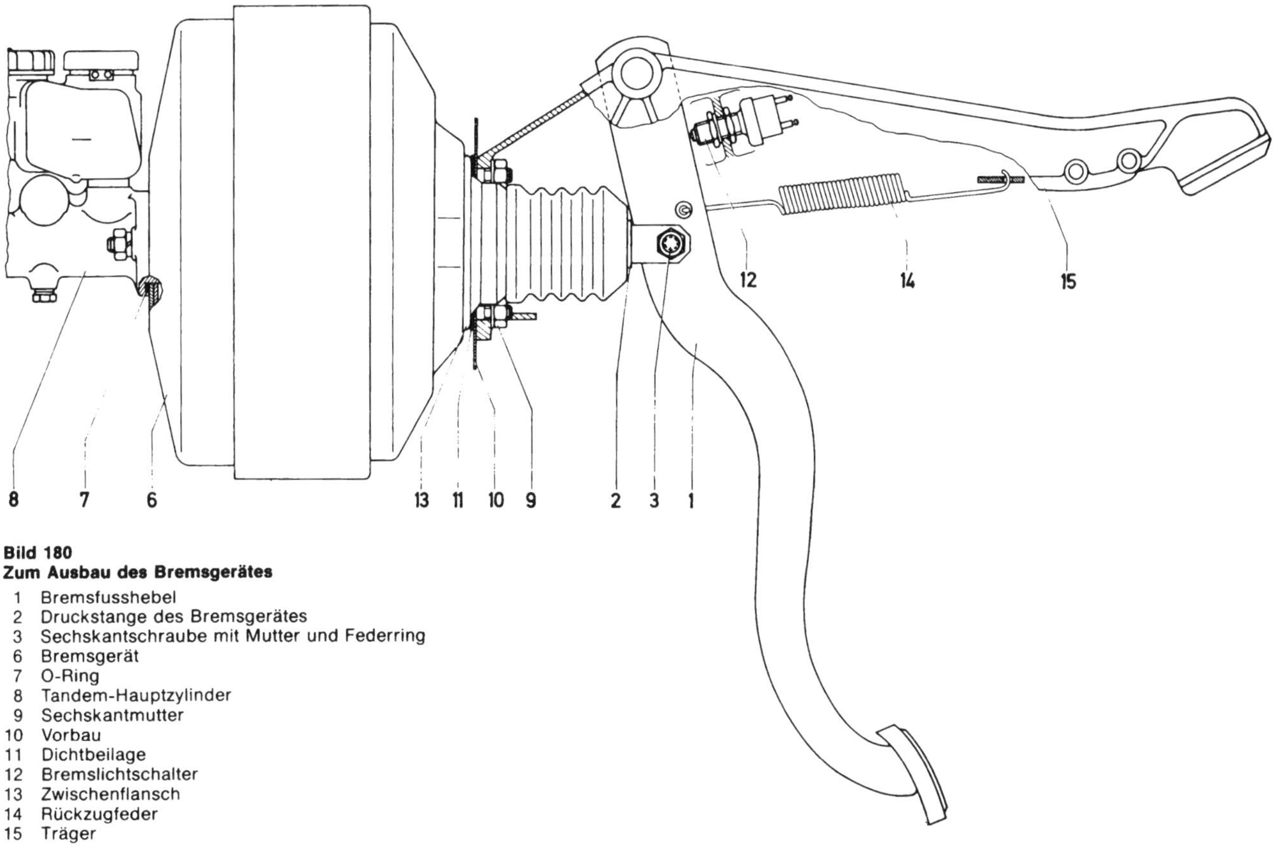

Bild 180
Zum Ausbau des Bremsgerätes

1 Bremsfusshebel
2 Druckstange des Bremsgerätes
3 Sechskantschraube mit Mutter und Federring
6 Bremsgerät
7 O-Ring
8 Tandem-Hauptzylinder
9 Sechskantmutter
10 Vorbau
11 Dichtbeilage
12 Bremslichtschalter
13 Zwischenflansch
14 Rückzugfeder
15 Träger

Die elektrische Anlage

Die elektrische Anlage ist auf eine Spannung von 12 Volt abgestellt. Sie besteht aus Drehstromlichtmaschine, Reglerschalter, Anlasser, Zündanlage, Batterie, Beleuchtung und Einzelteilen.

Die Batterie

Die Batterie hat die Aufgabe, bei stehendem Motor die Stromverbraucher mit Strom zu versorgen und den Strom für den Anlasser zu liefern. Sonst speichert die Batterie die von der Drehstromlichtmaschine gelieferte Energie und gibt sie nach Bedarf an die Verbraucher ab. Die Spannung der Batterie beträgt 12 Volt, 55 Ah. Kapazität. Die im Motorraum links angebrachte Batterie sollte regelmäßig überprüft werden. Darauf achten, daß der Stand der Batteriesäure immer über den Trennplatten gehalten wird. Falls der Säurestand unter die Oberkante der Platten abfällt, ist es nicht möglich, die volle Leistung der Batterie auszunutzen, da nur die durch die Batteriesäure umgebenen Teile in den Aufladungs- und Entladungsprozeß eingezogen werden. Die Säure sollte am vorteilhaftesten 5 mm über den Platten stehen. Zum Nachfüllen destilliertes Wasser, Regenwasser oder aufgetauten Schnee verwenden. Kontrollieren, daß die Batterie gut festgespannt ist. Einfüllschrauben, Anschlüsse und Klemmenverbindungen sollten fest und sauber sein. Gelegentlich die Pole und Klemmen mit Vaseline einschmieren. Das spezifische Gewicht der Batteriesäure wird mit einem Säureheber gemessen. Die Anzeige muß bei allen Zellen gleich sein. Falls die Anzeige einer Zelle sich von den anderen unterscheidet, muß die Ursache dafür gefunden werden. Falls Batteriesäure aus der Batterie verschüttet worden oder durch eine Leckstelle ausgelaufen ist, wird das spezifische Gewicht durch Nachfüllen von destilliertem Wasser verringert. Aus diesem Grund sollte das spezifische Gewicht der Batterie ermittelt werden, worauf die Batterie mit einer Schwefelsäurelösung der gleichen Stärke nachzufüllen ist. Größere Abweichungen, die nicht auf Säureverlust zurückgeführt werden können, deuten auf einen inneren Kurzschluß in der Batterie. In diesem Fall sollte die Batterie zur Überprüfung in eine Spezialwerkstatt gebracht werden. Die untenstehende Tabelle gibt das spezifische Gewicht bei einer Temperatur von 15° C bei verschiedenen Ladezuständen der Batterie an:

Vollkommen geladen	1,28
zur Hälfte geladen	1,20
entladen	1,12

Der Anlasser

Aus- und Einbau

- Massekabel am Minuspol der Batterie abklemmen.
- Batteriekabel 30 und Steuerkabel Klemme 50 an den Anschlußklemmen des Magnetschalters abschließen.
- Mutter sowie beide Schrauben abschrauben und Halter abnehmen.
- Befestigungsschrauben am Anlasserflansch herausschrauben.
- Anlasser nach unten herausnehmen.

Der Einbau erfolgt in umgekehrter Reihenfolge wie der Ausbau.

Anlasser prüfen

Die Pflege des Anlassers beschränkt sich im wesentlichen auf eine von Zeit zu Zeit durchzuführende Kontrolle der Kohlebürsten, der Bürstenhalter und Lagerbüchse. Verschmutzte und verölte Teile reinigen oder bei Verschleiß ersetzen. Durch Abnutzung unrund oder riefig gewordene Kollektoren sind in der Werkstatt zu überdrehen (Mindestdurchmesser 33,5 mm) und die Kollektorlamellen etwa 0,3 bis 0,4 mm tief einzusägen.

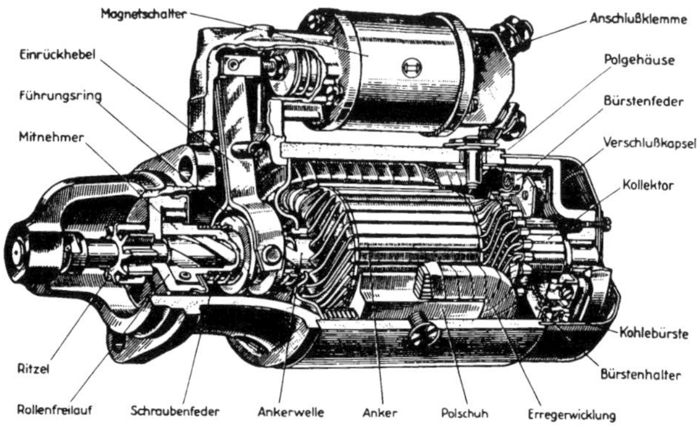

Bild 181
Schnittbild eines Bosch Schubschraubtrieb-Anlasser.

Die Drehstromlichtmaschine

Ausbau

- Massekabel der Batterie und Anschlußkabel von der Lichtmaschine abschließen.
- Schraube aus dem Spannbügel der Lichtmaschine entfernen.
- Lichtmaschine nach innen drücken und den Keilriemen abnehmen.
- Befestigungsschrauben vom Lichtmaschinenträger lösen und Lichtmaschine nach oben herausnehmen.

Zerlegung

- Keilriemen um die Riemenscheibe legen und Scheibe in einen Schraubstock spannen.

- Riemenscheibe zusammen mit dem Lüfter von der Läuferwelle herunterziehen und die Scheibenfeder entfernen.
- Von der Rückseite der Lichtmaschine den Bürstenhalter nach Lösen der Befestigungsschrauben herausnehmen.
- Antriebslagerschild, Ständer und Schleifringlagerschild in geeigneter Weise mit einem Körner kennzeichnen und das Antriebslagerschild vom Gehäuse abschrauben.
- Läufer zusammen mit dem Antriebslagerschild herausziehen und, falls erforderlich, das Antriebslagerschild unter einer Presse von der Läuferwelle abpressen.
- Von der Rückseite der Lichtmaschine die Diodenträger abschrauben.
- Lagerhalteplatte entfernen.
- Lager aus dem Antriebslagerschild pressen.
- Die Ständeranschlüsse müssen abgelötet werden, um den Ständer zu trennen.

Überprüfen der Drehstromlichtmaschine

Stator (Ständer)

Um zu kontrollieren, ob Kurzschlüsse im Ständer vorhanden sind, ist eine Prüflampe zwischen den Ständerlamellen und einer Klemme am Ständer anzulegen. Falls die Prüflampe aufleuchtet, ist die Isolierung unterbrochen und der Ständer muß erneuert werden. Zum Prüfen ist eine 40-Volt-Wechselstrom-Prüflampe zu verwenden.

Außerdem sollte der Widerstand zwischen den einzelnen Ständerleitungen mit einem Ohmmeter ausgemessen werden, indem man der Reihe nach immer zwei der drei Leitungen zusammen an das Ohmmeter anschließt. Die Anzeige sollte in jedem Fall 0,26 Ohm mit einer Toleranz von +10 % betragen.

Rotor (Läufer)

Widerstand zwischen den Schleifringen ausmessen. Die Anzeige sollte 44 Ohm mit einer Toleranz von +10 % nach beiden Seiten betragen. Die Isolierung überprüfen, indem man eine 40-Volt-Wechselstrom-Prüflampe zwischen dem Läuferrahmen und einem der Schleifringe anlegt. Falls die Schleifringe sehr schmutzig sind, können sie mit feinem Sandpapier abgeschmirgelt werden. Es ist außerdem möglich, die Schleifringe in einer Drehbank abzudrehen, vorausgesetzt, daß ein Durchmesser von 31,5 mm nicht unterschritten wird.

Bürstenhalter

Eie 40-Volt-Wechselstrom-Prüflampe zwischen die Bürsten anlegen. Die Lampe darf nicht aufleuchten. Die Länge der Bürsten zwischen der Kontaktfläche der Bürste und dem Bürstenhalter ausmessen. Die Bürste darf nicht kürzer als 8 mm sein.

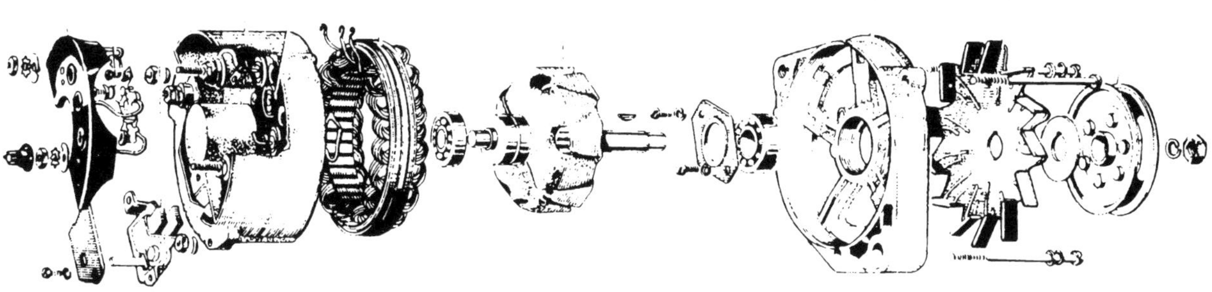

Bild 182
Montagebild der Bosch-Drehstromlichtmaschine.

1 Gleichrichter
2 Gleichrichter
3 Bürstenhalter
4 Schleifringlagerschild
5 Gleichrichter (negativ)
6 Ständer (Stator)
7 Läufer (Rotor)
8 Antriebslagerschild
9 Lüfter
10 Riemenscheibe

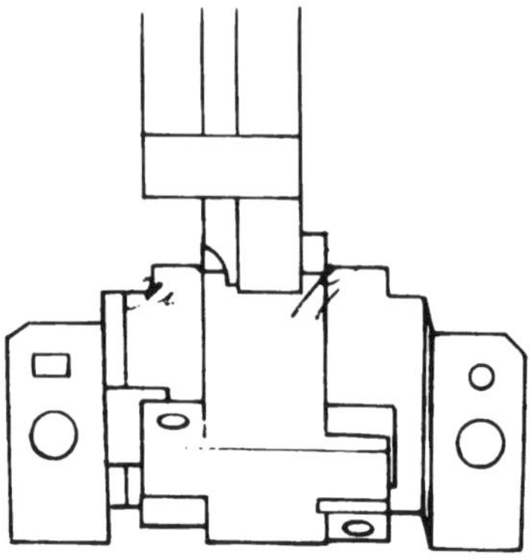

Bild 183
Die Länge der Bürsten muss wie gezeigt gemessen werden.

Dioden

Jede Diode mit einer 12-Volt-Prüflampe (1,5 Watt) kontrollieren. Zuerst den Strom in der normalen Richtung kontrollieren und danach die Anschlüsse umkehren und erneut überprüfen. Die Lampe sollte nur in einer Richtung aufleuchten. Die gleiche Prüfung kann auch mit einem Ohmmeter durchgeführt werden. In Stromflußrichtung sollte eine niedrige Anzeige zustande kommen, während die Anzeige in umgekehrter Richtung sehr hoch liegen sollte.

Zusammenbau der Drehstromlichtmaschine

- Ständer in Schleifringlagerschild einsetzen.
- Ständerleitungen anlöten.
- Positiven Diodenträger anbringen.
- Antriebslager mit Bosch-Fett einfetten und Lager und Scheibe an das Lagerschild montieren.
- Lagerschild und Abstandsring auf den Läufer aufpressen.
- Lager am Schleifringende mit Bosch-Fett einschmieren.
- Drehstromlichtmaschine zusammensetzen. Schraube auf 0,5 bis 0,6 mkp und Muttern auf 0,45 bis 0,60 mkp anziehen.
- Bürstenhalter anbringen.
- Teile der Riemenscheibe montieren. Mutter auf 4,0 mkp anziehen.

Einbau der Drehstromlichtmaschine

- Drehstromlichtmaschine in die richtige Lage bringen.
- Keilriemen auflegen.
- Befestigungsschrauben und Schraube des Spannbügels locker anziehen.
- Keilriemenspannung einstellen, wie es bereits auf Seite 80 beschrieben wurde.
- Schrauben festziehen.
- Kabelleitung der Lichtmaschine und das Massekabel der Batterie anklemmen.

Der Spannungsregler

Abhängig davon, welche Lichtmaschine eingebaut wurde, ist ein Spannungsregler notwendig. Da der Spannungsregler mit Transistoren und Thermistoren versehen ist, sollte er bei Versagen oder Schäden in jedem Fall erneuert werden. Die nachstehend beschriebenen Arbeiten sollten jedoch durchgeführt werden, ehe der Regler einfach ausgetauscht wird.

Prüfen des Spannungsabfalls

Ehe irgendwelche Prüfungen an der Ladestromanlage durchgeführt werden, muß die Voraussetzung bestehen, daß die Batterie vollkommen geladen ist und daß alle Anschlüsse und Leitungen sauber sind und fest sitzen. Der Keilriemen muß einwandfrei gespannt sein. Durch die Überprüfung des Spannungsabfalls wird erwiesen, ob die Leitungen zwischen Drehstromlichtmaschine, Batterie und das Massekabel der Batterie in einwandfreiem Zustand sind.

- Voltmeter an der Klemme B+ (6-mm-Schraube des Dreifach-Kabelbinders am Batterierahmen) und an Masse anschließen.
- Motor starten und Drehzahl auf mindestens 2500 U/min konstant halten.
- Verbraucher mit einer Leistungsaufnahme von mindestens 100 Watt einschalten (Abblendlicht, Nebellicht und Scheinwerfer).
- Spannung am Voltmeter innerhalb 30 Sekunden ablesen. Die Regulierspannung soll 13,9 bis 14,8 Volt betragen. Wird eine von diesem Wert abweichende Spannung angezeigt, muß der Regler ausgetauscht werden und die Prüfung ist nochmals vorzunehmen. Am Transistorregler kann nichts eingestellt werden.

Mass- und Einstelltabelle

Baumuster

Fahrzeugtyp	*280 S*	*280 SE*	*350 SE*	*450 SE*
Fahrgestell-Baumuster	116.020	116.024	116.028	116.032
Motor-Typ (Baumuster)	110.922	110.983	116.983	117.983

Motor

Arbeitsverfahren	4-Takt-Otto mit Vergaser	4-Takt-Otto mit elektronisch gesteuerter Benzineinspritzung		
Zylinderzahl	6	6	8	8
Bohrung/Hub mm	86/78.8	86/78.8	92/65,8	92/85
Gesamthubraum cm^3	2746	2746	3499	4520
Verdichtungsverhältnis	9 : 1	9 : 1	9,5 : 1	8,8 : 1
Zündfolge	1—5—3—6—2—4		1—5—4—8—6—3—7—2	
Höchstdrehzahl l/min	6500	6500	6300	5850
Kompressionsdruck:				
— normal (Neuwert)	10 — 12 atü			
— Verschleissgrenze	8,5 atü			
Motorleistung:				
— in kW bei l/min nach DIN	118/5500	125/6000	147/5800	165/5000
— in PS bei l/min nach DIN	160/5500	170/6000	200/5800	225/5000
Drehmoment max.:				
— in Nm bei l/min nach DIN	226/4000	226/4500	286/4000	378/3000
— in kpm bei l/min nach DIN	23/4000	23/4500	29,2/4000	38,5/3000
Kurbelwellenlager:				
— Anzahl	7	7	5	5
— Aufbau	Mehrstoff-Gleitlager mit Stahlstützschalen			
Pleuellager-Aufbau	Mehrstoff-Gleitlager mit Stahlstützschalen			
Ventilanordnung	hängend V-förmig angeordnet		hängend	
Nockenwellenanordnung	2 obenliegende Nockenwellen		je Zylinderreihe 1 obenliegende Nockenwelle	
Ölkühlung	Luftölkühler			
Kühlung	Wasserumlauf durch Pumpe, Thermostat mit Kurzschlussleitung, Lüfter mit Visco-Lüfterkupplung, Rippenrohrkühler			
Schmierung	Öldruckumlaufschmierung durch Zahnradpumpe			
Ölfilter	Hauptstromfilter mit Papierpatrone			
Luftfilter	Luftfilter mit Papierpatrone			

Zylinderbohrungen

	280 S/280 SE	*350 SE/450 SE*
Normalmass (mm)	86,000/86,022	92,000/92,022
1. Reparaturstufe	86,500/86,522	92,500/92,522
2. Reparaturstufe	87,000/87,022	93,000/93,022

	280S/280SE	350SE/450SE
Verschleissgrenze in Fahrt- oder Querrichtung am oberen Umkehrpunkt des 1. Kolbenringes	0,10 mm	
Kolbenspiel:		
— Neuzustand	0,012 — 0,037 mm	
— Verschleissgrenze	0,08 mm	

Bearbeitungstoleranzen

Zulässige Unrundheit und Konizität:		
— im Neuzustand		
— Verschleissgrenze	0 — 0,013 mm	
Zulässige Abweichung senkrecht zur Kurbelwellenachse, bezogen auf die Zylinderhöhe	0,05 mm	
Zulässige Rauhtiefe	0,05 mm	
Zulässige Welligkeit	0,003 — 0,005 mm 50 % der Rautiefe	

Zylinderkurbelgehäuse

Gesamthöhe des Zylinderkurbelgehäuses im Neuzustand	215,85 — 216,0 mm	244,85 — 245,0 mm
Mindesthöhe nach einer notwendigen Materialabnahme	215,65 mm	244,65 mm
Zulässige Unebenheit der Trennflächen:		
— in Längsrichtung	0,08 mm	
— in Querrichtung	0,05 mm	
Zulässige Rauhigkeit der oberen Trennfläche	0,02 mm	
Abpressdruck mit Luft unter Wasser in bar Überdruck (atü)	3	

Abstand zwischen Kolbenboden und Zylinderkurbelgehäuse-Trennfläche

Kolbennormalmass: — Rückstand	0,20 — 0,70 mm	—
— Überstand	—	0,30 — 0,70 mm
Reparaturstufen: — Rückstand	1,0 — 1,5 mm	max. 0,35/0,25 mm
— Überstand	—	max. 0,05/0,25 mm

Kurbelwellen-Lager-Grundbohrung

Grundbohrungsdurchmesser	67,0 — 67,02 mm	68,5 — 68,52 mm
Zulässige Unrundheit und Konizität der Grundbohrung	0,01 mm	0,01 mm

Kurbelwelle	*280S/280SE*	*350SE/450SE*
Bearbeitungstoleranzen		
Zulässige Unrundheit der Kurbel- und Pleuellagerzapfen:		
— Neuwert	0,005 mm	
— Verschleissgrenze	0,01 mm	
Zulässige Konizität der Kurbel- und Pleuellagerzapfen:		
— Neuwert	0,01 mm	
— Verschleissgrenze	0,015 mm	
Zulässige Rundlaufabweichung der Kurbelwellenzapfen bei Auflage in den äusseren Kurbelwellenlagerzapfen:		
— Zapfen 2 und 6	0,07 mm	—
— Zapfen 3,4 und 5	0,10 mm	—
— Zapfen 2 und 4	—	0,07 mm
— Zapfen 3	—	0,10 mm
Zulässige Planlaufabweichung des Passlagers	0,015 mm	
Zulässige Rundlaufabweichung des Schwungradflansches	0,02 mm	
Übergangsradien an den Kurbel- und Pleuellagerzapfen	2,5 — 3,0 mm	
Skleroskophärte der Kurbel- und Pleuellagerzapfen	66 — 74	
Zulässige Unwucht der Kurbelwelle	15 cmg	

Reparaturstufen — 280 S/280 SE

zapfen ∅ der Zapfen	Kurbelwellenlager- am Passlager in mm	Breite des Zapfens ∅ der Zapfen in mm	Pleuellagerzapfen Zapfen in mm	Breite der Zapfen in mm
Normalmass:	59,96/59,95	29,00/29,02	47,96/47,95	28,00/28,08
1. Reparaturstufe	59,71/59,70		47,71/47,70	
2. Reparaturstufe	59,46/59,45	bis 29,60	47,46/47,45	bis 28,30
3. Reparaturstufe	59,21/59,20		47,21/47,20	
4. Reparaturstufe	58,96/58,95		46,96/46,95	

Lagerschalen — Wanddicke	Kurbelwellenlager	Pleuellager
Normalmass	3,50mm	1,81 mm
1. Reparaturstufe	3,63 mm	1,94 mm
2. Reparaturstufe	3,75 mm	2,06 mm
3. Reparaturstufe	3,88 mm	2,18 mm
4. Reparaturstufe	4,00 mm	2,31 mm
Farbkennzeichnung der Lagerschalen	Blau und ohne	Blau und rot

Breite der Passlagerschalen: Normalmass Reparaturstufen 1 bis 4	 28,78 bis 28,90 mm 29,40 bis 29,60 mm	 — —

Die Passlagerschalen für 1. bis 4. Reparaturstufe werden in der Breite in Übergrösse (Rohmass) geliefert und müssen auf das Mass des nachgeschliffenen Zapfens nachgearbeitet werden.

Reparaturstufen — 350 SE/450 SE

	Kurbelwellenlagerzapfen Ø der Zapfen in mm	Breite des Zapfens am Passlager in mm	Pleuellagerzapfen Ø der Zapfen in mm	Breite der Zapfen in mm
Normalmass	63,96/63,95	27,00/27,02	51,96/51,95	50,00/50,10
1. Reparaturstufe	63,71/63,70	bis 27,50	51,71/51,70	bis 50,30
2. Reparaturstufe	63,46/63,45		51,46/51,45	
3. Reparaturstufe	63,21/63,20		51,21/51,20	
4. Reparaturstufe	62,96/62,95		50,96/50,95	

Lagerschalen — Wanddicke	Kurbelwellenlager	Pleuellager
Normalmass	2,25 mm	1,81 mm
1. Reparaturstufe	2,37 mm	1,94 mm
2. Reparaturstufe	2,50 mm	2,06 mm
3. Reparaturstufe	2,62 mm	2,18 mm
4. Reparaturstufe	2,75 mm	2,31 mm
Farbkennzeichnung der Lagerschalen	Blau und ohne	Blau und rot
Breite der Passlagerschalen: — Normalmass — Reparaturstufen 1 — 4	 26,80 bis 26,90 mm 27,40 bis 27,60 mm	 — —

Lagerspiel	*Radial*	*Axial*
Kurbelwellenlager (alle Motoren)	0,035 bis 0,075 mm den Mittelwert von 0,055 mm anstreben	0,10 bis 0,24 mm Verschleissgrenze 0,30 mm
Pleuellager (280 S/280 SE)	0,015 bis 0,050 mm Verschleissgrenze 0,08 mm	0,11 bis 0,23 mm Verschleissgrenze 0,50 mm
Pleuellager (350 SE/450 SE)	0,035 bis 0,065 den Mittelwert von 0,05 mm anstreben Verschleissgrenze 0,08 mm	0,22 bis 0,38 mm Verschleissgrenze 0,50 mm

Pleuelstangen	*280 S/280 SE*	*350 SE*	*450 SE*
Grundbohrungs-Durchmesser für die Pleuellager	51,60/51,62 mm	55,60/55,62 mm	55,60/55,63 mm
Grundbohrungs-Durchmesser für die Pleuelbüchse (Kolbenbolzenbüchse) Normalmass	26,00/26,02 mm	29,00/29,02 mm	29,00/29,02 mm
Pleuelbüchse — Innen∅	23,007/23,013 mm	26,007/26,013 mm	26,007/26,013 mm
Rauhtiefe der Pleuelbüchse innen	0,002 mm	0,002 mm	0,002 mm
Zulässiger Gewichtsunterschied der kompletten Pleuelstangen innerhalb eines Motors	5 Gramm	8 Gramm	8 Gramm
Abstand von Mittte Pleuellagerbohrung bis Mitte Pleuelbüchsenbohrung	130,05/131,95 mm	137,95/138,05 mm	154,45/154,55 mm
Breite des Pleuels an der Pleuellagerbohrung und an der Pleuelbüchsenbohrung	27,89/27,86 mm	24,89/24,86 mm	24,89/24,86 mm
Zulässige Verschränkung der Pleuelbüchsenbohrung bezogen auf eine Länge von 100 mm	0,1 mm	0,1 mm	0,1 mm
Zulässige Abweichung der Achsenparalellität von Pleuellagerbohrung zur Pleuelbüchsenbohrung bezogen auf eine Länge von 100 mm	0,04 mm	0,04mm	0,04 mm

Kolben	*280 S/280 SE*	350 SE	450 SE
Durchmesser lieferbarer Kolben:			
— Normalmass	86,00/85,98 mm	92,00/91,98 mm	92,00/91,98 mm
— 1. Reparaturstufe	86,50/86,48 mm	92,50/92,48 mm	92,50/92,48 mm
— 2. Reparaturstufe	87,00/86,98 mm	93,00/92,98 mm	93,00/92,98 mm
Kolbenspiel — Neuwert	0,02—0,03 mm	0,02—0,03 mm	0,02—0,03 mm
— Verschleissgrenze	0,08 mm	0,08 mm	0,08 mm
Durchmesser der Kolbenbodenmulde	—	52,0 mm	66,0 mm
Tiefe der Ventilnische	—	1,0 mm	5,9 mm

Zulässiger Gewichtsunterschied der Kolben innerhalb eines Motors für alle Typen = 4 Gramm, im Reparaturfall bis 10 Gramm.

Kolbenbolzen			
Durchmesser	23,000/22,996 mm	25,995/26,000 mm	25,995/26,000 mm
Laufspiel in der Pleuelbüchse	0,007—0,017 mm	0,007—0,018 mm	0,007—0,018 mm

Kolbenringe

		Motor	Einbautoleranz bzw. Neuwert	Verschleissgrenze bzw. Grenzwert
Stossspiel für Kolbenringe in	Nute 1	280 S/280 SE	0,30—0,45 mm	1,0 mm
		350 SE	0,30—0,45 mm	1,0 mm
		450 SE	0,35—0,55 mm	1,0 mm
	Nute 2	280 S/280 SE	0,30—0,45 mm	0,8 mm
		350 SE/450 SE	0,35—0,55 mm	0,8 mm
	Nute 3	Alle Typen	0,25—0,40 mm	0,8 mm
Axialspiel für Kolbenringe in	Nute 1	280 S/280 SE	0,050—0,082 mm	0,15 mm
		350 SE	0,050—0,080 mm	0,15 mm
		450 SE	0,060—0,090 mm	0,15 mm
	Nute 2	280 S/280 SE	0,030—0,062 mm	0,10 mm
		350 SE/450 SE	0,040—0,070 mm	0,08 mm
	Nute 3	280 S/280 SE	0,010—0,042 mm	0,10 mm
		350 SE/450 SE	0,040—0,070 mm	0,08 mm

Schwungrad	*280 S/280 SE*	*350SE/450SE*
Abstand «a» (Bild 80 und 81)	19,4 + 0,1 mm	3,8—3,9 mm
Abstand «b» (Bild 80 und 81):		
— im Neuzustand	18,5 mm	27,4 — 27,5 mm
— im Reparaturfall bis zu	17,5 mm	26,4 mm
Zulässiger Seitenschlag	0,05 mm	

Bei einer Nacharbeit ist darauf zu achten, dass der Abstand «a» in jedem Fall eingehalten wird. Die Befestigungsfläche «B» (Bild 80 oder 81) für die Kupplung ist deshalb entsprechend der Materialabnahme an der Kupplungsfläche «A» nachzudrehen.

Zylinderkopf	*280 S/280 SE*	*350 SE*	*450 SE*
Gesamthöhe des Zylinderkopfes im Neuzustand	93,9—94,0 mm	—	—
Mindesthöhe nach einer notwendigen Materialabnahme	93,1 mm	—	—
Tiefe — Kontrollmass des Kompressionsraumes	—	15,85—16,15 mm	17,85—18,15 mm
Mindesttiefe nach einer Materialabnahme	—	15,35 mm	17,35 mm
Zulässige Unebenheit der Trennfläche:			
— in Längsrichtung	0,08 mm		
— in Querrichtung	0,0 mm		
Zulässige Rauhtiefe	0,006—0,014 mm		
Zulässige Abweichung der Parallelität der oberen Trennfläche zur unteren in Längsrichtung	0,1 mm	—	—
Abpressdruck mit Luft unter Wasser in atü	2		

An den Trennflächen zum Kurbelgehäuse bzw. zum Nockenwellengehäuse der Motoren 110.922 und 110.983 dürfen jeweils nur 0,4 mm nachgearbeitet werden. Im Falle einer Nacharbeit müssen grundsätzlich beide Trennflächen bearbeitet werden.

Ventilsitzbearbeitung	*280S/280SE*	*350SE*	*450SE*
Ventilsitzbreite: — Einlass	1,8—2,5 mm	1,3—2,0 mm	1,3—2,0 mm
— Auslass	1,5—2,0 mm	1,5—2,0 mm	1,5—2,0 mm
Einstellwinkel zur Bearbeitung des Ventilsitzes	45°	45°	45°
Korrekturwinkel oben	15°	15°	15°
Korrekturwinkel unten	60°	60°	60°
Zulässiger Schlag des Ventilsitzes	0,05 mm	0,05 mm	0,05 mm
Zulässige Vertiefung des Ventiltellers gegenüber der Zylinderkopftrennfläche:			
— Mindestabstand bei neuen Ventilen und neuen Ventilsitzen:			
Einlass	—3,3 mm	—	—
Auslass	—0,6 mm	—	—
— Grösst-Abstand bei nachgearbeiteten Ventilsitzen und nachgeschliffenen Ventilen:			
Einlass	— 4,2 mm	—	—
Auslass	— 1,5 mm	—	—

Das angegebene Mass bei Grösst-Abstand verringert sich um den gleichen Betrag, um den die Trennfläche des Zylinderkopfes nachgearbeitet wurde. Beim Motor 116.983 und 117.983 kann dieses Mass nicht gemessen werden.

Ventilführungen und Bohrungen im Zylinderkopf (alle Typen)

Einlass	Farbkennzeichnung	Ventilführungen-Aussendurchmesser	Bohrungen im Zylinderkopf
Normalmass	grau-grün grau grau-braun	14,05/14,03 mm	14,02/14,04 mm
1. Reparaturstufe	rot	14,23/14,21 mm	14,20/14,22 mm
2. Reparaturstufe	weiss	14,43/14,41 mm	14,40/14,42 mm
Auslass			
Normalmass	grau-grün grau grau-braun	15,05/15,03 mm	15,02/15,04 mm
1. Reparaturstufe	rot	15,23/15,21 mm	15,20/15,04 mm
2. Reparaturstufe	weiss	15,43/15,41 mm	15,40/15,42 mm
Überdeckung zwischen Führung und Zylinderkopf	+ 0,01 bis + 0,03 mm		
Innendurchmesser: Einlass Auslass	9,000/9,015 mm 11,000/11,018 mm		

Ventil-Länge	*280 S/280 SE*	350 SE/450 SE
Einlass	51,5 mm	47,5 mm
Auslass	54,0 mm	49,0 mm

Ventile

Einlass		
Ventiltellerdurchmesser	45,30/45,10 mm	44,30/44,10 mm
Höhe des Ventiltellers		
Bearbeitungsgrenze	1,0 mm	1,0 mm
Ventilschaftdurchmesser	8,97/8,95 mm	8,97/8,95 mm
Ventillänge	115 mm	117 mm
Ventilspiel bei kaltem Motor	0,10 mm	0,10 mm
Ventilspiel bei warmen Motor	0,15 mm	0,15 mm

Auslass		
Ventiltellerdurchmesser	37,20/37,00 mm	37,20/37,00 mm
Höhe des Ventiltellers		
Bearbeitungsgrenze	2,0 mm	2,0 mm
Ventilschaftdurchmesser	10,96/10,94 mm	10,96/10,94 mm
Ventillänge	118,0 mm	118,0 mm
Ventilspiel bei kaltem Motor	0,25 mm	0,20 mm
Ventilspiel bei warmen Motor	0,30 mm	0,25 mm

Ventilfeder	*280 S/280 E*	*350 SE*	*450 SE*
Innere Feder (Teil-Nummer)	130 053 0022	108 053 0022	130 053 0022
		114 053 0022	153 053 0222
Aussendurchmesser	22—22,4 mm	22,2 mm	22—22,4 mm
			22,4—22,8 mm
Drahtdurchmesser	2,5 mm	2,5 mm	2,5 mm
			2,9 mm
Länge ungespannt	45,0 mm	45,0 mm	45,0 mm
			42,5 mm
Länge bei Belastung endgespannt	21,5 mm bei	21,0 mm bei	21,5 m bei
	22,8 bis 25,2 kp	22,8 bis 25, 2 kp	22,8 bis 25,2 kp
			28,0 bis 32,0 kp
Äussere Feder (Teil-Nummer)	130 053 0420	129 053 0220	130 053 0220
	110 053 0120	129 053 0320	130 053 0420
			130 053 0320
Aussendurchmesser	33,8—34,1 mm	33,2—33,7 mm	33,3—33,9 mm
	34,1—34,4 mm	33,1—33,4 mm	33,8—34,1 mm
			33,7—34,0 mm
Drahtdurchmesser		4,3 mm	4,5 mm
	[illegible]	4,25 mm	4,6 mm
Länge ungespannt		50,0 mm	51,0 mm
	4[illegible],0 mm	50,0 mm	49,5 mm
			50,0 mm

Länge bei Belastung endgespannt	30,5 mm bei 84 bis 92 kp 86 bis 92 kp	30,0 mm bei 67,7 bis 76,3 kp 31,0 mm bei 63,5 bis 70,5 kp	30,5 mm bei 83 bis 91 kp 84 bis 92 kp 78 bis 86 kp

Ventilsitzring Einlass	*280 S/280 SE*	*350 SE/450 SE*
Grundbohrung «D1» im Zylinderkopf:		
— Normalmass	47,000/47,016 mm	46,000/46,010 mm
— 1. Reparaturstufe	47,500/47,516 mm	46,500/46,516 mm
— 2. Reparaturstufe	48,000/48,016 mm	47,000/47,016 mm
Notwendige Überdeckung des Ventilsitzringes im Zylinderkopf	+ 0,074 bis + 0,100 mm	
Durchmesser «D» des Ventilsitzringes:		
— Normalmass	47,090/48,100 mm	46,090/46,100 mm
— 1. Reparaturstufe	—	46,950/46,600 mm
— 2. Reparaturstufe	—	47,090/47,100 mm
— Vordrehmass für Reparaturstufen	48,300 mm	—
Tiefe der Bohrung im Zylinderkopf	8,700/,8,600 mm	20,500/20,600 mm
Höhe «H» des Ventilsitzringes:		
— Normalmass	8,600/8,510 mm	10,500/10,390 mm
— 1. und 2. Reparaturstufe	8,600/8,510 mm	10,500/10,390 mm
Abstand zwischen Trennfläche Zylinderkopf und Ventilsitzring	—	9,8 bis 10,2 mm

Anmerkung: Bei einem Leichtmetall-Zylinderkopf ist der Ventilsitzring nach dem Einpressen an drei Stellen zu verstemmen.

Ventilsitzring Auslass		
Grundbohrung «D1» im Zylinderkopf:		
— Normalmass	40,000/40,016 mm	40,000/40,016 mm
— 1. Reparaturstufe	40,500/40,516 mm	
— 2. Reparaturstufe	41,000/41,016 mm	
Notwendige Überdeckung des Ventilsitzringes im Zylinderkopf	+ 0,074—0,100 mm	
Durchmesser «D» des Ventilsitzringes:		
— Normalmass	40,090/40,100 mm	
— 1. Reparaturstufe	—	40,590/40,600 mm
— 2. Reparaturstufe	—	41,090/41,100 mm
— Vordrehmass für Reparaturstufen	41,300 mm	—
Tiefe der Bohrung im Zylinderkopf	10,500/10,600 mm	20,500/20,600 mm
Höhe «H» des Ventilsitzringes:		
Normalmass, 1. und 2. Reparaturstufe	10,500/10,390 mm	
Abstand zwischen Trennfläche Zylinderkopf und Ventilsitzring	—	9,8—10,2 mm

Steuerzeiten

Die Prüfmessungen bei aufgehobenen Ventilspiel und 2,0 mm Ventilhub durchführen.

	280 S/280 SE	*350 SE*	*450 SE*
Einlass öffnet nach O.T.:			
— Linke Nockenwelle	7°	4°	5°
— Rechte Nockenwelle	7°	2°	3°
Einlass schliesst nach U.T.:			
— Linke Nockenwelle	21°	14°	21°
— Rechte Nockenwelle	21°	12°	19°
Auslass öffnet vor U.T.:			
— Linke Nockenwelle	30°	30°	25°
— Rechte Nockenwelle	30°	32°	27°
Auslass schliesst vor O.T.:			
— Linke Nockenwelle	12°	16°	5°
— Rechte Nockenwelle	12°	18°	7°
Ventilspiel bei kaltem Motor:			
— Einlass	0,10 mm	0,10 mm	0,10 mm
— Auslass	0,25 mm	0,20 mm	0,20 mm
Ventilspiel bei warmen Motor:			
— Einlass	0,15 mm	0,15 mm	0,15 mm
— Auslass	0,30 mm	0,25 mm	0,25 mm

Nockenwelle und Nockenwellenlager

Kennzahl der Nockenwelle			
Linke	25	52	56
Rechte	24	53	57
Rechte	57	—	—

Nockenwelle und Nockenwellenlagermasse für Motortyp 280 S und 280 SE

		Wellendurchmesser in mm	*Lagerdurchmesser in mm*
Lager a:	— Normalmass	23,99/23,98	38,00/38,02
	— 1. Rep.-Stufe	—	—
	— 2. Rep.-Stufe	—	—
Lager b:	— Normalmass	49,94/49,92	50,05/50,07
	— 1. Rep.-Stufe	49,70/49,68	49,80/49,82
	— 2. Rep.-Stufe	49,45/49,43	49,55/49,57
Lager c:	— Normalmass	49,95/49,93	50,00/50,02
	— 1. Rep.-Stufe	49,70/49,68	49,75/49,77
	— 2. Rep.-Stufe	49,45/49,43	49,50/49,52
Lager d:	— Normalmass	51,44/51,42	51,50/51,52
	— 1. Rep.-Stufe	51,19/51,17	51,25/51,27
	— 2. Rep.-Stufe	50,94/50,92	51,00/51,02
Lager e:	— Normalmass	52,94/52,92	53,00/53,02
	— 1. Rep.-Stufe	52,69/52,67	52,75/52,77
	— 2. Rep.-Stufe	52,44/52,42	52,50/52,52
Lager f:	— Normalmass	53,94/53,92	54,00/54,02
	— 1. Rep.-Stufe	53,69/53,67	53,75/53,77
	— 2. Rep.-Stufe	53,44/53,43	53,50/53,52

Lagerspiel radial: a = 0,06—0,12; b = 0,10—0,14; c = 0,05—0,09; d, e	
	und f = 0,06—0,10 mm
axial	0,17—0,44 mm
Hülse für Lager a:	
Aussendurchmesser	37,95/37,93
Innendurchmesser	24,00/24,01

Hinweis: Für geschliffene Nockenwellen stehen Nockenwellengehäuse mit Reparaturstufen zur Verfügung.
Die Lagerzapfen sind nicht gehärtet. Der Lagerzapfen «a» wird nicht geschliffen, auf ihm wird eine Abstandshülse bzw. ein Mitnehmer montiert.

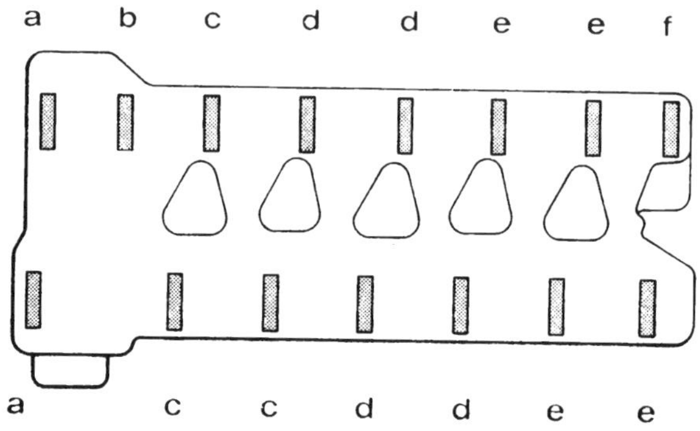

Nockenwelle und Nockenwellenlagermasse für Motortyp 350 SE und 450 SE

	Wellendurchmesser in mm	*Lagerdurchmesser in mm*
Lager a: — Normalmass	34,98/34,96	35,00/35,02
— 1. Rep.-Stufe	34,88/34,86	34,90/34,92
— 2. Rep.-Stufe	34,73/34,71	34,75/34,77
Lager b: — Normalmass	49,18/49,16	49,20/49,22
— 1. Rep.-Stufe	49,08/49,06	49,10/49,12
— 2. Rep.-Stufe	48,98/48,96	49,00/49,02
Lager c: — Normalmass	49,38/49,36	49,40/49,42
— 1. Rep.-Stufe	49,28/49,26	49,30/49,32
— 2. Rep.-Stufe	49,18/49,16	49,20/49,22
Passlager:		
— Lagerbockbreite (Lager a)	25,43/25,53	
— Zapfenbreite	25,50/25,53	
Lagerspiel — radial	0,02 bis 0,06 mm	
— axial	0,07 bis 0,14 mm	

Hinweis: Für geschliffene Nockenwellen stehen Nockenwellenlager mit Reparaturstufen zur Verfügung. Die Lagerzapfen sind nicht gehärtet. Beim Nachschleifen der Anlaufstelle des Lagerzapfens ist die Stirnfläche immer so weit nachzuschleifen, dass die Zapfenbreite eingehalten wird.

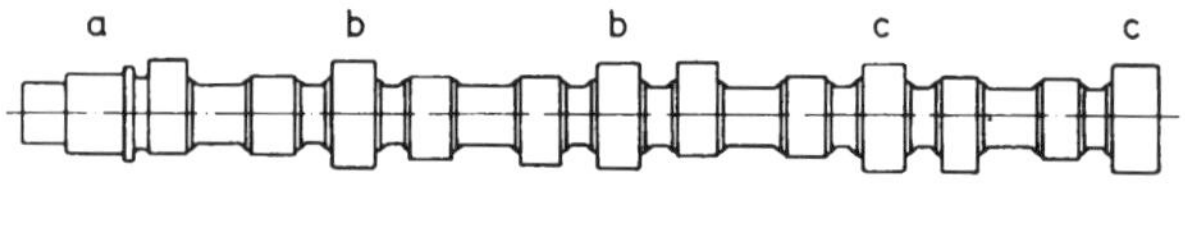

Motorschmierung

Ölpumpe (alle Typen)

Bauart	Druckumlaufschmierung mit Zahnradölpumpe
Mindest Öldruck bei Motor-Betriebstemperatur in atü	Im Leerlauf 0,5 bei 3000/min. 3,0

Motorkühlung

Wasserpumpe, wartungsfrei	mit Flügelrad
Kühlwasserregler mit Thermostat	Öffnungsbeginn bei 87° ± 2 Typ 280 S und 280 SE Öffnungsbeginn bei 75° ± 3 Typ 350 SE und 450 SE Mindesthub 8 mm bei 102° C Typ 280 S und 280 SE Mindesthub 8 mm bei 92° C Typ 350 SE und 450 SE
Kühlerverschlussdeckel	
— Kennzahl	100
— Überdruckventil öffnet	1,0 atü
— Unterdruckventil öffnet	0,1 atü
Prüfdruck zum Abpressen des Kühlsystems	1—1,3 atü

Kraftstoffanlage

Tankinhalt/Reserve (Liter) alle Typen	96/13

Kraftstofförderpumpe

Bezeichnung der Pumpe (für Motortyp 280 S)	Stösselpumpe
Unterdruck: — Messstelle	nach Pumpeneingang
— bei Anlassdrehzahl	250—350 mm Hg
Förderdruck: — Messstelle	nach Pumpenausgang
— bei Anlassdrehzahl	0,25—0,38 atü
Bezeichnung der Pumpe (für Typ 280 SE/350 SE/450 SE)	Elektrische Förderpumpe, Bosch Nr. 0 580 970 002 und 0 580 464 005
Messvorschrift	im Leerlauf und einer Spannung an der Förderpumpe von mindestens 12 Volt
Förderdruck: — Messstelle	vor dem Druckregler in der Ringleitung
— atü	2,0 + 0,1
Förderleistung: — Messstelle	Rücklaufleitung nach dem Druckregler
— 1 Liter	in mindestens 30 Sekunden

Vergaser (Motortyp 280 S)

Vergaserbezeichnung	Solex Doppel-Register Vergaser 4 A 1			
Starterausführung	mit TN-Zusatzstarter		ohne TN-Zusatzstarter	
	1. Stufe	*2. Stufe*	*1. Stufe*	*2. Stufe*
Düsennadel	—	A2	—	A2
Hauptdüse	X95	—	X95	—
Leerlaufluftdüse	110	—	110	—
Einspritzbeginn	sofort		sofort	
Schwimmerstand	± 2 mm		± 2 mm	
Starterklappenspalt	2,0—3,5 mm		1,5 mm	
Kaltstartdrehzahl l/min. Prüfung bei Betriebstemperatur	—		2400—2600	
Starterdeckel Vorspannung	Auf Markierung			
Kennzahl	80			
Unterdruckregler-Einstellwerte:				
Motordrehzahl, Unterdruckschlauch abgezogen l/min.	2000		2600	
—Abstand Drosselklappenhebel Einstellschraube mm Mech. Getriebe	ca. 1 mm			
—Fahrstellung eingelegt l/min.	600—700			

Elektronische gesteuerte Benzineinspritzung (280 SE, 350 SE, 450 SE)

Einspritzventil
mit Doppeldichtkantenanschluss

	Bosch Nr.	*Farbkennzeichen*
— 280 SE	0 280 150 035	Grün
— 350 SE	0 280 150 034	Gelb
— 450 SE	0 280 150 036	Blau

Die elektromagnetischen Einspritzventile unterscheiden sich im Aufbau und in der Wirkungsweise von den bei der mechanischen Einspritzung verwendeten. Einspritzbeginn und Öffnungszeit werden vom elektronischen Steuergerät vorgegeben. Der Einspritzdruck wird durch den Druckregler bestimmt.

Steuergerät	Bosch Nr.
280 SE	02 280 001 008 Kennzeichen weisses Klebeschild E
350 SE	0 280 002 007 Kennzeichen gelbes Klebeschild
450 SE	0 280 002 009 Kennzeichen blaues Klebeschild E

Druckfühler

280 SE	0 280 100 111 Kennzeichen weisses Klebeschild E

350 SE	0 280 100 012 Kennzeichen gelbes Klebeschild
450 SE	0 280 100 112 Kennzeichen blaues Klebeschild E

Drosselklappenschalter

280 SE	0 280 120 029
350 SE	0 280 120 018
450 SE	0 280 120 015

Lufttemperaturfühler	Bosch Nr.
280 SE	0 280 136 006
350 SE	0 280 136 006
450 SE	0 280 136 006

Kühlwassertemperaturfühler

280 SE	0 280 130 014
350 SE	0 280 130 009
450 SE	0 280 130 014

Zusatzluftschieber

280 SE	0 280 140 027
350 SE	0 280 140 011
450 SE	0 280 140 017

Startventil

280 SE	0 280 170 023
350 SE	0 280 170 022
450 SE	0 280 170 022

Kraftstoff-Filter

280 SE	0 450 903 004
350 SE	0 450 903 004
450 SE	0 450 903 004

Druckregler

280 SE	0 280 160 007
350 SE	0 280 160 004
450 SE	0 280 160 004

Membrandämpfer

280 SE	0 280 161 001
350 SE	0 280 161 002
450 SE	0 280 161 002

Kupplung

	280 S/280 SE	350 SE/450 SE
Teil-Nummer (Druckplatte)	001 250 4204	002 250 2204
Anpressdruck (kp)	600—660	720—790
Höchstzulässige Unwucht (pcm)	20	20

Die Angaben von Massen für eine etwaige Instandsetzung erübrigt sich, da die Tellerfederkupplungen mit Werkstattmitteln nicht repariert werden können.

Mitnehmerscheibe	228 TPD	240 GSD
Teil-Nummer	003 250 3503	002 250 8303
Belagbezeichnung:		
— Kupplungsseitig	DON DSW 8	Textar 50S17
— Schwungradseitig	Textar 50S17	Textar 50S17
Belagstärke		
— Kupplungsseitig	3,9—4,1 mm	4,3—4,5 mm
— Schwungradseitig	3,9—4,1 mm	3,3—3,5 mm
	280 S/280 SE	350 SE/450 SE

Zulässiger Gesamtverschleiss der Beläge	2 mm
Zulässiger Seitenschlag der Mitnehmerscheibe	max. 0,5 mm
Zulässige Unwucht der Mitnehmerscheibe	max. 100 mm

Ausrücklager

Spiel zwischen Ausrücker und Führungsrohr am vorderen Getriebe-Gehäusedeckel	0,05—0,17 mm

Beim Ausrücker ist im Vergleich zum Ausrücklager der Lagerkörper und das Drucklager ein geschlossenes Bauteil. Der Austausch kann nur komplett erfolgen. Der Ausrücker liegt ständig unter Druck von ca. 4 kp am Druckring der Kupplung an und läuft demzufolge dauernd mit.

Schaltgetriebe

		280 S/280 SE	*350 SE/450 SE*
Konstante	— Übersetzung	1,54	1,56
	— Zähnezahl	43/28	39/25
1. Gang	— Übersetzung	3,90	3,96
	— Zähnezahl	33/13	33/13
2. Gang	— Übersetzung	2,30	2,34
	— Zähnezahl	39/26	39/26
3. Gang	— Übersetzung	1,41	1,44
	— Zähnezahl	34/37	34/37
4. Gang	Übersetzung	1	1
Rückwärtsgang:			
	— Übersetzung	3,66	3,72
	— Zähnezahl	31/13/17	31/13/17

Lagerung der Antriebswelle im Getriebegehäuse

Rillenkugellager		
Teil-Nr. 002 981 0625	Aussendurchmesser:	72,0 mm
	Innendurchmesser:	30,0 mm
	Breite:	19,0 mm

Lagerung der Hauptwelle

Rillenkugellager		
Teil-Nr. 002 981 0625	Aussendurchmesser:	72,0 mm
	Innendurchmesser:	30,0 mm
	Breite:	72,0 mm
Rillenkugellager		
Teil-Nr. 001 981 4125	Aussendurchmesser:	72,0 mm
	Innendurchmesser:	35,0 mm
	Breite:	17,0 mm
Nadelkäfig Teil-Nr. 004 981 0410	Aussendurchmesser:	30,0 mm
002 981 8110	Innendurchmesser:	22,0 mm
	Breite:	15,0 mm

Lagerung der Vorgelegewelle

Rillenkugellager		
Teil-Nr. 001 981 2325	Aussendurchmesser:	62,0 mm
	Innendurchmesser:	25,0 mm
	Breite:	15,0 mm
Zylinderrollenlager		
Teil-Nr. 005 412 600 206	Aussendurchmesser:	62,0 mm
	Innendurchmesser:	30,0 mm
	Breite:	16,0 mm
Rillenkugellager		
Teil-Nr. 001 981 3525	Aussendurchmesser:	52,0 mm
	Innendurchmesser:	20,0 mm
	Breite:	15,0 mm

Lagerung des 1. und 2. Gangrades

Nadelkäfig Teil-Nr. 000 981 8212	Aussendurchmesser:	47,0 mm
004 981 0810	Innendurchmesser:	42,0 mm
	Breite:	28,2 mm

Lagerung des 3. Gangrades

Nadelkäfig Teil-Nr. 001 981 8610		
004 981 0710	Aussendurchmesser:	40,0 mm
002 981 0010	Innendurchmesser:	35,0 mm
003 981 0410	Breite:	35,0 mm
003 981 1210		

Einstelldaten

Axialspiel der Antriebswelle zwischen Rillenkugellager und vorderem Gehäusedeckel	0,00—0,05 mm
Axialspiel der Hauptwelle zwischen Rillenkugellager und Haltering	0,00—0,05 mm
Axialspiel der Vorgelegewelle gemessen am vorderen Getriebegehäusedeckel	0,07—0,15 mm

Wellendurchmesser für Abdichtringe

Antriebswellendurchmesser:	
— Neu	29,900/29,848 mm
— Im Reparaturfall	29,700 mm
Durchmesser der Lauffläche am Gelenkflansch	
— Neu	40,000/39,340 mm
— Im Reparaturfall	39,340 mm

Rundlaufprüfung

Zulässiger Höhenschlag der Antriebswelle und Vorgelegewelle	0,02 mm
Zulässiger Seitenschlag des Antriebflansches am äusseren Durchmesser	0,10 mm

Zahnflankenspiel

1. und 2. Gang	0,10—0,16 mm
3. Gang und Konstante	0,06—0,12 mm
Rückwärtsgang	0,10—0,20 mm

Synchronisierung

Axialer Druck beim Ausrasten der Schiebemuffe	7—11 kp
Nasenbreite des Synchronringes:	
1. bis 4. Gang	8,4 mm
Länge der Mitnehmer für Synchronringe:	
1. und 2. Gang	12,8 mm
3. und 4. Gang	11,2 mm
Abstand zwischen der Kurzverzahnung der Gangräder und der Synchronringe:	
— Neu	1,2 mm
— Im Rep. Fall	0,5 mm

Automatisches Getriebe

Übersetzungsverhältnisse:	280 S/280 SE	350 SE/450 SE
— 1. Gang	i 3,98	i 2,31
— 2. Gang	i 2,39	i 1,46
— 3. Gang	i 1,46	i 1
— 4. Gang	i 1	—
— Rückwärtsgang	i 5,47	i 1,84

Schaltpunkte (Sämtliche Werte sind ca.-Werte)

Wählhebelstellung «D»		*280S/280SE*		*350SE*	
		Hochschaltung	*Rückschaltung*	*Hochschaltung*	*Rückschaltung*
Leergas	1—2—1	—	—	27 km/h	17 km/h
	2—3—2	28 km/h	20 km/h	46 km/h	32 km/h
	3—4—3	47 km/h	35 km/h	—	—
Vollgas	1—2—1	—	—	73 km/h	17 km/h
	2—3—2	63 km/h	20 km/h	139 km/h	67 km/h
	3—4—3	131 km/h	57 km/h	—	—
Übergas	1—2—1	35 km/h	22 km/h	73 km/h	60 km/h
	2—3—2	63 km/h	47 km/h	139 km/h	126 km/h
	3—4—3	131 km/h	114 km/h	—	—
Wählhebelstellung «S»					
Leergas	1—2—1	—	—	31 km/h	20 km/h
	2—3—2	33 km/h	26 km/h	—	—
Vollgas	1—2—1	—	—	82 km/h	24 km/h
	2—3—2	78 km/h	32 km/h	—	—
Übergas	1—2—1	35 km/h	22 km/h	82 km/h	68 km/h
	2—3—2	78 km/h	65 km/h	—	—
Wählhebelstellung «L»					
Leergas	1—2—1	41 km/h	8 km/h	—	—
Vollgas	1—2—1	41 km/h	22 km/h	—	—
Übergas	1—2—1	41 km/h	35 km/h	—	—

Wählhebelstellung D		*450SE*	
		Hochschaltung	*Rückschaltung*
Leergas	1—2—1	30 km/h	19 km/h
	2—3—2	45 km/h	35 km/h
Vollgas	1—2—1	68 km/h	19 km/h
	2—3—2	138 km/h	60 km/h
Übergas	1—2—1	68 km/h	51 km/h
	2—3—2	138 km/h	123 km/h
Wählhebelstellung «S»			
Leergas	1—2—1	34 km/h	23 km/h
Vollgas	1—2—1	77 km/h	27 km/h
Übergas	1—2—1	77 km/h	62 km/h

Gelenkwelle (Alle Typen)

Mit normalen Radstand
serienmässig — zweiteilige Gelenkwelle

Federung

Einstellung der Vorderfedern (Zuordnung Vorderfedern—Gummilager)

Typ	Teil-Nr.	Höhe der Feder-Gummilager je nach Fahrzeug-Ausstattung (Schiebedach, Servolenkung, automatisches Getriebe) und Farbkennzeichnung der Feder.									
		Keine Sonder-Aus-stattung Farbkenn-zeichnung der Feder		Eine Sonder-Aus-stattung Farbkenn-zeichnung der Feder		Zwei Sonder-Aus-stattungen Farbkenn-zeichnung der Feder		Drei Sonder-Aus-stattungen oder Klimaanlage Farbkenn-zeichnung der Feder		Eine bis drei Sonder-Sonderaus-stattungen und Klimaanlage Farbkenn-zeichnung der Feder	
		blau	rot	blau	rot	blau	rot	blau	rot	blau	rot
Normale Federung											
280S	1163213304	8	13	13	18	13	18	18	23	—	—
280SE	1163213204	—	—	—	—	—	—	—	—	8	13
350SE	1163213304	18	23	18	23	—	—	—	—	—	—
	1163213204	—	—	—	—	8	13	8	13	18	23
450SE	1163213204	8	13	8	13	13	18	—	—	8	13
Sonderausführung (Härtere Federung für schlechte Strassenverhältnisse)											
280S	1163213304	13	18	18	23	—	—	—	—	—	—
280SE	1163213204	—	—	—	—	8	13	8	13	18	23
350SE	1163213204	8	13	13	18	13	18	18	23	—	—
	1163214204	—	—	—	—	—	—	—	—	8	13
450SE	1163213204	13	18	18	23	18	23	—	—	—	—
	1163214204	—	—	—	—	—	—	—	—	—	—

Gummilager für Vorderfedern

8 mm Höhe Teil-Nr. 1153214884
13 mm Höhe Teil-Nr. 1153214984
18 mm Höhe Teil-Nr. 1153215084
23 mm Höhe Teil-Nr. 1153215184

Einstellung der Hinterfedern (Zuordnung Hinterfedern—Gummilager)

Typ	Fahrzeuge ohne Niveau-Regulierung			Fahrzeuge mit Niveau- Regulierung		
	Hinterfeder Teil-Nr.	Höhe der Feder-Gummilager je nach Farbkennzeichnung der Feder		Hinterfeder-Teil-Nr.	Höhe der Feder-Gummilager je nach Farbkennzeichnung der Feder	
		blau	rot		blau	rot
Normale Federung						
280S 280SE 350SE 450SE	116 324 0804	9,5 14	14 19	116 324 1004	9,5 14	14 19
Sonderausführung (Härtere Federung für schlechte Strassenverhältnisse, höheres Fahrzeugniveau)						
280S 280SE 350SE 450SE	116 324 0904	9,5 14	14 19	116 324 1104	9,5 14	14 19

Gummilager für Hinterfeder

9,5 mm Höhe Teil-Nr. 115 325 2244
14 mm Höhe Teil-Nr. 115 325 2344
19 mm Höhe Teil-Nr. 115 325 2444

Zulässige Kombination Federn-Stossdämpfer

Typ	Vorderfeder Teil-Nr.	Stossdämpfer vorn Bezeichnung und Teil-Nr.	Hinterfeder Teil-Nr.	Stossdämpfer bzw. Federbein hinten Bezeichnung und Teil-Nr.
Normale Federung (Fahrzeuge ohne Niveau-Regulierung an der Hinterachse)				
280S 280SE 350SE 450SE	116 321 3304 116 321 3204 116 321 3304 116 321 3204 116 321 4204	Bilstein 116 323 1900 Fichtel & Sachs 116 323 1700 116 323 2500	116 324 0804	Bilstein 116 326 0200 Fichtel & Sachs 116 326 0800
Normale Federung (Fahrzeuge mit Niveau-Regulierung an der Hinterachse)				
280S 280SE 350SE 450SE	116 321 3204 116 321 3304 116 321 3304 116 321 3204 116 321 4204			

Sonderausführung (Härtere Federung für schlechte Strassenverhältnisse (höheres Fahrzeugniveau) Fahrzeuge ohne Niveau-Regulierung an der Hinterachse.				
280S 280SE 350SE 450SE	116 321 3304 116 321 3204 116 321 4204	Bilstein 116 323 2100 Fichtel & Sachs 116 323 2600	116 324 0904	Bilstein 116 326 0600 Fichtel & Sachs 116 326 0700
Sonderausführung (Härtere Federung für schlechte Strassenverhältnisse (Höheres Fahrzeugniveau) Fahrzeuge mit Niveau-Regulierung an der Hinterachse)				
280S 280SE 350SE 450SE	116 321 3304 116 321 3204 116 321 4204	Bilstein 116 323 2100 Fichtel & Sachs 116 323 2600	116 324 1104	116 320 2913 116 320 3213

Prüfwerte der Stossdämpfer

Bezeichnung	Teil-Nr.	Farbkennzeichnung für vordere Stossdämpfer am Gehäuse, für hintere Stossdämpfer am untern Aufhängungsauge	Kontrolle der Ölreserve im Stossdämpfer Kolbenstangen-Austritt	
			Werte für neue Stossdämpfer in mm	Maximal zulässige Werte in mm
Vordere Stossdämpfer				
Bilstein	116 323 1900	1 Längsstrich grün	6 ± 2	38
	116 323 2100	2 Längsstriche grün	6 ± 2	38
Fichtel &	115 323 2100	2 Querstriche rot		
Sachs	116 323 2500	1 Querstrich grün	22 ± 2	0
	116 323 2600	2 Querstriche grün		
Hintere Stossdämpfer				
Bilstein	116 326 0200	1 Längsstrich grün		
	116 326 0600	2 Längsstriche grün	0 + 2	32
Fichtel &	116 326 0800	1 Querstrich grün		
Sachs	116 326 0700	2 Querstriche grün	105 ± 2	82

Prüfwerte der Federn

Teil-Nummer	Federweg pro 100 kp Belastung	Drahtdicke	Ungespannte Federlänge
Vorderfedern			
116 321 3204	17,00	16,3	466,5
116 321 3304	18,78	15,9	468,0
116 321 4204	15,70	16,6	468,0

Hinterfedern			
116 324 0804	16,60	16,9	373,5
116 324 0904	15,20	17,2	372,5
116 324 1104	16,60	16,9	367,0

Niveauregler

Einstellung des Ablassventils für Sicherstellung des Grunddruckes	30 + 6 atü
Einstellung des Überdruckventils:	
— Mindestdruck	120 atü
— Höchstdruck	160 atü

Verbindungsstange für Niveauregler

Federung	Schräglenkerstellung Diagonal Pendelachse	Länge (Grundmass) von Mitte bis Mitte Kugelgelenk. (Nur Zirka-Masse zur Montage)
normal	ca + 12	98,5 mm
hart	ca. + 26	96,0 mm

Federspeicher (Alle Typen)

Gasfülldruck Neuzustand	23 ± 2 atü
Mindestdruck	15 atü

Druckölpumpe MB und Teves PK 4/1

Übersetzungsverhältnis (Motor/Druckölpumpe)	
— 280S und 280SE	1 : 0,5
— 350SE und 450SE	1 : 0,6
Motordrehzahl zum Prüfen der Förderleistung l/min	
— 280S und 280SE	ca. 2000
— 350SE und 450SE	ca. 1650
Förderleistung/Fördermenge (Alle Typen) ohne und unter Druck	ca. 0,75 l/min.

Vorderachse

Vorderlager:	*Bezeichnung*	*MB Teil Nr.*
— Inneres Kegelrollenlager	LM 48 548C/10	001 980 2902
Äusseres Kegelrollenlager	M 126 49/10	000 981 6305
Vorderradnabe:		
— Lochkreisdurchmesser für Befestigung der Bremsscheibe		104,0 mm

— Lochkreisdurchmesser für Befestigung des Scheibenrades		112,0 mm
— Einpass für Bremsscheibe		79,97/80,00 mm
— Zulässiger Seitenschlag am Flansch		0,03 mm
— Zulässiger Höhenschlag an der Scheibenradzentrierung		0,05 mm
Radialdichtring	50 x 70 x 13,5/6,5	011 997 6046
Schmiermittel		
— Für Nabenkappe und Nabe	Mehrzweckfett oder Walzlagerfett	
Fettmenge: Gesamtfüllmenge	ca. 60 g	
in Nabe mit Lager	ca. 45 g	
in Nabenkappe	ca. 15 g	

Radlagerspiel:

— Axialspiel der Vorderradnabe	0,01 bis 0,02 mm
— Prüfvorrichtung	136 589 0421 oder 116 589 1221 00 und Messuhr

Kugelgelenke der Vorderachse

Trag- und Führungsgelenk der Achsschenkellagerung

Fettsorte	Langzeitschmierfett
Fettmenge: Traggelenk und Führungsgelenk	ca. 5-6 g
Kontroll-Vorschrift	Kugelbolzen muss sich ohne Spiel, jedoch auch ohne zu klemmen und ohne Knarrgeräusche hin- und herbewegen lassen. Manschetten auf Risse und Beschädigungen kontrollieren.

Lagerspiele der Vorderachse

Das Spiel wird am Scheibenrad (Felgenhorn unten) gemessen. Zum Prüfen sind beim Aufbocken die Unterstellböcke an den unteren Querlenkern anzubringen.

Vorderradlagerung	
Neuzustand	0,03 mm
Zul. Verschleissgrenze	0,10 mm
Achsschenkellagerung	Führungs- und Traggelenk sind sowohl im Neuzustand als auch nach längeren Laufstrecken spielfrei.
Querlenkerlagerung	Gummi-Gleitlager und Gummilager (Torsionslager) der Querlenker haben auch nach längeren Laufstrecken keinen nennenswerten Verschleiss, so dass am Querlenker kein messbares Spiel vorhanden ist.

Achsschenkel

Zulässiger Schlag des Achsschenkelzapfens an den Lagersitzen	0,05 mm
Achsschenkelzapfen-Durchmesser	
Lagersitz aussen	21,44/21,43 mm
Lagersitz innen	34,93/34,92 mm
Durchmesser der Lauffläche für den Radialdichtring: Neuzustand	50,00/49,84 mm

Drehstab an der Vorderachse

Drehstab-Teil-Nr.	116 323 5265
Drehstab-Durchmesser	25,5 mm
Teilnummer der Drehstab-Lagerung	116 323 3685 und 116 323 3585
Gummilager-Bohrungsdurchmesser	23,5 mm
Exzentrität der Bohrung	3 mm, gekennzeichnet mit blauem Farbpunkt

Hinterachse

Einstelldaten

Zahnflankenspiel des Radsatzes	0,08—0,14 mm
Einstellung der Kegelrollenlager für das Antriebskegelrad durch Messen des Drehmomentes beim Durchdrehen des Antriebskegelrades mit einem geeigneten Drehmoment-Schlüssel:	
— Neue Kegelrollenlager	12—14 kpcm
— Gelaufene Kegelrollenlager	5—10 kpcm
Ausgleichscheiben zur Einstellung des Zahnflankenspiels:	
— Dicke	0,6 bis 1,5 mm
— Abstufung	von 0,1 zu 0,1 mm
Einstellung der Kegelrollenlager für das Ausgleichsgetriebe	0,15 bis 0,20 mm 350/450SE
Die Kegelrollenlager erhalten ihre notwendige Vorspannung durch Aufweiten des Hinterachsgehäuses um	0,10 bis 0,15 mm 280S/SE
Drehmoment beim Durchdrehen des gesamten Hinterachsantriebes gemessen am Antriebskegelrad	15—20 kpcm

Hinterachswellenflansch

Zulässiger Seitenschlag in eingebautem Zustand	0,12 mm
Zulässiger Höhenschlag an der Mittenzentrierung in eingebautem Zustand	0,12 mm
Dicke des Flansches	9,5—10,00 mm
Zulässige Abnahme am Flansch im Reparaturfall	0,3 mm

Abstandring zwischen innerem Gleichlaufgelenk und Ausgleichgetriebegehäuse

Zwischen innerem Gleichlaufgelenk und Ausgleichgetriebegehäuse soll kein spürbares Axialspiel vorhanden sein. Der Sicherungsring soll sich jedoch in der Nute noch drehen lassen.

Abstandring: Dicke	von 2,9 bis 3,4 mm
Abstufung	von 0,1 zu 0,1 mm

Öfdruckförderdrall

Linke Welle	Rechtsdrall
Rechte Welle	Linksdrall

Räder und Einstellung der Räder

Scheibenräder-Serienausführung	*280S/280SE*	*350SE/450SE*
Bezeichnung	6 J x 14 H2	6 1/2 J x 14 H2
Teil-Nr.	108 400 1402	108 400 0802
Zentrierung	Mittenzentrierung	
Leichtmetall-Scheibenräder	108 400 0902	108 400 1002

Prüfwerte für Scheibenräder und Reifen

Scheibenrad:	
— Stahlblech	
— Zulässiger Höhenschlag	0,5 mm
— Zulässiger Seitenschlag	1,5 mm
— Leichtmetall	
— Zulässiger Höhenschlag	0,6 mm
— Zulässiger Seitenschlag	1,0 mm
Mit aufmontierten Reifen:	
— Stahlblech	
— Zulässiger Höhenschlag	1,5 mm
— Zulässiger Seitenschlag	2,5 mm
— Leichtmetall	
— Zulässiger Höhenschlag	1,5 mm
— Zulässiger Seitenschlag	2,0 mm

Kugelbundschrauben

Für Stahlblech-Scheibenrad:	
— Teil-Nr.	110 401 0170
— Gewinde	M 12 x 1,5
— Länge	21 mm
Für Leichtmetall-Scheibenrad:	
— Teil-Nr.	108 401 0070
— Gewinde	M 12 x 1,5
— Länge	29,5 mm

Reifen

Serienmässige Ausrüstung mit Gürtelreifen	185 HR14	350SE 205/70 HR14
	185 SR14 M&S	205/70 SR14 M&S
		450SE 205/70 VR14
		205/70 SR14 M&S

Reifendruck (Überdruck in bar)

Sommerreifen-Gürtel/Radial für mittel Geschwindigkeit:		
— (bis 3 Personen)	vorn	2,1
	hinten	2,3
— (bis 5 Personen)	vorn	2,3
	hinten	2,5
Für max. Geschwindigkeit:		
— (bis 3 Personen)	vorn	2,4
	hinten	2,6
— (bis 5 Personen)	vorn	2,6
	hinten	2,8
Winterreifen	vorn	2,2
	hinten	2,5

Warme Reifen

Nach Stadtfahrt	+ 0,2 bar
Nach Überlandfahrt	+ 0,5 bar

Werden Fahrzeuge auf eine andere, vom Werk aus zulässige Reifen- oder Scheibenradgrösse umgerüstet, so müssen diese Änderungen von einer Technischen Überwachungsstelle abgenommen und im Kraftfahrzeugbrief sowie im Kraftfahrschein eingetragen werden.

Einstellung der Räder (Alle Typen)

Fahrzeuge nur in fahrfertigem Zustand vermessen.	
Sturz der Vorderräder	-0°10' ± 10'
Vorspur gerollt	0°25' ± 10' bzw. 3 ± 1 mm
Spurdifferenzwinkel bei 20° Einschlag des kurveninneren Rades	-0°50' ± 40'
Nachlauf:	
— Messung in Geradeausstellung	Messung über Radeinschlag
— 10° ± 30'	9°30' ± 30'
Zulässiger Unterschied zwischen links und rechts	0°30'
Querlenkerstellung der Vorderachse in mm:	
— Alle Typen mit normaler Federung	44 ± 12
— Sonderausführung (Härtere Federung)	56 ± 12
Schräglenkerstellung der Hinterachse in mm:	
— 280S/SE 350SE mit normaler Federung und ohne Niveau-Regulierung	+ 38 ± 10
— 450SE	133 ± 10
— 280S/SE 350SE mit härterer Federung (Sonderausführung) ohne Niveau-Regulierung	+ 49 ± 10
— 450SE	145 ± 10

Die Schräglenkerstellung bei Fahrzeugen mit Niveau-Regulierung ist dieselbe wie bei Fahrzeugen ohne Regulierung.

Lenkung

Bezeichnung	LS 90 Servo-Lenkung
Teil-Nr.	116 460 0801 1. Ausführung 116 460 1001 2. Ausführung
Reaktionskolben-Durchmesser 1. Ausführung	10 mm
Reaktionskolben-Durchmesser 2. Ausführung	9 mm
Reibmoment der Lenkschnecke im Lagerdeckel vor dem Vorspannen des Lagereinsatzes	1,2—1,5 kpcm
Mehrbetrag des Reibmomentes nach dem Anziehen des Lagereinsatzes	0,5—0,7 kpcm
Reibmoment der Lenkmutter im Arbeitskolben	0,6—1,0 kpcm
Reibmoment Kugelumlauf Lenkschnecke—Lenkmutter	3—6 kpcm
Gesamtreibmoment	12—16 kpcm
Beginn der Hilfskraftunterstützung bei einem Kraftaufwand am Lenkrad	ca. 0,7 kp
Beginn der Handkraftbegrenzung gemessen am Lenkradumfang	2,4—3,5 kp
an der Lenkspindel	60—80 kpcm

Lenkhelfpumpe	*280S/SE*	*350SE/450SE*
Typ Vickers Flügelzellenpumpe	VT27	VT27 1. Ausführung VT49 2. Ausführung
Öffnungsdruck des Überdruckventils in atü	65 ± 5	82 ± 5 1. + 2. Ausf.
Kennzeichen und Kennzahl auf Typenschild	Schwarz 01	Blau 08 1. Ausf. Blau 25 2. Ausf.
Höchstdrehzahl	7000 U/min.	
Förderleistung	10,4 l/min bei 1200 l/min	

Bremsanlage

Bremssystem	Hydraulische Zweikreis-Bremsanlage
Feststellbremse	Mechanisch auf die Hinterräder wirkend
Ausführung	Scheibenbremse
Nachstellen der Bremsklötze	automatisch
Wirksame Gesamtbremsfläche	306 cm²

Tandem-Hauptbremszylinder Durchmesser	in Zoll	in mm
Druckstangenkreis (Vorderradbremse)	15/16	23,81
Schwimmender Kreis (Hinterradbremse)	3/4	19,05
Bremszangen-Kolbendurchmesser:		
vorn	60 mm	
hinten	38 mm	
Bremsgerät	ATE	
Bezeichnung	T51/1802	

Bremszangen

Fabrikat — vorn	ATE SS 2/60 oder BX FE-60
— hinten	ATE 38 M oder BX F-38
Gehäuse-Durchmesser neu	
— vorn	59,99/60,04
— hinten	37,99/38,03
Schachtbreite — vorn	90 bis 90,15 mm
— hinten	62,02/62,03 mm
Bremsklotzbreite max. — vorn	89,75 mm
— hinten	61,75 mm

Bremsklötze

Betriebsbremse:

Dicke des Bremsklotzes mit Grundplatte	vorn	15 mm
	hinten	15 mm
Dicke der Grundplatte	vorn	5 mm
	hinten	5 mm
Zulässige Abnützung des Bremsbelages bis zu einer Belagdicke von	vorn	2 mm
	hinten	2 mm

Feststellbremse

Dicke des Bremsbelages	4 mm
Zulässige Abnützung des Bremsbelages bis zu einer Belagdicke von	1,5 mm

Bremsscheiben

Bremsscheibendicke	vorn	22 mm
	hinten	10 mm
Nacharbeitungsgrenze	vorn	21 mm
	hinten	9,4 mm

Die Bremsscheibe darf auf jeder Bremsfläche vorn bis zu 0,5 mm und hinten bis zu 0,3 mm nachgearbeitet werden.

Verschleissgrenze	vorn	20,70 mm
	hinten	9,02 mm
Dickentoleranz innerhalb der Bremsflächen		max. 0,01 mm
Durchmesser	vorn	278 ± 0,2 mm
	hinten	279 ± 0,2 mm
Passbohrung	vorn	80,07/80,00 mm
	hinten	67,00/67,05 mm
Innendurchmesser für die Feststellbremse		160 + 0,2 mm

Einbautoleranzen der Scheibenbremse

Zulässiger Seitenschlag der an der Vorderradnabe montierten Bremsscheibe	max. 0,12 mm
Zulässiger Seitenschlag der Bremsscheibe am Hinterachswellenflansch	max. 0,15 mm
Zulässige Schiefstellung der Bremszange zur Bremsscheibe	max. 0,12 mm
Zulässige Abweichung von der Mittelstellung der Bremszange zur Bremsscheibe	max. 0,12 mm

Duo-Servo-Feststellbremse

Bremsbacken-Durchmesser	160—0,2 mm
Bremsbackenweite	25,0 mm
Innendurchmesser der Bremsscheibe	160 + 0,2 mm

Einstellung der Feststellbremse

Gesamtübersetzung	1 : 35,6
Anzahl der Rasten am Zahnbogen	12
Anzahl der Rasten die zum Feststellen der Bremse bei mittlerem Kraftaufwand, ca. 40 kp, notwendig sind	3—4
Anzahl der Rasten bis die Wirkung der Feststellbremse beginnt	1—2

Freigegebene Bremsklötze und Bremsbacken

Vorderradbremse — Teil-Nummer	001 586 7542
	Textar T262
ohne Bremsbelag-Verschleissanzeige	001 586 1842
	Textar T269
	001 586 3242
	Jurid 226

mit Bremsbelag-Verschleissanzeige	001 586 3342 Textar T269 001 586 3642 Jurid 226
Hinterradbremse — Teil-Nummer	000 586 7642 Jurid 223
Feststellbremse — Teil-Nr.	108 420 0120 Energit 338

Bremsgerät

Kolbendurchmesser	228,6 mm (9")
Hub	35 mm
Verstärkungsfaktor	ca. 4,5

Bremsgerät—Kraftkennlinie

Kraft am Bremsfusshebel kp	Unterdruck atü	Leitungsdruck atü
5		15— 20
10		44— 47
15		70— 73
20	0,75—0,8	95— 98
25		118—121
30		140—145

Elektrische Anlage

Batterie

	280S/280SE	*350SE/450SE*
Spannung	12 Volt	12 Volt
Kapazität	55 Ah	66 Ah
Stossbelastung mit Kälteprüfstrom	255 A	300 A
Mindestspannung nach 30 s	8,4 Volt	8,4 Volt
Säurestand über Seperatoren-Oberkante bzw. über Säurestandmarke	5 mm	
Spez. Gewicht der Säure bei 20°C bzw. Säuredichte		
— gut geladen	1,28 (für Tropen 1,23)	
— halb geladen	1,20 (für Tropen 1,16)	
— entladen	1,12 (für Tropen 1,08)	
Max. Säuretemperatur beim Laden	+ 40°C (für Tropen + 50°C)	
Ladestrom in Ampere		
— bei erster Ladung	max. 5 % der	
— bei Nachladung	max. 10 % Batterie-	
— bei Schnelladung	max. 75 % Kapazität	
Gefrierpunkt — gut geladen	-65°C (für Tropen -40°C)	
— halb geladen	-30°C (für Tropen -13°C)	
— entladen	-12°C (für Tropen -6°C)	

Zündanlage

Verteiler	*280S*	*280SE*	*350SE*	*450SE*
Bosch Teil-Nr.	0 231 309 001	0 231 306 002	0 231 403 001 0 231 403 005 0 231 403 009	0 231 403 003 0 231 403 004 0 231 403 008
Schliesswinkel	39—42°	34—40°	30—34°	30—34°
Unterdruckverstellung nach spät im Leerlauf	4—6°	8—12°	8—12°	8—12°
Unterdruckverstellung nach früh bei 4500/min. (insg.)	8—12° (36—40°)	—	8—12° bei 3000/min.	8—12°

Zündspule	*280S*	*280SE*	*350SE*	*450SE*
Bosch Teil-Nr.	0 221 119 011	0 221 122 001	0 221 122 001	0 211 122 001
Primärwiderstand	1,2—1,6Ω	0,38—0,43Ω	0,38—0,43Ω	0,38—0,43Ω
Vorwiderstände Sollwerte bei 20° C	1 Widerstand rote Befestigungsschelle 1,8—1,6Ω	2 Widerstände, blaue Befestigungsschelle 0,4 ± 0,05 Ω metallische Befestigungsschelle 0,6 ± 0,05 Ω.		
Spannung an Zündspule: Unterbrecher geschlossen	min. 5,0 Volt gemessen an Klemme 15	0,7—1,5 gemessen an Klemme 1		

Zündzeitpunkt

Zündzeitpunkt	280 S	28° v. O.T.
	280 SE	32° v. O.T.
	350 SE, 1972	34° v. O.T.
	350 SE, ab 1973	30° v. O.T.
	450 SE/SEL	30° v. O.T.

Schaltgerät

Bosch Teil-Nr.	
— 280SE	0 227 051 024
— 350SE	0 227 051 024
— 450SE	0 227 051 024

Zündfolge

280S/280SE	1—5—3—6—2—4
350SE/450SE	1—5—4—8—6—3—7—2

Anlasser

Bosch	GF 12 V 1m4 PS
Bosch Teil-Nr.	0 001 313
Nennleistung	1,4 PS
Nennspannung	12 Volt
Kurzschluss-Prüfung Strom	430—520 Ampère
Spannung	5,5 Volt

Leerlauf-Prüfung:	
Strom/Ampère	50—80
Spannung/Volt	11,5
Drehzahl	8000—10000 l/min
Kollektor-Mindestdurchmesser	33,5 mm

Drehstrom-Lichtmaschine

Bosch Bezeichnung	K 1 14 V 55 A 20
Bosch Teil-Nr.	0120489
Leistungsprüfung Einstellbelastung	10 Ampère bei 1200 l/min
	36 Ampère bei 2000 l/min
	40 Ampère bei 2400 l/min
	55 Ampère bei 6000 l/min
Widerstandswerte:	
Werte + 10 % — Ständer	0,14 Ohm
— Läufer	3,4 Ohm

Regler

Bosch Bezeichnung	EE 14 V3 (Entstört)
Bosch Teil-Nr.	0 192 052 008
Regulierspannung	13,7—14,5 Volt bei Lichtmaschinendrehzahl von 4000/min
Belastungsstrom/Prüfstandwert	5—7 Ampère

Abmessungen

	280S/280SE/350SE	*450SE*
Fahrzeug — Länge	4960 mm	4960 mm
— Breite	1870 mm	1870 mm
— Höhe	1425 mm	1425 mm
Radstand	2865 mm	2860 mm
Spurweite — vorn	1521 mm	1521 mm
— hinten	1505 mm	1505 mm
Radeinschlag — innen	43°	43°
— aussen	34°	34°
Wendekreis Mindestdurchmesser	ca. 11,44 m	ca. 11,44 m
Überhanglänge — vorn	845 mm	845 mm
— hinten	1250 mm	1255 mm
Überhangwinkel — vorn	22°	22°
— hinten	14°	14°
Rampenwinkel	13°	13°
Bodenfreiheit	148 mm	148 mm

Gewichte

	280S/280SE	*350SE*	*450SE*
Fahrzeug-Leergewicht (Fahrfertig nach DIN 70020)	1610 kg	1675 kg	1730 kg

Achslast fahrfertig: — vorn	855 kg	895 kg	925 kg
— hinten	755 kg	780 kg	805 kg
Zulässiges Gesamtgewicht	2130 kg	2195 kg	2250 kg
Zulässige Achslast — vorn	1035 kg	1075 kg	1105 kg
— hinten	1095 kg	1120 kg	1145 kg

Füllmengen in Liter	*280S/280SE*	*350SE/450SE*
Kurbelgehäuse Gesamtfüllmenge	7	8,5
Ölwanne — max.	5,5	7,5
— min.	4	5,5
Ölfilter	0,75	0,75
Luftölkühler	0,7	0,4
Kühlsystem mit Heizung	11	13,5 15
Kraftstoffbehälter/Reserve	96/13	96/13
Mechanisches 4-Gang Getriebe	1,6	1,8 —
Automatisches Getriebe:		
— Neufüllung	6,6	7,9 8,9
— Bei Ölwechsel	5,3	6,9 7,9
Niveau-Regulierung	4,2	4,2 4,2
Hinterachse	1,0	1,3 1,3
Bremsanlage und Kupplungsanlage	0,5	0,5 0,5
Servo-Lenkung	1,4	1,4 1,4

Fahrleistungen, Verbrauchswerte und Betriebsbedingungen

	280S	*280SE*	*350SE*	*450SE*
Bei Hinterachsübersetzung von Höchstgeschwindigkeit in km/h	3,69	3,69	3,46	3,07
— Mechanisches Getriebe	190	200	205	—
— Automatisches Getriebe	185	195	200	210
Beschleunigung mit Durchschalten von 0 bis 100 km/h, Belastung 2 Personen Zeit in 's' plus/minus 7%:				
— Mechanisches Getriebe	11,5	10,5	9,5	—
— Automatisches Getriebe	12,3	11,3	10,3	9,3
Kraftstoffverbrauch nach DIN 70030 l/100 km	12,5	12,5	13,0	14,5
Kraftstoffverbrauch bei durchschnittlichen Überlandfahrten l/100 km	10,5—17,5	10,5—17,5	11,5—18,5	14,0—22,0

Der Kraftstoffverbrauch bei Fahrzeugen mit automatischen Getrieben liegt ungefähr 5—10% höher, als bei dem jeweils gleichen Typ mit mechanischem Getriebe.

Motorölverbrauch l/100 km	0,15—0,25			
Kraftstoffart	Super	Super	Super	Super
Klopffestigkeit (ROZ)	98	98	98	98

Anzugsdrehmoment-Tabelle

Motor	*280S*	*280SE*	*350SE*	*450SE*
Zylinderkopfschrauben:				
— bei kaltem Motor	9 kpm	9 kpm	5 kpm	5kpm
— bei warmen Motor	9 kpm	9 kpm	6 kpm	6 kpm
Schrauben bzw. Muttern für Befestigung der Zylinderkopfhaube	0,5 kpm	0,5 kpm	0,5 kpm	0,5 kpm
Nockenwellenlagerschrauben bzw. Muttern	—	—	5 kpm	5 kpm
Gewindebüchse der Ventileinstellschraube	8 kpm	8 kpm	8 kpm	8 kpm
Einstell-Drehmoment der Ventileinstellschraube	2—4 kpm	2—4 kpm	2—4 kpm	2—4 kpm
Befestigungsschraube für Nockenwellenrad	8 kpm	8 kpm	10 kpm	10 kpm
Zündkerzen	3 kpm	3 kpm	3 kpm	3 kpm
Schraube bzw. Mutter für Befestigung des Flansches der Einspritzdüse bzw. Einspritzventils	—	1,0 kpm	1,0 kpm	1, 0 kpm
Pleuellagerschrauben:				
Voranzug	4—5 kpm	4—5 kpm	4—5 kpm	4—5 kpm
Drehwinkelanzug	90—100°	90—100°	90—100°	90—100°
Kurbellagerschrauben	8 kpm	8 kpm	M12 10 kpm M10 6,5 kpm	M12 10 kpm M10 6,5 kpm
Sechskantschraube bzw. Mutter auf der Kurbelwelle vorn	40—50 kpm	40—50 kpm	27—33 kpm	27—33 kpm
Drehschrauben für Schwungrad bzw. Mitnehmerscheibe auf der Kurbelwelle:				
Voranzug	3 — 4 kpm	3—4 kpm	3—4 kpm	3—4 kpm
Drehwinkelanzug	90—100°	90—100°	90—100°	90—100°
Befestigungsschrauben für Zwischenflansch am Zylinderkurbelgehäuse	5 kpm	5 kpm	5 kpm	5 kpm
Befestigungsschrauben für Ölwannenunterteil	1,1 kpm	1,1 kpm	1,1 kpm	1,1 kpm
Befestigungsschraube für Ölfilterunterteil	4 kpm	4 kpm	4 kpm	4 kpm
Öldruckventil im Zylinderkurbelgehäuse und an der Ölpumpe	4 kpm	4 kpm	4 kpm	4 kpm
Verschlussschraube bzw. Mutter für Kettenspanner	5 kpm	5 kpm	11 kpm	11 kpm
Sechskantschrauben bzw. Muttern für Auspuffrohr am Auspuffkrümmer	2,5—3 kpm	2,5—3 kpm	2,5—3 kpm	2,5—3 kpm
Nockenwellengehäuse an Zylinderkopf	2,5 kpm	2,5 kpm	—	—
Kugelsitzring im Kettenspanner	2,5 kpm	2,5 kpm	—	—
Gewindering für Kettenspanner	4 kpm	4 kpm	—	—

Mechanisches Getriebe (Alle Typen)

Nutmutter zur Befestigung des Dreiarmflansches	15 kpm
Nutmutter auf der Hauptwelle vorn	8 kpm
Nutmutter auf der Antriebswelle	15 kpm
Nutmutter auf der Vorgelegewelle:	
vorn	15 kpm
hinten	15 kpm
Öleinfüll- und Ablassschraube	max. 6 kpm
Befestigungsschraube für den Rastenkäfig im Schaltdeckel	2,5 kpm
Alle Schrauben (M7) zur Befestigung des Schaltdeckels sowie des vorderen und hinteren Getriebe-Gehäusedeckels	1,5 kpm

Automatisches Getriebe (Alle Typen)

Sechskantschrauben M10 Getriebemotor	5,5 kpm
Sechskant- bzw. Innensechskantschrauben M12 Getriebe-Motor	6,5 mkp
Sechskantschrauben für Mitnehmerblech-Drehmomentwandler	4,2 kpm
Sechskantschrauben für Primärpumpe	2,0 kpm
Sechskantschrauben für vorderes und hinteres Getriebegehäuse	1,3 kpm
Nutmutter am Dreiarmflansch	12,0 kpm
Sechskantschraube für Sekundärpumpe	0,8 kpm
Sechskantschraube für Tachometerantrieb	0,8 kpm
Sechskantschrauben für Schaltschiebergehäuse am Getriebegehäuse	1,3 kpm
Sechskantschrauben für Ölwanne am Getriebegehäuse	0,7 kpm
Zylinderschrauben für Ölfilter am Schaltschiebegehäuse	0,4 kpm
Zylinderschrauben für Anlasssperr- und Rückfahrlichtschalter	0,5 kpm
Kick-Down Magnetventil	2,0 kpm
Schnellfüllventil	2,0—2,5 kpm

Federung

Sechskantschrauben bzw. Sechskantmuttern der Lagerung des Drehstabes der Vorderachse	2—2,5 kpm
Sechskantschrauben der Lagerung des Drehstabes der Hinterachse	6,5 kpm
Kugelgelenke der Verbindungsstangen für den Drehstab der Hinterachse	4,5 kpm
Sechskantschrauben zur Befestigung des Klemmstückes am vorderen Drehstab	1 kpm
Dehnschraube der Abstützung des Radträgers am Drehstab	8 kpm
Sechskantschrauben an der unteren Aufhängung der hinteren Stossdämpfer	4,5 kpm
Sechskantmuttern bzw. Innensechskantschrauben an der unteren Aufhängung der vorderen Stossdämpfer	2 kpm

Niveau-Regulierung an der Hinterachse

Hutmuttern für Druckölleitung an den Federbeinen	2,5 kpm
Überwurfschrauben der Druckölleitungen	1,5 kpm
Innensechskantschrauben zur Befestigung der Druckölpumpe am Motor	1,3 kpm
Sechskant- und Innensechskantschrauben am Niveauregler	4,5 kpm

Vorderachse

Sechskantschrauben der oberen Querlenkerlagerung	8 kpm
Sechskantmuttern der Exzenterbolzen an der unteren Querlenkerlagerung	18 kpm
Sechskantmutter des Führungsgelenkes am Achsschenkel	4 kpm
Sechskantmutter des Traggelenkes am Achsschenkel	8 kpm
Innensechskantschraube der Klemmmutter für Vorderradlagerung	1,2 kpm

Sechskantschrauben der Lagerung des Querjochs am Rahmenlängsträger	14 kpm
Innensechskantschraube im Klemmstück der Abstützung des oberen Querlenkers am Drehstab	4—4,5 kpm

Hinterachse

Sechskantschraube zur Befestigung des Tellerrades	280S/SE 8 kpm 350SE/450SE 12 kpm
Nutmutter am Hinterachswellenflansch	Anziehen bis ein Axialspiel von 0,04—0,06 mm erreicht ist.
Selbstsichernde Muttern zur Befestigung des Hinterachsgehäuses am Hinterachsträger	10 kpm
Stiftschrauben im Hinterachsgehäuse	5 kpm
Sechskantschraube zur Befestigung des vorderen Gummilagers am Rahmenboden	12 kpm
Sechskantschrauben zur Befestigung des Abstützbleches am Rahmenboden	4,5 kpm
Sechskantschrauben für das hintere Gummilager am Deckel des Hinterachsgehäuses	12 kpm
Sechskantschrauben zur Befestigung des hinteren Gummilagers am Rahmenboden	3 kpm
Sechskantmuttern zur Befestigung des Schräglenkers am Hinterachsträger	12 kpm
Sechskantschraube zur Befestigung der Hinterachswelle am Hinterachswellenflansch	M12 Schraube 9,5 kpm M8 Schraube 3 kpm
Muttern am Drehstabgestänge	4,5 kpm
Sechskantschrauben für die Lagerdeckel am Hinterachsgehäuse	2 kpm
Sechskantschrauben für den Abschlussdeckel am Hinterachsgehäuse	4,5 kpm

Räder

Kugelbundschrauben für Scheibenräder	10 ± 1 kpm

Gelenkwelle

Selbstsichernde Mutttern an der Gelenkscheibe	280S/SE/350SE 4,5 kpm 450SE 6,5 kpm
Sechskantschrauben zur Befestigung des Gelenkzwischenlagers	2,5 kpm
Klemm-Mutter an der Gelenkwelle:	
2-teilige Welle	3—4 kpm
3-teilige Welle vorn	3—4 kpm
hinten	20 kpm

Lenkung allgemein

Befestigungsschrauben für Lenkung am Rahmenboden	7—8 kpm
Sechskantmutter zur Befestigung des Lenkstockhebels an der Lenkwelle	16—20 kpm
Selbstsichernde Sechskantmutter zur Befestigung des Lenkzwischenhebels	12 kpm
Kronenmutter der Lenk- und Spurstange	3,5 kpm
Sechskantschraube an der Klemmschelle der Spurstange	2 kpm
Innensechskantschraube zur Befestigung der Lenkungskupplung	2,5 kpm
Sechskantmutter zur Befestigung des Lenkrades an der Lenkspindel	5 kpm
Sechskantschraube zur Befestigung des Lenkspurhebels am Achsschenkel	8 kpm

Servo-Lenkung LS90

Sechskantschrauben zur Befestigung des Lagerdeckels am Lenkgehäuse	6—6,5 kpm
Innensechskant- bzw. Sechskantschrauben zur Befestigung des Gehäusedeckels am Lenkgehäuse	3—3,5 kpm
Selbstsichernde Sechskantmutter an der Einstellschraube (Seal-lock Bundmutter)	6—7 kpm

Selbstsichernde Sechskantmutter an der Einstellschraube (Polystop-Sechskantmutter)	3—3,5 kpm
Nut- bzw. Sechskantmutter am Lagerdeckel	12—14 kpm
Nutmutter am Arbeitskolben	14—16 kpm

Lenkhelfpumpe

Sechskantmutter auf der Antriebswelle	6 kpm
Hochdruck-Dehnschlauch	
Rohrmutter	4,5—5 kpm
Überwurfmutter	2,5—3 kpm
Sechskantschrauben am Pumpengehäuse	3,5—4 kpm
Hohlschraube zur Befestigung des Vorratsbehälters	3,5—4 kpm
Rohrkrümmer (Saugseite) an der Lenkhelfpumpe	3,5—4 kpm
Rohrkrümmer (Rücklauf) an der Servolenkung	3,5—4 kpm
Sechskantschrauben bzw. Sicherungsschrauben zur Befestigung des Trägers an der Lenkhelfpumpe am Zylinderkurbelgehäuse:	
8 mm 8,8	2,5 kpm
10,9	3,75 kpm
12,9	7 kpm
10 mm 8,8	5 kpm
10,9	6 kpm
12,9	12 kpm

Bremsanlage

Innensechskantschraube zur Befestigung der Bremsscheibe an der Vorderradnabe	11,5 kpm
Sechskant-Passschraube zur Befestigung der Bremszange am Achsschenkel	11,5 kpm
Sechskantschraube zur Befestigung der Bremszange am Schräglenker bzw. Bremszangenträger	
Sechskantmuttern zur Befestigung des Tandem-Hauptbremszylinders am Bremsgerät	1,5 kpm

Rohrmutter der Bremsleitung am Hauptzylinder bzw. an der ATE-Bremszange	1,5 kpm
Rohrmutter der Bremsleitung an der Bendix-Bremszange	1,0 kpm
Sechskantmuttern zur Befestigung des Bremsgerätes am Vorbau	1,5 kpm
Rohrmuttern der Unterdruckleitung am Bremsgerät	3,0 kpm

Legende zu Schaltplan «Mercedes 280 S»

1 Leuchteinheit, links
  a Fernlicht
  b Abblendlicht
  c Standlicht/Parklicht
  d Blinklicht
  e Nebellicht
2 Zigarrenanzünder
3 Radio*
4 Automatische Antenne*
5 Kombi-Instrument
  a Blinkerkontrolle, links
  b Kontrolle Bremsflüssigkeit und Feststellbremse
  c Kraftstoffreserve Warnung
  d Kraftstoffanzeige-Instrument
  e Temperaturanzeige-Instrument
  f Instrumentenbeleuchtung
  g Regelwiderstand Instrumentenbeleuchtung
  h Ladekontrolle
  i Fernlichtkontrolle
  j Blinkerkontrolle, rechts
  k Elektrische Uhr
6 Temperaturfühler Kühlwasseranzeige
7 Relais I Fensterheber*
8 Schalter Handschuhkastenlampe
9 Leuchteinheit, rechts
  a Fernlicht
  b Abblendlicht
  c Standlicht/Parklicht
  d Blinklicht
  e Nebellicht
10 Vergaserheizdose
11 Handschuhkastenlampe
12 Leerlaufabschaltventil
13 Leerlaufabschaltventil
14 Bremslichtschalter
15 Türkontaktschalter, links
16 Deckenlampe, vorn, mit Schalter
17 Zweiklang-Signalanlage
18 Schalter Bremsflüssigkeitskontrolle
19 Schalter Feststellbremskontrolle
20 Warnblinkschalter
21 Blink- und Warnblinkrelais
22 Signalkontakt
23 Türkontaktschalter, rechts
24 Sicherungsdose
24a Sicherung Radio*
25 Umschaltventil Kaltstart
26 Schiebedachmotor*
27 Schalter elektrisches Schiebedach*
28 Umschaltventil Drehzahlanhebung*
29 Relais II Fensterheber*
30 Lichdrehschalter
31 Zündanlassschalter
32 Wascherpumpe
33 Wascherschalter
34 Kombi-Schalter
  a Blinkerschalter
  b Lichthupenschalter
  c Abblendschalter
  d Wischerschalter
  e Schalter für Wischgeschwindigkeit
    I Langsames Wischen
    II Schnelles Wischen
    III Intervallwischen
35 Wischermotor Scheinwerfer, rechts*
36 Wischermotor Scheinwerfer, links*
37 Relais Scheinwerferreinigungsanlage*
38 Wischermotor
39 Intervall-Nachwisch-Elektronik
40 Zündverteiler
41 Zündkerzen
42 Zündspule
43 Gebläseschalter
44 Gebläsemotor
45 Türkontaktschalter II, links*
46 Magnetventil automatisches Getriebe*
47 Kick-down Schalter*
48 Anlasssperr- und Rückfahrlichtschalter*
49 Relais Klimaanlage*
50 Elektromagnetische Kupplung Kältekompressor*
51 Temperaturregler mit Beleuchtung Klimaanlage*
52 Wascherpumpe Scheinwerfer*
53 Vorwiderstand Gebläsemotor
54 Fensterhebermotor, hinten links*
55 Schalter Fenster, hinten links*
56 Schaltergruppe Fensterheber*
  a Schalter Fenster, hinten links
  b Sicherheitsschalter
  c Schalter Fenster, vorn links
  d Schalter Fenster, vorn rechts
  e Schalter Fenster, hinten rechts
57 Fensterhebermotor Fenster, vorn links*
58 Fensterhebermotor Fenster, vorn rechts*
59 Vorwiderstand 1,8 Ω
60 Beleuchtung Heizungsregulierung
61 Verzögerungsrelais heizbar Heckscheibe*
62 Schalter heizbare Heckscheibe*
63 Deckenlampe, hinten
64 Schalter Deckenlampe, hinten
65 Türkontakt, hinten links*
66 Türkontakt, hinten rechts*
67 Batterie
68 Anlasser
69 Drehstrom-Lichtmaschine mit elektronischem Regler
70 Steckverbindung Schlusslampenleitungssatz
71 Triggerimpulsgeber
72 OT-Geber
73 Fensterhebermotor Fenster, hinten rechts*
74 Steckdose Diagnose
75 Schalter Fenster, hinten rechts*
76 Schlusslampe, links
  a Blinklicht
  b Schlusslicht/Parklicht
  c Rückfahrlicht
  d Bremslicht
  e Nebelschlusslicht
77 Kennzeichenlampe
78 Kofferraumlampe
79 Geber Kraftstoffanzeige
80 Heizbare Heckscheibe
81 Schlusslampe, rechts
  a Blinklicht
  b Schlusslicht/Parklicht
  c Rückfahrlicht
  d Bremslicht

* Sonderausstattung

Farben der Leitungen
bl = blau
br = braun
el = elfenbein
ge = gelb
gn = grün
gr = grau
nf = naturfarben
rs = rosa
rt = rot
sw = schwarz
vi = violett
ws = weiss

Legende zu Schaltplan «Mercedes 280 SE»

1 Linker Scheinwerfer
   a Fernlicht
   b Abblendlicht
   c Standlicht
   Lichthupe
   e Nebellampe
2 Leitung für Radio
3 Leitung für automatische Antenne
4 Kombiinstrument
   a Blinkkontrollampe, links
   b Warnlampe für Bremsflüssigkeitsstand und Handbremse
   c Warnlampe für Kraftstoffreserve
   d Kraftstoffmesser
   e Temperaturanzeiger
   f Instrumentenbeleuchtung
   g Widerstandsschalter für Instrumentenbeleuchtung
   h Ladekontrollampe
   i Fernlichtkontrollampe
   j Blinkkontrollampe, rechts
   k Elektrische Zeituhr
5 Wärmefühler für Fernthermometer
6 Temperaturfühler, Wasser
7 Temperaturfühler, Luft
8 Rechter Scheinwerfer
   a Fernlicht
   b Abblendlicht
   c Standlicht
   d Lichthupe
   e Nebellampe
9 Einsteckleiste für elektronisches Steuergerät
10 Kraftstoffeinspritzventile
11 Druckfühler
12 Drosselklappenanzeiger
13 Schalter für Handschuhkastenlampe
14 Handschuhkastenlampe
15 Bremslichtschalter
16 Zigarrenanzünder
17 Türkontaktschalter, rechts
18 Leselampe vorn
19 Schalter für Handbremskontrollampeß
20 Zweiton-Hupe
21 Schalter für Bremsflüssigkeitswarnlampe
22 Schalter für Rundumwarnblinkanlage
23 Geber für Blinker und Rundumwarnblinkanlage
24 Hupenkontakt
25 Türkontaktschalter, links
26 Sicherungsdose
27 Temperaturschalter*
28 Temperaturschalter, 100°C*
29 Auslösekontakte
30 Startventil
31 Thermoschalter, 35° C
32 Hauptrelais für elektronische Einspritzung
33 Relais für Kraftstoffpumpe
34 Relais für Startventil
35 Relais II für Fensteröffner
36 Türkontaktschalter II, links
37 Zugmagnetschalter für automatisches Getriebe*
38 Relais I für Fensteröffner*
39 Drehlichtschalter
40 Zünd/Anlassschalter
41 Zeitschalter für Scheibenwischer
42 Kombischalter
   a Blinkerschalter
   b Lichthupe
   c Abblendschalter
   d Scheibenwischerschalter
   e Schalter für Wischgeschwindigkeit
   I Langsam
   II Schnell
   III Zeitschalter
43 Schalter für Scheibenwaschanlage
44 Elektrische Scheibenwaschpumpe
45 Scheibenwischermotor
46 Zündverteiler
47 Zündkerzen
48 Zündspule
49 Serienwiderstand
50 Relais für elektrischen Ventilator*
51 Gebläseschalter
52 Serienwiderstand für Gebläsemotor
53 Gebläsemotor
54 Temperaturregulierung für Klimaanlage
55 Elektrischer Ventilator
56 Kickdown-Schalter*
57 Anlasssicherheits- und Rückfahrlampenschalter*
58 Umschaltrelais für Klimaanlage*
59 Zweigventil für Geschwindigkeitszunahme
60 Kupplung für Kompressor der Klimaanlage*
61 Druckschalter für Thermoheckscheibe*
62 Verzögerungsrelais für Thermoheckscheibe
63 Beleuchtung für Heizungsregulierung
64 Steuergerät für Transistorenzündung
65 Serienwiderstand
66 Scheibenhebermotor, hinteres linkes Fenster*
67 Schalter für 66*
68 Schaltergruppe für elektrische Fensterbetätigung
   a Hinteres linkes Fenster
   b Sicherheitsschalter
   c Vorderes linkes Fenster
   d Vorderes rechtes Fenster
   e Hinteres rechtes Fenster
69 Scheibenhebermotor, vorderes linkes Fenster*
70 Scheibenhebermotor, vorderes rechtes Fenster*
71 Diagnosesteckdose
72 Schalter für hinteres, rechtes Fenster*
73 Scheibenhebermotor, hinteres, rechtes Fenster
74 o.T.-Anzeiger
75 Geber für Auslösekontakte
76 Steckdose für Kabel der hinteren Lampengruppe
77 Drehstromlichtmaschine mit elektronischem Regler
78 Anlasser
79 Batterie
80 Türkontaktschalter, hinten rechts
81 Hintere Innenlampe
82 Schalter für 81
83 Türkontaktschalter, hinten rechts*
84 Schlusslampengruppe
   a Blinklampe
   b Schluss- und Standlampe
   c Rückfahrlampe
   d Bremslampe
85 Thermoheckscheibe*
86 Kraftstoffpumpe
87 Tankgeber
88 Kofferraumlampe
89 Kennzeichenlampe
90 Schlusslampengruppe, links
   a Blinklampe
   b Schluss- und Standlampe
   c Rückfahrlampe
   d Bremslampe
   e Nebelschlusslampe

* Spezialausrüstung

Erklärung der Kabelfarben

ws = Weiss
gn = Grün
br = Braun
ge = Gelb
gr = Grau
rs = Rosa
bl = Blau
rt = Rot
sw = Schwarz
el = Elfenbein
nf = Neutralfarbe
vi = Violett

Erklärung der Zeichen:

1.5gr/rt = Grundfarbe gr = grau
Kennfarbe rt = rot
Querschnitt des Kabels 1.5 = 1.5mm²

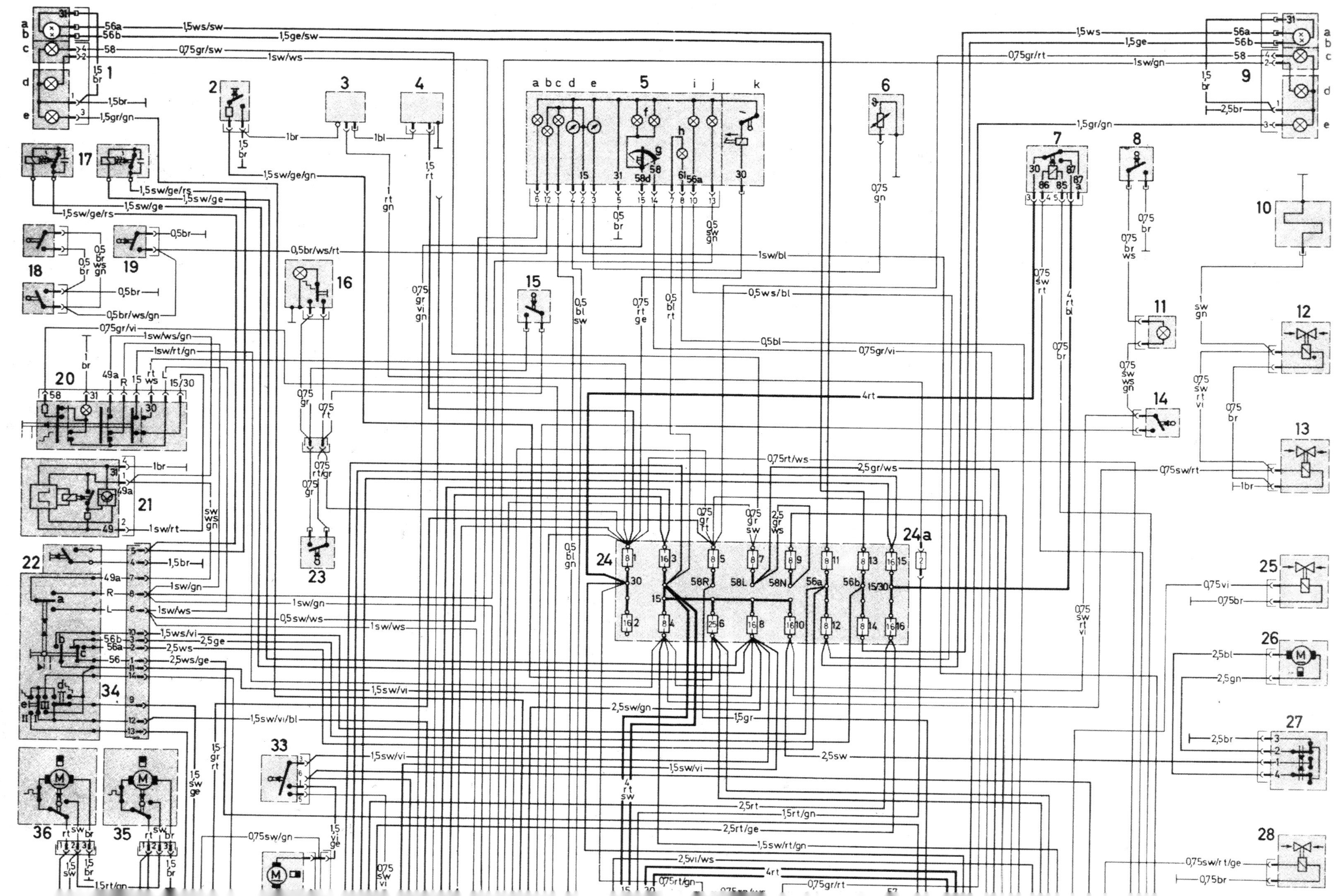

1
2
3
4
5
6
7
8
9
10
11
12
13
14
15
16
17
18
19
20
21
22
23
24
24a
25
26
27
28
33
34
35
36
1,5ws/sw
1,5ge/sw
0,75gr/sw
1sw/ws
1,5br
1,5gr/gn
1,5sw/ge/gn
1,5sw/ge/rs
1,5sw/ge
0,5br/ws/rt
0,5br/ws/gn
0,75gr/vi
1sw/ws/gn
1sw/rt/gn
1sw/rt
1sw/gn
0,5sw/ws
1,5ws/vi
2,5ge
2,5ws
2,5ws/ge
1,5sw/vi
1,5sw/vi/bl
2,5sw/gn
1,5gr
2,5sw
2,5rt
1,5rt/gn
2,5rt/ge
1,5sw/rt/gn
2,5vi/ws
4rt
0,75rt/gn
0,75gr/rt
0,75sw/gn
1sw/bl
0,5ws/bl
0,5bl
0,75rt/ws
2,5gr/ws
0,75sw/rt
1,5ws
1,5ge
1sw/gn
0,75vi
0,75br
2,5bl
2,5gn
2,5br
0,75sw/rt/ge
56a
56b
58
30
31
15
15/30
58L
58R
58N
49a
49
R
L
56

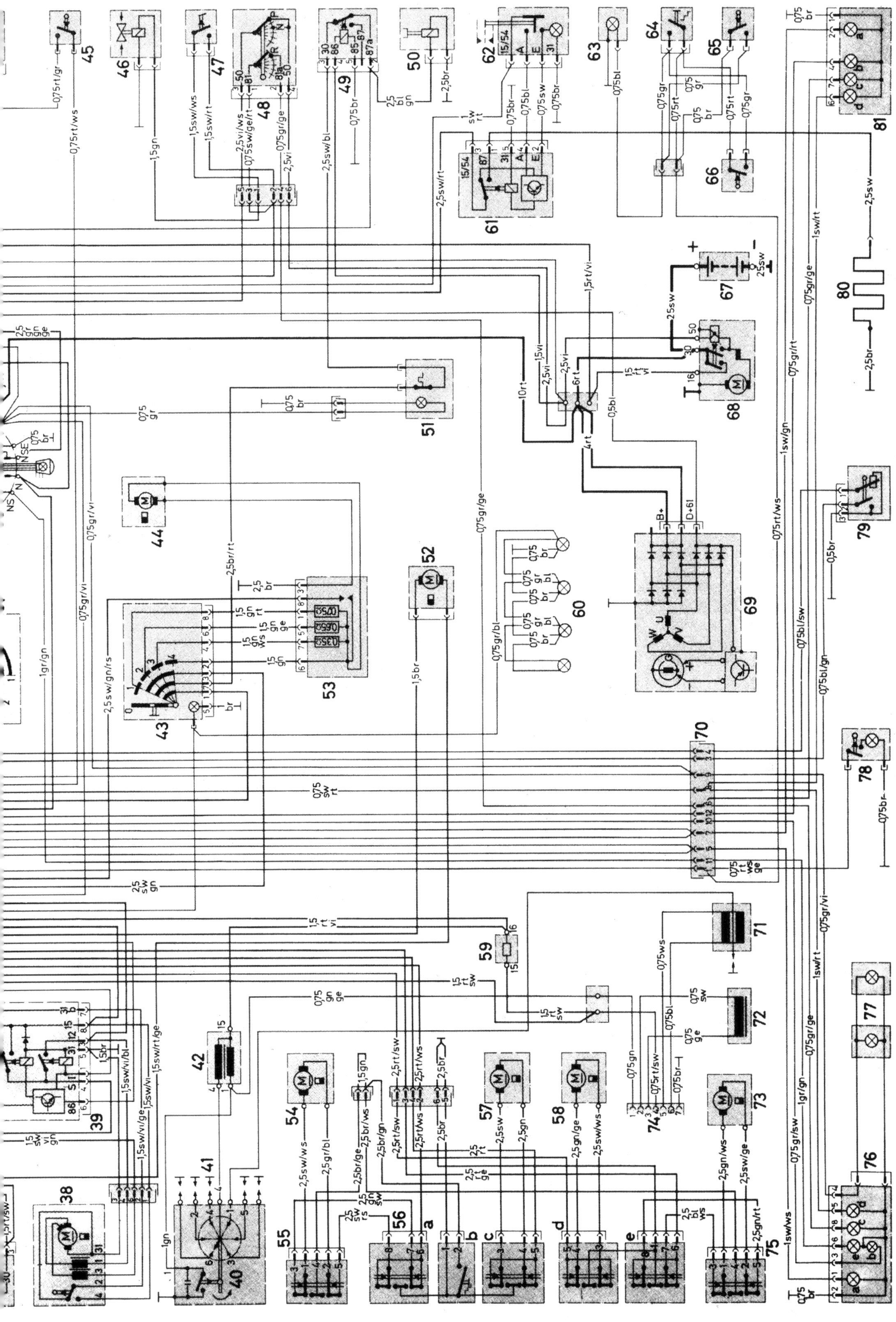

Schaltplan 280 S

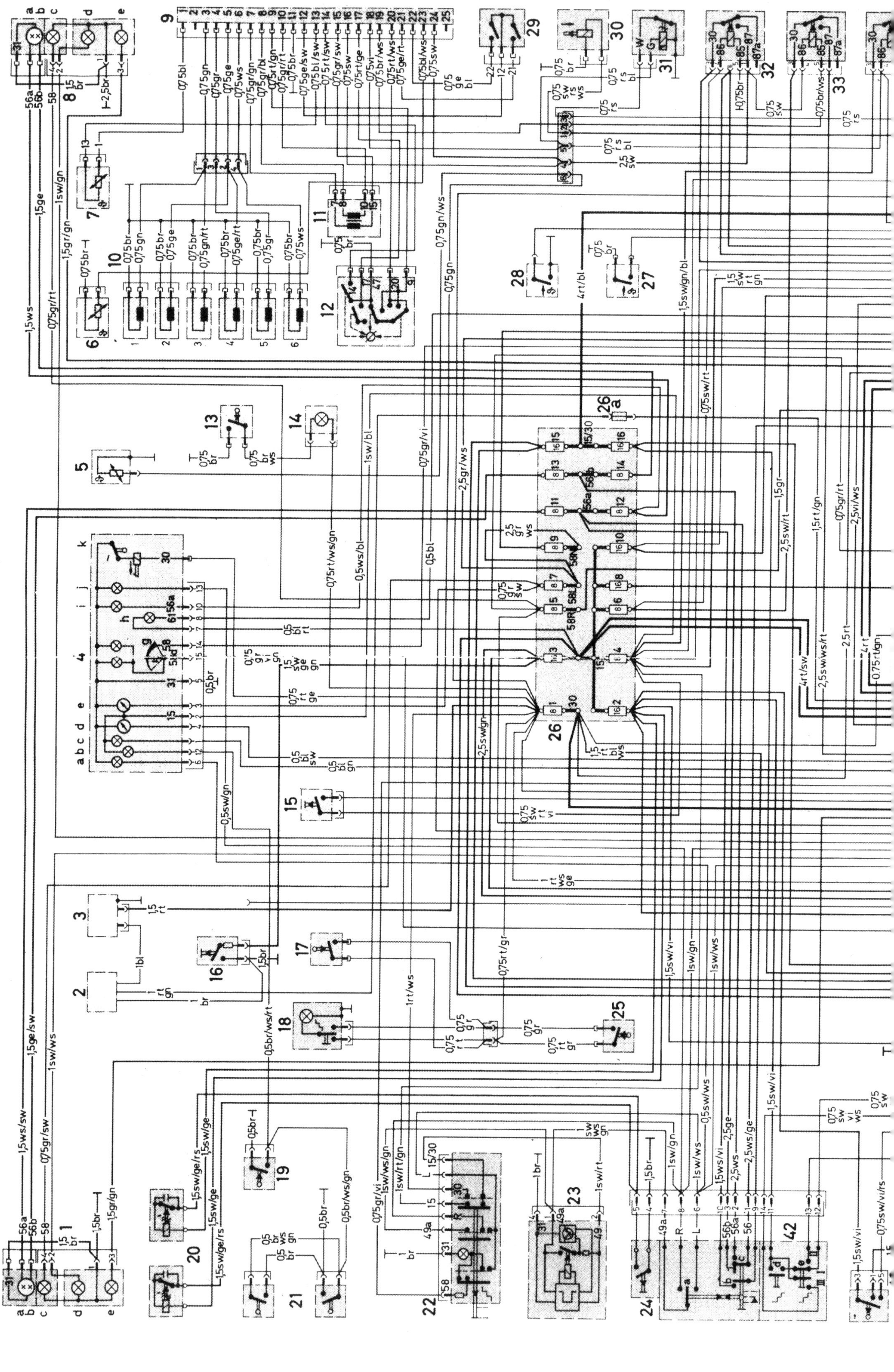

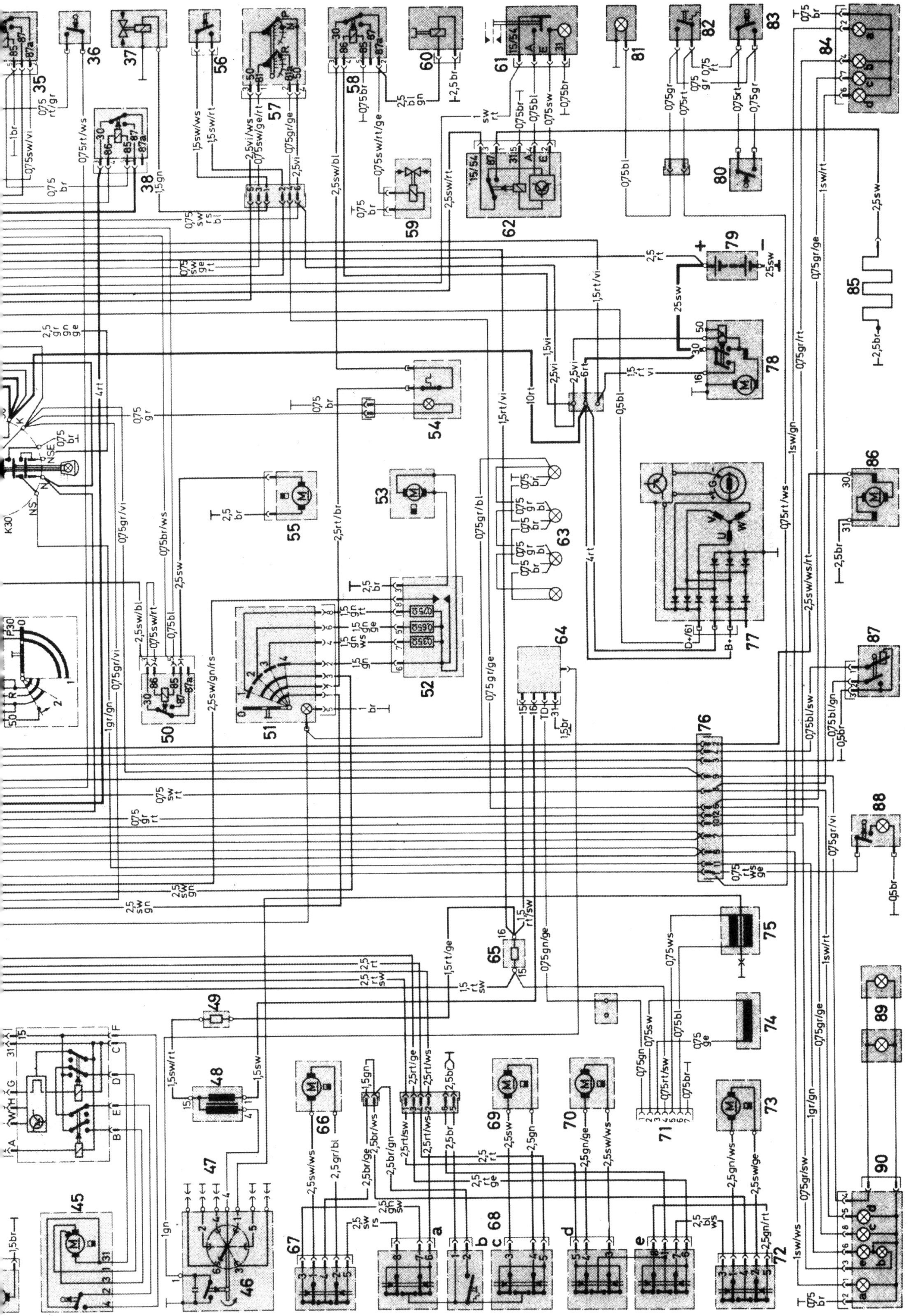

Schaltplan 280 SE

Legende zu Schaltplan «Mercedes 350 SE»

1 Leuchteinheit, links
  a Fernlicht
  b Abblendlicht
  c Standlicht/Parklicht
  d Blinklicht
  e Nebellicht
2 Türkontaktschalter, links
3 Radio*
4 Automatische Antenne*
5 Kombi-Instrument
  a Blinkerkontrolle links
  b Kontrolle Bremsflüssigkeit und Feststellbremse
  c Kraftstoffreserve Warnung
  d Kraftstoffanzeige-Instrument
  e Temperaturanzeige-Instrument
  f Instrumentenbeleuchtung
  g Regelwiderstand Instrumentenbeleuchtung
  h Ladekontrolle
  i Fernlichtkontrolle
  k Elektrische Uhr
  l Drehzahlmesser*
6 Temperaturfühler Kühlwasseranzeige
8 Temperaturfühler Wasser
9 Temperaturfühler Luft
10 Leuchteinheit, rechts
  a Fernlicht
  b Abblendlicht
  c Standlicht/Parklicht
  d Blinklicht
  e Nebellicht
11 Elektronisches Steuergerät Steckerleiste
12 Kraftstoffeinspritzventile mit zugehöriger Zylinderbezeichnung
13 Druckfühler
14 Drosselklappenschalter
16 Bremslichtschalter
17 Deckenlampe, vorn, mit Schalter
18 Zigarrenanzünder
19 Zweiklang-Signalanlage
20 Schalter Bremsflüssigkeitskontrolle
21 Schalter Feststellbremskontrolle
22 Warnblinkschalter
23 Blink- und Warnblinkrelais
24 Signalkontakt
25 Handschuhkastenlampe
26 Türkontaktschalter, rechts
27 Schalter Handschuhkastenlampe
28 Sicherungsdose
28a Sicherung Radio*
29 Relais I Fensterheber*
30 Schiebedachmotor*
31 Auslösekontakte
32 Startventil
33 Thermozeitschalter
34 Hauptrelais elektronische Einspritzung
35 Relais Kraftstoffpumpe
36 Relais Startventil
37 Relais II Fensterheber*
38 Türkontaktschalter II, links*
39 Lichtdrehschalter
40 Zündanlassschalter
41 Wascherpumpe
42 Wascherschalter
43 Kombi-Schalter
  a Blinkerschalter
  b Lichthupenschalter
  c Abblendschalter
  d Wischerschalter
  e Schalter für Wischgeschwindigkeit
    I Langsames Wischen
    II Schnelles Wischen
    III Intervallwischen
44 Wischermotor
46 Relais Scheinwerferreinigungsanlage*
47 Wischermotor
48 Intervall-Nachwisch-Elektronik
49 Zündverteiler
50 Zündkerzen
51 Zündspule
52 Vorwiderstand 0,6 Ω
53 Gebläseschalter
54 Schalter elektrisches Schiebedach*
55 Magnetventil automatisches Getriebe*
56 Kick-down Schalter*
57 Anlasssperr- und Rückfahrlichtschalter*
58 Relais Klimaanlage*
59 Elektromagnetische Kupplung Kältekompressor*
60 Umschaltventil Drehzahlanhebung*
61 Temperaturregler Klimaanlage*
62 Gebläsemotor
63 Vorwiderstand Gebläsemotor
64 Fensterhebermotor, hinten links*
65 Schalter Fenster, hinten links*
66 Schaltergruppe Fensterheber*
  a Schalter Fenster, hinten links
  b Sicherheitsschalter
  c Schalter Fenster, vorn links
  d Schalter Fenster, vorn rechts
  e Schalter Fenster, hinten rechts
67 Fensterhebermotor, vorn links*
68 Fensterhebermotor, vorn rechts*
69 Vorwiderstand 0,4 Ω
70 Wascherpumpe Scheinwerfer*
71 Schaltgerät Transistorzündung
72 Beleuchtung Heizungsregulierung
73 Verzögerungsrelais heizbare Heckscheibe*
74 Schalter heizbare Heckscheibe*
75 Deckenlampe, hinten
76 Schalter Deckenlampe, hinten
77 Türkontakt, hinten links*
78 Türkontakt, hinten rechts*
79 Batterie
80 Anlasser
81 Lichtmaschinenregler
82 Drehstrom-Lichtmaschine
83 Steckverbindung Schlusslampenleitungssatz
84 Triggerimpulsgeber
85 OT-Geber
86 Fensterhebermotor, hinten rechts*
87 Steckdose Diagnose
88 Schalter Fenster, hinten rechts*
89 Schlusslampe, links
  a Blinklicht
  b Schlusslicht/Parklicht
  c Rückfahrlicht
  d Bremslicht
  e Nebelschlusslicht
90 Kennzeichenlampe
91 Kofferraumlampe
91 Geber Kraftstoffanzeige
93 Kraftstoffpumpe
94 Heizbare Heckscheibe*
95 Schlusslampe, rechts
  a Blinklicht
  b Schlusslicht/Parklicht
  c Rückfahrlicht
  d Bremslicht

* Sonderausstattung

Farben der Leitungen

bl = blau
br = braun
el = elfenbein
ge = gelb
gn = grün
gr = grau
nf = naturfarben
rs = rosa
rt = rot
sw = schwarz
vi = violett
ws = weiss

Legende zum Schaltplan «Mercedes 450 SE/450 SEL»

1 Leuchteinheit, links
  a Fernlicht
  b Abblendlicht
  c Standlicht/Parklicht
  d Blinklicht
  e Nebellicht
2 Verzögerungsrelais Leselampe (nur 450 SEL)
3 Radio*
4 Automatische Antenne*
5 Kombi-Instrument
  a Blinkerkontrolle, links
  b Kontrolle Bremsflüssigkeit und Feststellbremse
  c Kraftstoffreserve Warnung
  d Kraftstoffanzeige-Instrument
  e Temperaturanzeige-Instrument
  f Instrumentenbeleuchtung
  g Regelwiderstand Instrumentenbeleuchtung
  h Ladekontrolle
  i Fernlichtkontrolle
  j Blinkerkontrolle, rechts
  k Elektrische Uhr
  l Drehzahlmesser*
6 Temperaturfühler Kühlwasseranzeige
8 Temperaturfühler Wasser
9 Temperaturfühler Luft
10 Leuchteinheit, rechts
  a Fernlicht
  b Abblendlicht
  c Standlicht/Parklicht
  d Blinklicht
  e Nebellicht
11 Elektronisches Steuergerät Steckerleiste
12 Kraftstoffeinspritzventile mit zugehöriger Zylinderbezeichnung
13 Druckfühler
14 Drosselklappenschalter
16 Bremslichtschalter
17 Türkontaktschalter, links
18 Deckenlampe, vorn, mit Schalter
19 Zigarrenanzünder
20 Zweiklang-Signalanlage
21 Schalter Bremsflüssigkeitskontrolle
22 Schalter Feststellbremskontrolle
23 Warnblinkschalter
24 Blink- und Warnblinkrelais
25 Signalkontakt
26 Handschuhkastenlampe
27 Türkontaktschalter, rechts
28 Schalter Handschuhkastenlampe
29 Sicherungsdose
29a Sicherung für Radio*
30 Relais I Fensterheber**
31 Schiebedachmotor*
32 Auslösekontakte
33 Startventil
34 Thermozeitschalter
35 Hauptrelais elektronische Einspritzung
36 Relais Kraftstoffpumpe
37 Relais Startventil
38 Relais II Fensterheber**
39 Türkontaktschalter II, links **
40 Lichtdrehschalter
41 Zündanlassschalter
42 Wascherpumpe
43 Wascherschalter
44 Kombi-Schalter
  a Blinkerschalter
  b Lichthupenschalter
  c Abblendschalter
  d Wischerschalter
  e Schalter für Wischgeschwindigkeit
    I Langsames Wischen
    II Schnelles Wischen
    III Intervallwischen
45 Wischermotor Scheinwerfer, rechts*
46 Wischermotor Scheinwerfer, links*
47 Relais Scheinwerferreinigungsanlage*
48 Wischermotor
49 Intervall-Nachwisch-Elektronik
50 Zündverteiler
51 Zündkerzen
52 Zündspule
53 Vorwiderstand 0,6 Ω
54 Gebläseschalter
55 Relais Zusatzlüfter
56 Temperaturschalter 100° C*
57 Temperaturschalter 62° C Flüssigkeitsbehälter*
58 Schalter elektrisches Schiebedach*
59 Magnetventil automatisches Getriebe*
60 Kick-down Schalter*
61 Anlasssperr- und Rückfahrlichtschalter*
62 Relais Klimaanlage*
63 Magnetkupplung Kältekompressor Klimaanlage*
64 Umschaltventil Drehzahlanhebung*
65 Temperaturregler Klimaanlage*
66 Zusatzlüfter*
67 Gebläsemotor
68 Vorwiderstand Gebläsemotor
69 Fensterhebermotor, hinten links**
70 Schalter Fenster, hinten links**
71 Schaltergruppe Fensterheber**
  a Schalter Fenster, hinten links
  b Sicherheitsschalter
  c Schalter Fenster, vorn links
  d Schalter Fenster, vorn rechts
  e Schalter Fenster, hinten rechts
72 Fensterhebermotor, vorn links**
73 Fensterhebermotor, vorn rechts**
74 Vorwiderstand 0,4 Ω
75 Wascherpumpe Scheinwerfer*
76 Schaltgerät Transistorzündung
77 Beleuchtung Heizungsregulierung
78 Verzögerungsrelais heizbare Heckscheibe*
79 Schalter heizbare Heckscheibe*
80 Deckenlampe, hinten
81 Schalter Deckenlampe, hinten
82 Türkontakt, hinten links*
83 Türkontakt, hinten rechts**
84 Batterie
85 Anlasser
86 Lichtmaschinenregler
87 Drehstrom-Lichtmaschine
88 Steckverbindung-Schlusslampenleitungssatz
89 Triggerimpulsgeber
90 OT-Geber
91 Fensterhebermotor, hinten rechts**
92 Steckdose (Diagnose)
93 Schalter Fenster, hinten rechts**
94 Schlusslampe, links
  a Blinklicht
  b Schlusslicht/Parklicht
  c Rückfahrlicht
  d Bremslicht
  e Nebelschlusslicht
95 Kennzeichenlampe
96 Kofferraumlampe
97 Geber Kraftstoffanzeige
98 Kraftstoffpumpe
99 Heizbare Heckscheibe*
100 Schlusslampe, rechts
  a Blinklicht
  b Schlusslicht/Parklicht
  c Rückfahrlicht
  d Bremslicht

* Sonderausstattung
** Typ 450 SEL-Serie
  Typ 450 SE Sonderausstattung

Farben der Leitungen
bl = blau
br = braun
el = elfenbein
ge = gelb
gn = grün
gr = grau
nf = naturfarben
rs = rosa
rt = rot
sw = schwarz
vi = violett
ws = weiss

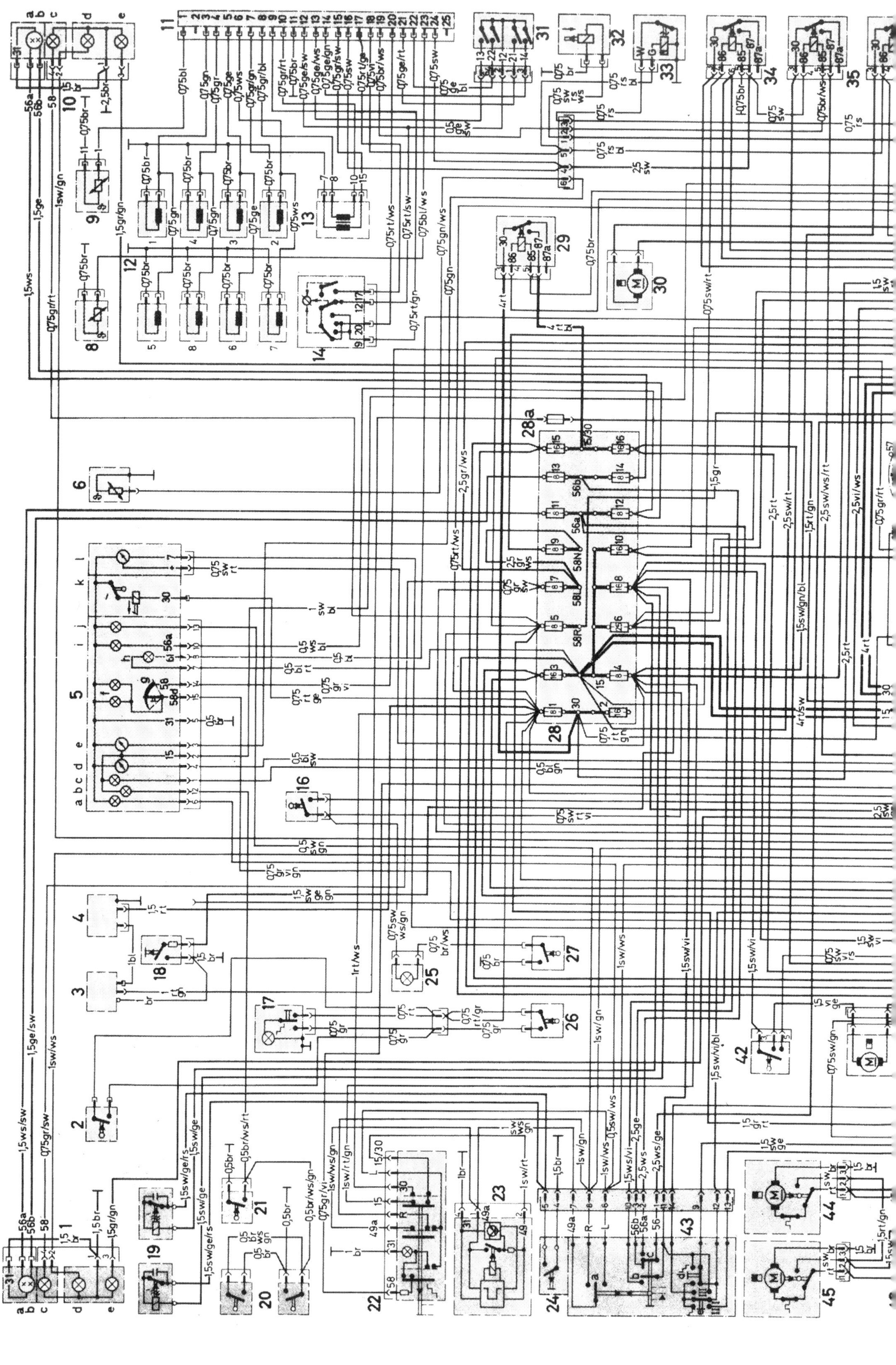

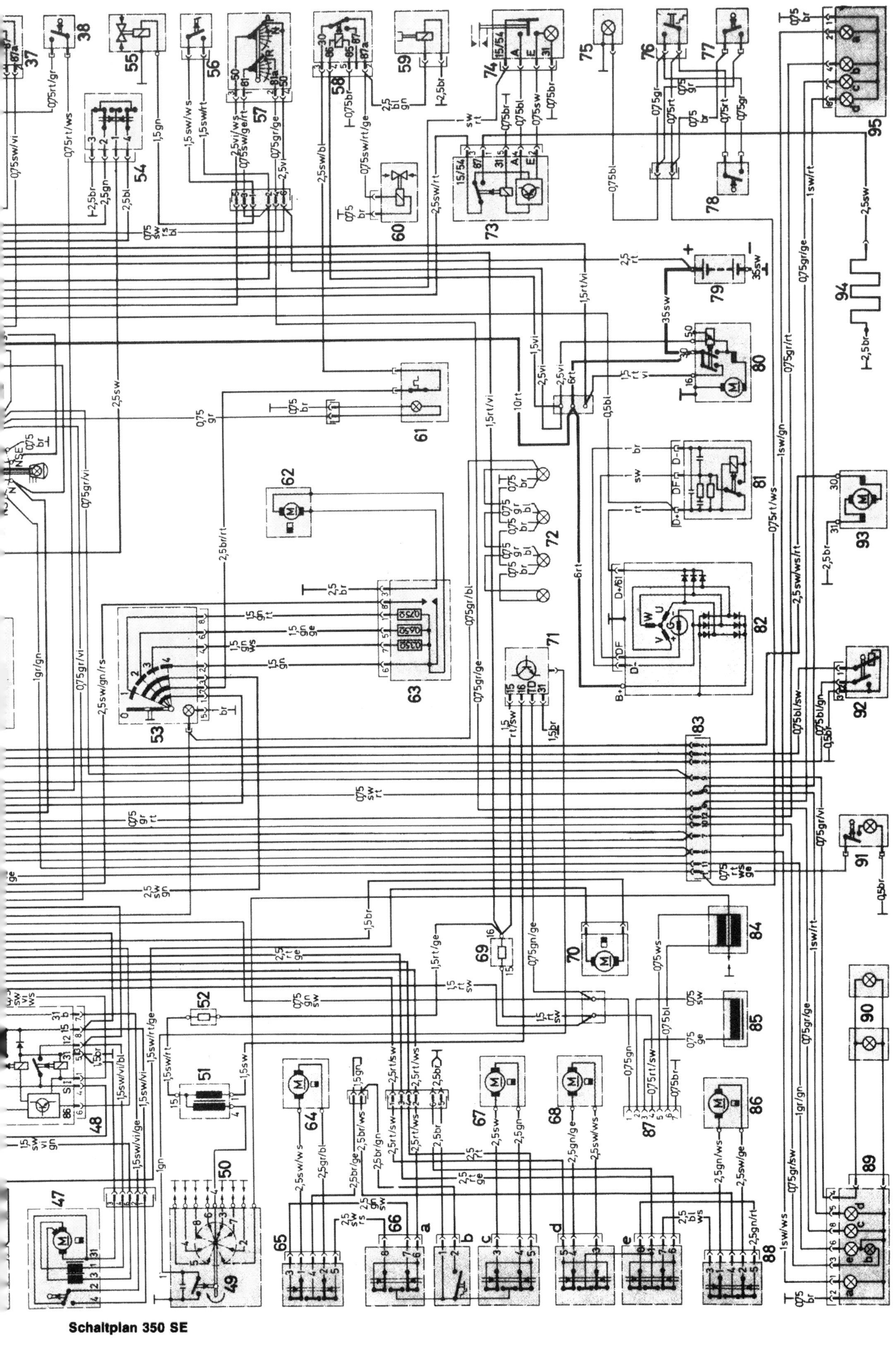

Schaltplan 350 SE

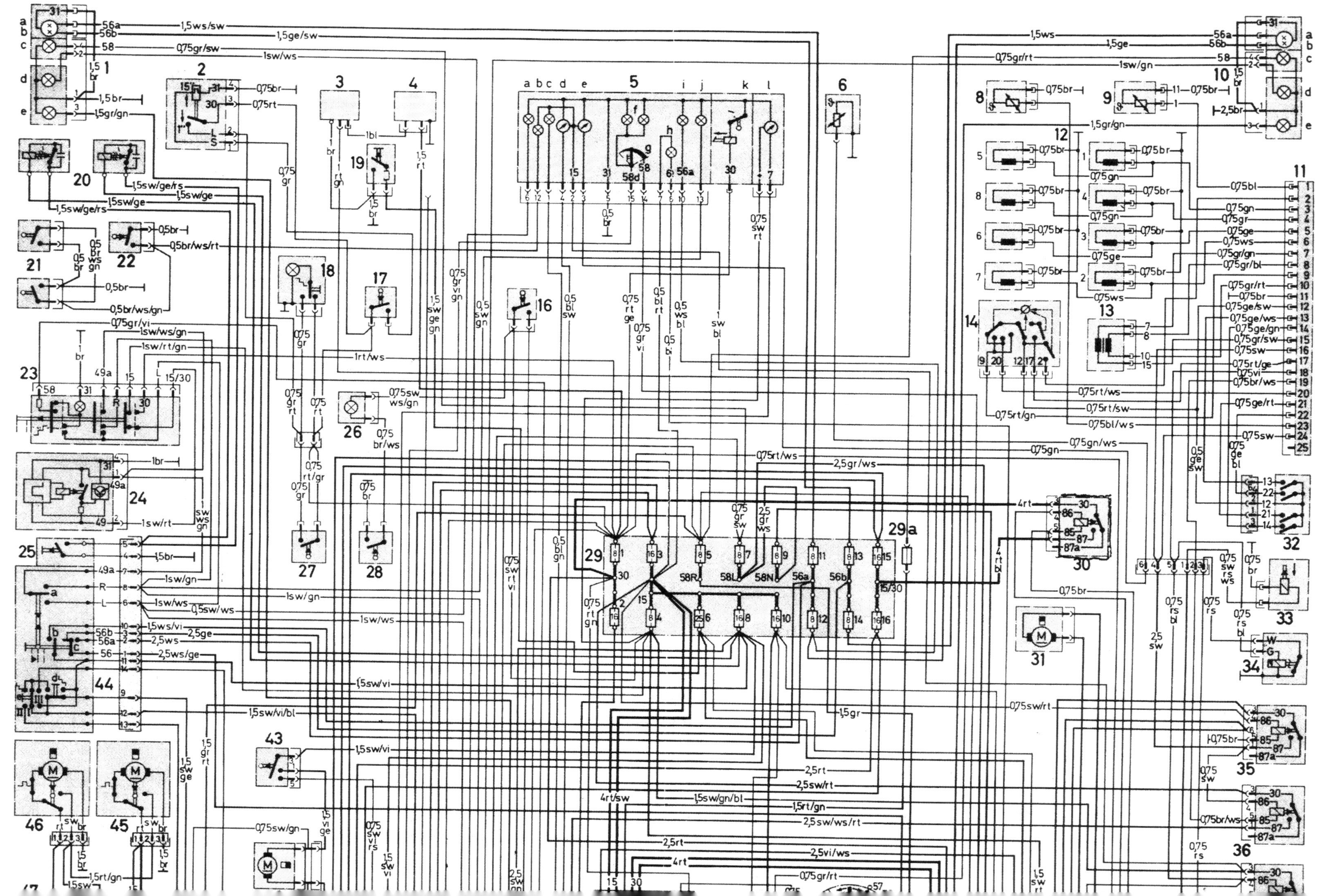

1
2
3
4
5
6
8
9
10
11
12
13
14
16
17
18
19
20
21
22
23
24
25
26
27
28
29
29a
30
31
32
33
34
35
36
43
44
45
46

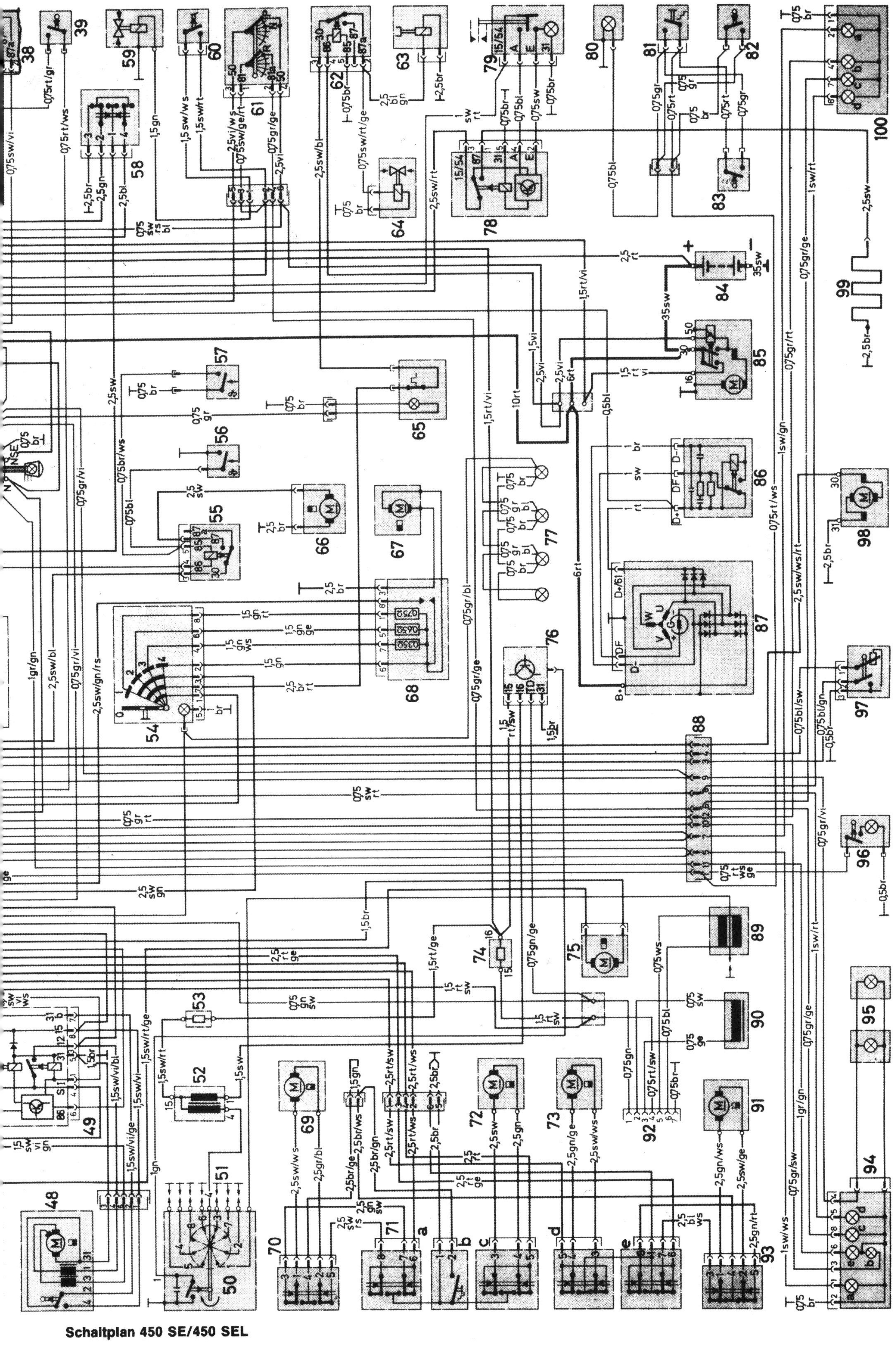

Schaltplan 450 SE/450 SEL

FSC
www.fsc.org
MIX
Papier | Fördert
gute Waldnutzung
FSC® C083411

Kolibri 360 GmbH
Ferdinand-Jühlke-Straße 7
99095 Erfurt, Deutschland
produktsicherheit@kolibri360.de